海洋生态修复学

HAIYANG SHENGTAI XIUFUXUE

安鑫龙　李亚宁　主编

南开大学出版社
天　津

图书在版编目(CIP)数据

海洋生态修复学 / 安鑫龙，李亚宁主编. —天津：南开大学出版社，2019.8(2025.2 重印)

ISBN 978-7-310-05861-7

Ⅰ. ①海… Ⅱ. ①安… ②李… Ⅲ. ①海洋生态学－生态复 Ⅳ. ①Q178.53

中国版本图书馆 CIP 数据核字(2019)第 162724 号

海洋生态修复学
HAIYANG SHENGTAI XIUFUXUE

南开大学出版社出版发行
出版人:刘文华
地址:天津市南开区卫津路 94 号 邮政编码:300071
营销部电话:(022)23508339 营销部传真:(022)23508542
https://nkup.nankai.edu.cn

天津午阳印刷股份有限公司印刷 全国各地新华书店经销
2019 年 8 月第 1 版 2025 年 2 月第 2 次印刷
260×185 毫米 16 开本 13.5 印张 343 千字
定价:38.00 元

如遇图书印装质量问题,请与本社营销部联系调换,电话:(022)23508339

教材编委会

主　编　安鑫龙　河北农业大学

　　　　　李亚宁　南开大学滨海学院

副主编　李雪梅　河北农业大学

　　　　　殷艳艳　南开大学滨海学院

　　　　　郭　彪　天津渤海水产研究所

　　　　　申　亮　河北农业大学

编　委　（按姓氏拼音字母排序）

　　　　　李国东　南开大学滨海学院

　　　　　李元超　海南省海洋与渔业科学院

　　　　　刘　敏　河北农业大学

　　　　　邱若峰　河北省地矿局第八地质大队

　　　　　　　　　（河北省海洋地质资源调查中心）

　　　　　王　凯　上海海洋大学

　　　　　王晓宇　南开大学滨海学院

　　　　　左九龙　河北农业大学

内容简介

本书是高等学校教材。全书分3篇，主要介绍了海洋生态修复学基础知识（海洋环境污染和生态破坏、海洋生态修复学理论基础、海洋生态修复的基本程序和判定标准等）、海洋生态修复技术（海洋生境修复、海洋生物资源养护、海洋生态系统修复和海洋生态系统管理）和海洋生态修复学实验（海洋石油污染对浮游植物生长的影响、海洋污损生物藤壶的防除等）。

本书可作为高等院校海洋环境科学、海洋资源与环境、海洋科学、海洋渔业科学与技术和海洋生物学、环境生物学等专业高年级本科生和硕士研究生教材，也可供从事相关专业技术的科技人员参考。

前　言

海洋是生命的发源地，是21世纪人类社会可持续发展的宝贵财富。人类在直接或间接从海洋中攫取生活、生产必需的物质和能量的同时，也不断地破坏近海海洋生物资源并将各种有毒有害的污染物排入近海，以至于远远超过了其生物资源自我恢复能力和环境自净能力而导致其生态破坏和环境污染日益严重，致使海洋生态系统健康受到严重威胁。为了解决人类面临的这些重大问题，科学家们纷纷投入到海洋环境修复和海洋生物资源养护等伟大事业中来并已成为当今海洋研究日益活跃的领域。

海洋生态修复学是在上述背景下诞生的一门新学科，随着人类涉海活动日益频繁和保护行动日臻完善并逐渐发展成熟，现已发展为当今海洋学科的前沿领域。从海洋环境科学角度而言，海洋生态修复相关教材建设已提到日程。为此，我们在10多年教学改革和科研实践基础上，历经2年多时间，收集了大量参考文献编写了这本《海洋生态修复学》，作为海洋环境科学、海洋资源与环境、海洋渔业科学与技术、海洋科学、海洋技术和海洋生物学等专业高年级本科生和硕士研究生教材，也可作为相关专业技术人员的参考书。

参加教材编写的单位包括河北农业大学、南开大学滨海学院、天津渤海水产研究所、海南省海洋与渔业科学院、河北省地矿局第八地质大队（河北省海洋地质资源调查中心）和上海海洋大学，参加编写人员都有多年从事海洋生态修复学教学和科学研究的经历。本教材由河北农业大学海洋学院的安鑫龙和南开大学滨海学院的李亚宁主编，河北农业大学海洋学院的李雪梅、申亮、刘敏和左九龙，南开大学滨海学院的殷艳艳、李国东和王晓宇，天津渤海水产研究所的郭彪，海南省海洋与渔业科学院的李元超，河北省地矿局第八地质大队（河北省海洋地质资源调查中心）的邱若峰，上海海洋大学海洋生态与环境学院的王凯共同参与编写。全书由安鑫龙和李亚宁负责统一修改、定稿。教材出版得到了国家自然科学基金青年项目（项目编号41503109、21601094），天津市教委科研计划项目（项目编号2018KJ270、2018KJ271）及大学生创新创业训练计划项目（项目编号201913663002）资助，中国海洋大学水产学院的张沛东教授馈赠了海草修复现场照片，南开大学出版社第五编辑室李冰老师、尹建国老师为教材出版倾注了大量心血，在此一并表示衷心的感谢！

我们在编写过程中虽然花费很大精力力求系统地反映海洋生态修复的新成就和新动向，但由于水平所限，书中难免有不足、疏漏甚至错误之处，恳请读者批评指正，我们一定虚心接受。同时，本书参考引用了大量其他专家和学者的教材、著作和论文等相关成果，在此向被引用的参考文献的作者们致以谢意，在引用研究成果过程中可能存在标注不清或有疏漏之处，恳请各位专家和学者批评指正，我们会于再版时及时纠正。

编　者

2019年1月

前言

目　录

绪　论

海洋生态环境保护（Marine ecological and environmental protection）是统筹推进“生态文明体制改革，建设美丽中国”战略部署的重要内容。海洋生态修复（Marine ecological rehabilitation）是海洋生态环境保护的有机组成部分，对于提高海洋环境质量、改善海洋生态状况具有十分重要的意义。海洋生态修复学（Science of marine ecological rehabilitation）是基于海洋环境污染（Marine environmental pollution）和海洋生态破坏（Marine ecological destruction）背景下诞生的一门年轻学科。海洋生态修复学的研究对象和研究内容是什么？她是如何产生和发展的？这些都是我们首先要阐明的问题。

一、海洋生态修复学的定义、研究对象和研究内容

（一）生态修复的定义

在不同历史时期，由于教育背景、从事专业、学术交流和科研实践经历存在差异，不同学者给出的生态修复的定义也不尽相同，但是归纳总结后这些定义可分为两大类，一类是基于污染环境的修复角度考虑，将生态修复作为一种综合的修复污染环境的方法；另一类是基于受损生态系统的恢复角度考虑，将生态修复作为生态系统恢复和重建等的统称。作为第一类生态修复的代表，著名污染生态学家周启星教授等给出的定义如下：生态修复（Ecological remediation）是在生态学原理指导下，以生物修复为基础，结合各种物理修复、化学修复以及工程技术措施，通过优化组合，使之达到最佳效果和最低耗费的一种综合的修复污染环境的方法。也就是说，生态修复是根据生态学原理，利用特异生物对污染物的代谢过程，并借助物理修复与化学修复以及工程技术的某些措施加以强化或条件优化，使污染环境得以修复的综合性环境污染治理技术。该定义在污染环境生态修复领域处于指导地位。第二类的生态修复（Ecological restoration）是指停止对生态系统的人为干扰，减轻生态压力，依靠生态系统的自我平衡能力使其向有序的方向进行演化，并逐步恢复到一定功能水平的过程；或者利用生态系统的自我恢复能力，辅以人工措施，使受损生态系统逐步恢复或向良性循环方向发展的过程。可见该定义包含两层含义，一是实施生态自我修复，二是实施人为辅助修复；目前该定义主要用于受损生态系统的恢复、修复、重建和改建，其实质是生态恢复的内容。安鑫龙（2008）指出，治理污染生态退化必须将治理污染和恢复生态结合起来，即生态整治（Ecological rehabilitation）包括生态修复和生态恢复，生态整治即为广义的生态修复。实际上，受损生态系统要恢复到先前或历史状态、受到干扰前状态是很难实现的，完全的生态恢复是不现实的。盛连喜（2002）指出，生态修复的实质是在人为的干预下，利用生态系统的自组织和自调节能力来恢复、重建或改建受损生态系统。该概念强调了人类对受损生态系统的重建和改建，突出了人的主观能动性。国际生态恢复学会（Society for Ecological Restoration，SER）2004 年将生态恢复定义为协助已经退化、受损或被破坏的生态系统回到原来发展轨迹的过程，并解释修复的重点是生态系统过程、生产力和生态系统服务，恢复则还强调重建之前存在的生物组分（物种组成和群落结构）。换句话说，生态修复得到的是生态系统功能特征的改善，生态恢复是指尽可能恢复受损生态系统的原有生态特征和生物多样性。刘俊国（2017）等认为，生态修复（Ecological rehabilitation）是

指通过人工措施对一个受损生态系统进行部分恢复，对一个受损生态系统进行全面恢复则通常称为生态恢复；生态修复要尽可能让生物组分的生长、繁殖和重组等自然过程起主要作用，尽可能少地采取人工措施；生态系统难以自我恢复而发生退化时必须辅以人工措施开展生态修复；在中国，“修复”一词远比“恢复”一词具有更广泛的适用性。正因如此，从海洋环境科学角度看，生态修复更具有现实意义和实践意义。因此，综合考虑目前各位专家学者的使用习惯，本书出现的生态修复（Ecological rehabilitation）是一个广义概念，根据修复的最终目标和程度包括生态恢复、修复、重建和改建等，即通过辅以适当人工措施，利用生态系统的自组织和自调节能力来恢复、修复、再植、重建或改建被破坏的受损或退化生态系统的功能和利用方式。

（二）海洋生态修复的定义

海洋生态修复的发展历史还很短，对这一学科的定义、研究内容和任务等还存在不同的看法和争议。姜欢欢等（2013）认为海洋生态修复是指利用大自然的自我修复能力，在适当的人工措施的辅助作用下，使受损的生态系统恢复到原有或与原来相近的结构和功能状态，使生态系统的结构、功能不断恢复。该定义是对海洋生态修复十分完美的概括，修复手段和目标清晰，但是由于海洋生态系统的开放性，恢复到原有或与原来相近的结构和功能状态有时是相当困难甚至是无法做到的，但是去除干扰后可使其恢复原有的利用方式或者恢复到具有生产力并保持稳定的生产状态是可行的。根据前人提出的概念和编者的科研经验，本书给出海洋生态修复的定义如下：海洋生态修复是指在充分发挥海洋生态系统自我修复功能的基础上，采取适当工程或非工程措施等必要人工手段，促使受损海洋生态系统恢复到可持续发展的自然、健康、稳定和能够自我维持状态，从而改善增强其生态完整性和可持续性并最终恢复其服务功能的一种海洋生态环境保护行动。

（三）海洋生态修复学的研究对象

海洋生态修复学的研究对象是受损海洋生态系统，包括海洋环境和海洋生物，海洋环境是海洋生物生存的物质基础和空间条件，海洋环境污染势必威胁海洋生物的生存；海洋生物是海洋生态系统的生命形式，对海洋环境具有重要调节功能，海洋生物多样性降低势必影响海洋生态系统的自我调节和恢复能力。受损的海洋生态系统在其自我修复过程中不能或很难恢复到原有或正常状态，从而需要进行人工干预，在适当人工措施帮助下，能够促使其逐渐恢复至合理的内部结构、高效的系统功能和协调的内在关系。

（四）海洋生态修复学的研究内容

海洋生态修复学是应对海洋环境污染和海洋生物资源破坏逐渐发展起来的，涉及内容十分广泛。由于捕捞强度超过资源的再生能力，海洋渔业资源的开发利用因出现过度状态导致严重衰退。自 1995 年开始，我国在东、黄渤海海域实行全面伏季休渔制度；1999 年开始，南海海域也开始实施伏季休渔制度。二十多年的实践结果显示，没有捕捞行为的伏季休渔有利于渔业资源的保护和恢复。所以，海洋生态修复包括海洋环境修复、海洋生物资源养护（也有人称之为修复）和海洋生态系统管理等内容。因此，广义上讲，海洋生态修复学包括海洋生态系统保护和海洋生态系统修复两部分内容。

（五）海洋生态修复学的定义

综上所述，海洋生态修复学是研究海洋生态保护与修复（Marine Ecological protection and rehabilitation）的一门综合性学科，是以生态学原理为基础，研究受损海洋生态系统保护和修复的集科学、技术、工程和管理于一体的实践性和创新性均很强的一门新兴学科。

二、海洋生态修复学发展简史

国际海洋生态环境保护大致经历了三个阶段：20 世纪 50 年代至 70 年代初期，人们开始关注海洋污染问题，1956 年日本水俣病事件给人们敲响了警钟，海洋环境科学应运而生，海洋生态修复工作开始萌芽；20 世纪 70 年代中期至 80 年代，人们开始关注海洋生态恶化问题，海洋污染生态学逐渐形成，海洋生态修复工作大范围展开；20 世纪 90 年代以来，海洋生态环境保护问题世人瞩目，海洋生态修复成为新的关注热点。

海洋生态修复工作伴随着海洋环境污染和生态恶化逐渐展开，如日本在 20 世纪 50 年代开始进行人工鱼礁研究；1977 年提出海洋牧场构想，并作为国家的新渔业计划，每年进行大规模人工鱼礁和人工藻礁的投入。美国 1968 年提出海洋牧场计划，1974 年建成了加利福尼亚巨藻海洋牧场。20 世纪 80 年代美国"恢复地球"组织开展了海岸带等生态恢复实践。我国也于 20 世纪 70 年代开始了人工鱼礁建设以及红树林的保护和恢复等研究，如 70 年代末、80 年代初在广西钦州进行人工鱼礁投放试验，1980 年在海南东寨港建立了第一个国家级红树林自然保护区，1991 年我国开始对红树林生态系统进行全面修复。为改善海洋生态环境，财政部经济建设司、原国家海洋局财务司于 2010 年 5 月 18 日联合印发《关于组织申报 2010 年度中央分成海域使用金支出项目的通知》(财建便函〔 2010 〕83 号)，通过中央分成海域使用金支持地方实施海域、海岛和海岸带整治修复及保护项目，标志着我国海洋生态保护修复工作全面启动。目前，海洋石油污染和水体富营养化等生境修复以及海藻场、海草床、滨海湿地等生态系统修复工作也已全面展开。

在此期间，我国海洋科技工作者先后出版了《海洋牧场》(雷宗友，1979)、《海洋污染与保护》(傅海靖，1979)、《海洋污染及其防治》(国家海洋局编译组，1981)、《海洋污损生物及其防除(上册)》(黄宗国等，1984)、《海岸带管理与法》(张志诚，1990)、《赤潮及其防治对策》(张水浸等，1994)、《中国红树林生态系》(林鹏，1997)、《中国红树林保护与合理利用规划》(吕彩霞，2002)、《海洋管理概论》(管华诗等，2003)、《中国沿海赤潮》(齐雨藻，2003)、《中国人工鱼礁的理论与实践》(杨吝等，2005)、《雷州半岛红树林湿地资源综合管理》(雷州半岛红树林综合管理和沿海保护项目管理办公室等，2006)、《中国红树林》(王文卿等，2007)、《海洋污损生物及其防除(下册)》(黄宗国，2008)、《中国红树林恢复与重建技术》(廖宝文等，2010)、《海州湾海洋牧场——人工鱼礁建设》(朱孔文等，2011)、《人工鱼礁工程学》(夏章英，2011)、《渔业环境评价与生态修复》(刘晴等，2011)、《人工鱼礁关键技术研究与示范》(贾晓平等，2011)、《典型海水增养殖区生态环境修复技术及示范》(赵振良，2012)、《海洋生态恢复理论与实践》(陈彬等，2012)、《海岛生态修复与环境保护》(毋瑾超，2013)、《滨海湿地生态修复技术及其应用》(林光辉，2014)、《韩国海洋牧场建设与研究》(杨宝瑞等，2014)、《中国海域钵水母生物学及其与人类的关系》(洪惠馨，2014)、《渤海海洋生态灾害及应急处置》(宋伦等，2015)、《海洋恢复生态学》(李永祺等，2016)、《近海环境生态修复与大型海藻资源利用》(杨宇峰，2016)、《海草床衰退机制及管理》(韩秋影，2016)、《海洋生物资源评价与保护》(张偲等，2016)、《辽河口湿地生态修复理论与方法》(赵阳国等，2016)、《海岛生态环境调查与评价》(桂峰等，2018)、《海洋牧场构建原理与实践》(杨红生，2017)、《海洋有害藻华学》(安鑫龙等，2018)、《海洋牧场概述》(王凤霞等，2018)、《黄河三角洲滨海湿地演变机制与生态修复》(韩广轩等，2018)、《珊瑚礁科学概论》(余克服，2018)等与海洋生态修复相关的学术著作和教材并发表了大量科技论文。由此可见，我国在海域海岸带环境综合整治、海岛整治修复、典型生态系统保护修复和生态保护修复能力建设四个方面取得了显著成果。

自2008年开始，河北农业大学海洋学院安鑫龙博士陆续参与了“十一五”国家科技支撑计划项目“渤海海岸带典型岸段与重要河口生态修复关键技术研究与示范——滩涂底栖贝类修复生态环境技术研究”、河北省科学技术研究与发展计划重大技术创新项目“封闭式循环海水养殖技术开发与产业化示范”、河北省科学技术研究与发展计划项目“北戴河滨海湿地保护与生态修复技术研究”、河北省国土资源厅项目“河北省海洋环境保护对策与地方立法研究”、河北省海洋局“唐山湾三岛海域生态环境修复关键技术研究”和河北省唐山市科技攻关计划项目“曹妃甸区域海洋生态构建技术模式研究”等科研工作，参阅并积累了丰富的海洋生态修复相关资料、学习并掌握了大量海洋生态修复理论和实践技能。与此同时，安鑫龙连续多年为河北农业大学海洋学院环境科学与工程系学生开设《水环境修复技术》课程，自2015年开始该课程重点增补了海洋生态修复内容。随后几年，安鑫龙结合自己相关科研实践，系统完善了海洋生态修复学课程体系。这些前期工作为此次《海洋生态修复学》教材编写提供了宝贵资料。时至今日，海洋生态修复工作方兴未艾，为了培养高素质、综合型海洋生态修复人才，集各种海洋生境修复、海洋生物资源养护以及海洋生态系统修复和管理于一体的海洋生态修复学作为一门完整学科提上了议事日程。此次编写的这本《海洋生态修复学》教材，必将为我国培养海洋生态修复专业人才提供重要参考。

三、我国海洋生态修复学领域的研究现状

我国是一个海洋大国，海洋生态修复学的发展大体与世界同步。我国的海洋环境问题萌发于20世纪50年代，60年代后污染明显加重，致使海洋资源受损、海洋生态恶化，沿岸和近海水域不断发生污染事件。

(一)我国海洋生态修复学研究领域

目前来看，我国海洋生态修复学研究领域主要集中在海洋生境修复、海洋生物资源养护和海洋生态系统修复等方面展开工作。

1. 海洋生境修复

海洋生境修复成功实例之一是赤潮发生水域采用粘土矿物絮凝法治理藻华。利用黏土矿物去除藻华藻的机理主要是黏土颗粒与藻华藻细胞间通过絮凝作用形成较大的絮凝体后迅速沉降到海底，选择适宜的粘土矿物能够有效提高其去除效果。鉴于天然粘土矿物表面特征是影响其消除藻华生物效率的关键控制因子，中国科学院海洋研究所俞志明研究员构建了表面改性增效理论，提出了引入大分子改性剂有效提高天然粘土矿物消除藻华生物效率的改性方法。作为有害藻华的一种防治方法，改性粘土法的有效性已在中国、日本、韩国和澳大利亚等多个国家和地区得到实践证明。现场实践证明俞志明研究员制备的高效改性粘土应急处置效果明显，保障了2005年南京“全国第十届运动会”水上项目、2007年“好运北京”——中国石化青岛国际帆船赛、2008年青岛奥运会帆船比赛的顺利进行以及2012年以来的北戴河近岸海域暑期保障等，取得了重大的社会效益。2018年，改性粘土治理有害藻华技术走进智利，为改性粘土治理有害藻华技术走向国际树立了良好范例。

2. 海洋生物资源养护

海洋生物资源养护成功实例之一是鳗草（旧称大叶藻，*Zostera marina*）规模化增殖技术。中国海洋大学张沛东教授团队长期以来致力于鳗草繁殖机理研究，近十年来，经过与荣成马山集团有限公司通力协作，该团队系统评价了山东半岛典型海草床的关键生态过程，明确了海草

床的生物栖息地功能、有性生殖过程及植株生长与关键因子的相互作用关系；建立了鳗草高效促萌技术与途径，阐明了种子萌发机理，实现了种子休眠和快速萌发的人工诱导；建立了低成本、高效的鳗草种子播种技术，幼苗建成率由自然环境下的1%提高到30%以上；同时建立了完整的鳗草植株移植技术，提出了恢复生态工程技术方案，为缓解近岸生态压力提供了新的思路与途径。

3. 海洋生态系统修复

海洋生态系统修复的成功实例之一是红树林修复。广东珠海淇澳－担杆岛自然保护区2012年完成的“珠海红树林恢复标准化示范区”66公顷的造林，主要栽植红树林种类为速生树种无瓣海桑和海桑，林分生长良好，平均树高达到6.1 m，平均胸径为6.9 cm，无病虫害发生；已经郁闭成林，郁闭度为0.8，已经形成高效稳定的红树林群落，有效发挥其防护效能；具有明显的防波消浪、减弱风速、调节气温、改善空气状况的作用。淇澳红树林人工造林技术已成功辐射到整个华南沿海地区2 140公顷的红树林人工恢复。

（二）我国海洋生态修复学领域的研究现状

原国家海洋局高度重视海洋生态修复工作，近年来主要开展了以下工作：自2016年起，财政部和原国家海洋局利用中央海岛和海域保护资金，支持沿海18个城市开展“蓝色海湾”“南红北柳”“生态岛礁”三大海洋生态修复工程，规划整治修复岸线270余公里，修复沙滩约130公顷，恢复滨海湿地5 000余公顷，种植红树林160余公顷、赤碱蓬约1 100公顷、柽柳462万株、岛屿植被约32公顷，建设海洋生态廊道约60公里，计划于2020年前建设100个生态岛礁。为进一步扎实有序推进三大生态修复工程，确保科学规划有序实施，切实将中央海岛和海域保护奖补资金管好用好，原国家海洋局组织编制了《“蓝色海湾”整治工程规划（2017—2020年）》《“南红北柳”湿地修复工程规划（2017—2020年）》《蓝色海湾整治行动专项奖补资金项目管理办法》《“生态岛礁”工程建设指南》和《海岛生态本底调查技术要求》；印发了《关于加强滨海湿地管理与保护工作的指导意见》，要求各级海洋部门提高认识，提出开展受损滨海湿地生态系统恢复修复任务，坚持自然恢复为主，与人工修复相结合的方式，对集中连片、破碎化严重、功能退化的自然湿地进行恢复修复和综合治理；出台了《关于全面建立实施海洋生态红线制度的意见》，要求沿海各省（区、市）于2017年底前划定并公布海洋生态红线，海洋生态红线面积占沿海各省（区、市）管理海域总面积的比例不低于30%，到2020年，近岸海域水质优良（一、二类）比例达到70%左右。

科技部国家重点研发计划“海洋环境安全保障”重点专项从2016年开始设立，执行期从2016年到2020年，四大具体任务目标包括：（1）海洋环境立体观测／监测的新技术研究与系统集成及核心装备国产化；（2）海洋环境变化预测预报技术；（3）海洋环境灾害及突发环境事件预警和应急处置技术；（4）国家海洋环境安全保障平台研发与应用示范。2016年度立项项目包括“浒苔绿潮形成机理与综合防控技术研究及应用”“海洋微塑料监测和生态环境效应评估技术研究”“海上交通溢油监测预警与防控技术研究及应用”“海上危险化学品突发事故应急技术研发及示范”和“海上放射性事件跟踪监测与应急处置技术和装备研究”等，涉及了我国海区的重要的环境污染突发事件和生态破坏方面，为海洋生态保护和修复奠定了坚实基础。国家重点研发计划“海洋环境安全保障”重点专项2017年度立项项目包括“我国近海致灾赤潮形成机理、监测预测及评估防治技术”“我国近海水母灾害的形成机理、监测预测及评估防治技术”“近海病原微生物灾害形成机制与监测预警技术研究”“我国近海典型外来生物入侵灾害风险防控技术和装备研发”“区域海洋生态环境立体监测系统集成与应用示范”“海洋浮游生物监测传感器的研制及系统优化”“海水总氮总磷在线监测仪器研制及产业化”和“海水总有机碳光学原位传感器及在线监测仪研发”等，涉及了海洋生态环境监测仪器设备研发和海洋生态灾害等多个方面，为海洋生态保护和修复奠定了坚实基础。国家重点研发计划“海洋环境安全保障”重点专项 2018 年度立项项目包括“黄渤海近海生物资源与环境效应评价及生态修复”“东海典型海区生物资源与环境效应评价及生态修复”“南海重要岛礁及邻近海域生物资源评价与生态修复”等，涉及了我国四大海区的生态修复，体现了海洋生态修复的重要性。

2018 年 7 月 28 日，由国家自然资源部主办的 2018 海洋生态保护修复大会在山东烟台召开。会议主题为“保护自然，修复生态，共创海洋生态美景”，旨在搭建涉海行业交流合作平台，探讨海洋生态文明建设新方法，落实自然资源管理新要求，推动海洋生态保护修复工作深入开展。会议指出，在开展全国范围内的海洋生态保护修复调研工作基础上，将继续推动海洋生态保护修复工作深入开展，坚持陆海统筹，在海洋生态保护修复规划制度、技术标准和行业规范方面开展研究，为打造绿色发展、人海和谐、生态健康的美丽海洋，为生态文明建设和经济社会可持续发展做好服务。

2016 年 1 月 28 日，山东省财政厅和山东省海洋与渔业厅联合印发《山东省海洋生态补偿管理办法》，这是全国首个海洋生态补偿管理的规范性文件。该办法明确，海洋生态损失补偿是指用海者履行海洋环境资源有偿使用责任，对因开发利用海洋资源造成的海洋生态系统服务价值和生物资源价值损失进行的资金补偿。海洋生态损失补偿资金作为国有资源有偿使用收入纳入省级预算管理，统筹安排用于海洋生态保护补偿支出，并优先用于海洋生态环境保护修复相关工作。具体包括受损海洋生态修复与整治，受损海洋生物资源的恢复，海洋环境污染事故应急处置，海洋环境常规监测和海洋工程建设项目海洋环境影响跟踪监测，海洋生态损失与补偿的调查取证、评价鉴定和诉讼等支出，以及与海洋生态环境保护有关的其他支出等。此后，沿海其他省市纷纷出台相关文件。2018 年，浙江省舟山市普陀区人民检察院建立了增殖放流海上流动基地，并联合区海洋与渔业局出台了《关于联合开展海洋生态修复补偿工作的若干意见（试行）》，共同推动海洋公益保护工作协同发展。截至 2018 年 11 月，区检察院共对 5 件非法捕捞水产品案件启动了生态修复补偿机制， 5 名涉案当事人中已有 2 人缴纳 16 万余元购买了 90 万尾鱼苗，并在 2018 年增殖放流活动中统一放流；另外 3 名当事人将参加 2019 年禁渔期的增殖放流活动。

四、海洋生态修复学与其他课程间的关系

海洋生态修复学是海洋学科的重要组成部分，与海洋学科其他课程有着千丝万缕的联系。海洋生物学、海洋微生物学、海洋生态学、化学海洋学、物理海洋学、海洋地质学、海洋环境监测与评价、海洋生物资源调查与评估、渔业资源与渔场学等是重要的先行课，为海洋生态修复学的学习奠定基础。换句话说，从目前海洋环境科学发展程度来看，海洋生态修复学是海洋环境科学的终极课程，海洋生态修复是解决海洋污染问题和生态破坏现象的唯一有效途径，是实现海洋和人类社会可持续发展的重要手段。

人类共有一片海洋，实现海洋可持续发展是我们学习这门课程的最终目标。我们要始终坚持以海洋生态文明建设为主线，不断强化海洋生态文明意识，提高海洋生态保护修复水平。

【思考题】

1. 名词解释：生态修复、海洋生态修复、海洋生态修复学。
2. 我国海洋生态修复学研究领域有哪些？
3. 查阅资料，简述我国在海洋生态修复领域的一些成就。
4. 试述开展海洋生态修复的意义。

第一篇
海洋生态修复学基础

海洋生态修复学的研究对象是受损海洋生态系统,包括海洋环境和海洋生物群落。因此,有必要首先对海洋学基础知识、海洋环境污染和海洋生态破坏这些背景知识进行简要介绍。

第一章　海洋学基础

海洋生态修复学是海洋学（Oceanography）的重要组成部分，涉及物理海洋学（Physical Oceanography）、海洋地质学（Marine Geology）、海洋化学（Marine Chemistry）或化学海洋学（Chemical Oceanography）和海洋生物学（Marine Biology）或生物海洋学（Biological Oceanography）等海洋学的各个研究范畴。

第一节　海洋地理

按地貌形态和水文特征，海洋可以分为海与洋 2 部分，海与洋连接处并无明显界限，故常统称为海洋。

一、海洋的划分

地球上互相连通的广阔水域构成统一的世界海洋，海洋由洋和海以及海湾、海峡等几部分组成，主要部分为洋，其余可视为附属部分。

（一）洋

洋或称大洋，远离大陆、面积广阔，约占海洋总面积的 90%；深度一般大于 2 000 m；海洋要素如盐度、温度等不受大陆影响，具有独立的潮汐系统和洋流系统。世界大洋通常被分为太平洋、大西洋、印度洋和北冰洋。太平洋是面积最大、最深的大洋。北冰洋则是最小、最浅、最寒冷的大洋。从南极大陆到南纬 40 度为止的海域具有自成体系的环流系统和独特的水团结构，在海洋学上定义为南大洋。

（二）海

海是介于大陆和大洋之间的水域，深度较浅，一般小于 2 000 m。水文要素受大陆影响很大，没有独立的潮汐和洋流系统，潮汐涨落往往比大洋显著。按照海所处的位置可将其分为陆间海、内海和边缘海。陆间海指位于大陆之间的海；内海是伸入大陆内部的海；边缘海位于大陆边缘，以半岛、岛屿或群岛与大洋分隔。

（三）海湾

海湾是洋或海延伸进大陆且深度逐渐减小的水域。海湾中的海水与毗邻海洋自由沟通，受折射作用浪高较小，但常出现最大潮差，如杭州湾最大潮差可达 8.9 m。

（四）海峡

海峡是两端连接海洋的狭窄水道。海峡最主要的特征是流急、潮流速度大。海峡往往受不同海区水团和环流的影响，故海洋状况通常比较复杂。

二、海底地貌形态

从海岸向大洋方向，大致分为大陆边缘、大洋盆地和大洋中脊等单元。

（一）海岸带

海岸线是陆地和海洋的分界线。由于潮位变化和近岸增减水效应，海岸线是变动的，水位升高时被淹没、降低后露出的狭长地带即是海岸带，一般包括海岸、海滩和水下岸坡三部分。

海岸是高潮线以上狭窄的陆上地带，海滩是高低潮之间的地带，水下岸坡则是低潮线以下直到波浪作用所能到达的海底部分。

（二）大陆边缘

大陆边缘是大陆与大洋之间的过渡带，按构造活动性分为稳定型和活动型两大类。稳定型大陆边缘很少有活火山和地震活动，由大陆架、大陆坡和大陆隆三部分组成。活动型大陆边缘具有频繁的火山和地震，是全球最强烈的构造活动带，主要分布在太平洋东西两侧。

（三）大洋底

大洋底由大洋中脊和大洋盆地构成。大洋中脊指贯穿四大洋、成因相同、特征相似的海底山脉。大西洋和印度洋中脊均位居中央，但印度洋中脊呈“入”字型展布；太平洋中脊主要位于东侧，西侧则存在大量海沟。大洋盆地指大洋中脊坡麓与大陆边缘之间的广阔洋底，大洋盆地底部存在坡度很小的深海平原。

三、海洋水文气候

（一）水温场、盐度场与密度场

1. 水温场

海水的温度主要取决于太阳辐射和大洋环流两个因子，在极地海域也受结冰和融冰的影响。因此，世界大洋温度场的基本特征是：表层海水温度大致呈现带状分布，即在东西方向上量值差异较小，而在南北方向上的差异则十分显著。除在太平洋和印度洋的副热带海区，受大洋环流的影响，等温线部分偏离带状分布。大洋西岸海流从赤道流向高纬度地区，为暖流，造成等温线向极地弯曲；而大洋东岸海流则从高纬度地区流向赤道，为寒流，等温线向赤道方向弯曲。

与陆地相比，海洋的温差不是很大，大洋表层海水温度的变化范围为 −2~30 ℃，年平均值为 17.4 ℃。在四大洋中，太平洋的面积最大，且它的热带和副热带面积最为宽阔，与北冰洋之间通过狭窄的白令海峡进行连接，海水交换不通畅，因此，表层海水平均温度最高，为 19.1 ℃；印度洋次之，为 17.0 ℃；与太平洋相比，大西洋的热带和副热带面积较为狭窄，且与北冰洋的低温海水交换，因此，大西洋海水温度较低，表层平均水温为 16.9 ℃。南北半球相比，北半球年平均水温比南半球相应纬度高 2 ℃左右，造成这种现象的原因有二，一是部分南赤道流跨越赤道流向北半球，另一个是北半球的陆地阻挡了北冰洋冷水的流入。

在大洋表层以下，海水温度的分布呈层化状态，且随深度的增加其水平差异缩小，深层温度分布均匀。

2. 盐度场

海洋表层的盐度主要取决于与蒸发、降水之差，在某些海域还受径流、融雪等因素的影响，盐度具有纬线方向的带状分布特征，从赤道向两极呈马鞍形的双峰分布。世界大洋盐度平均值以大西洋最高，为 34.90；印度洋次之，为 34.76，太平洋最小，为 34.62。

3. 密度场

大洋中，平均而言，温度的变化对密度变化的贡献要比盐度大。因此，密度随深度的变化主要取决于温度。海水温度随着深度的分布是不均匀的递降，因而海水的密度即随深度的增加而不均匀的增大。

（二）大洋底海面热平衡状况

全球海洋的热量整体上达到平衡，局部不平衡，低纬度海域常年接收人量的太阳辐射，海水温度较高。海水以蒸发潜热、长波辐射和感热的形式将多余的热量释放。同时，在南北半球均存在低纬度向高纬度的海流，如北太平洋的黑潮和北大西洋的湾流，这些海流将一部分热量沿经向输送。在南北纬30度左右，大气温度降低，海流将热量传递到大气中，大气将热量继续向极地输送。

极地的海水温度十分低，密度大，北大西洋格陵兰岛附近的海域的海水和南大洋威德尔海附近的海水下沉后分别向低纬度海域输送，形成大洋的深层水和底层水，构成大洋底层热量的经向输送。

（三）跃层、细微结构与内波

海水的温度、盐度和密度都会随水深的增加而发生变化，但是变化规律和特点是不同的。在海洋的某些水层中，海水性质的铅直方向变化率会比其上层和下层大得多，从而海水的某种性质就会在该水层产生阶跃状的变化，称为跃层。海洋中跃层的存在阻碍了温、盐等性质的交换，抑制下层营养物质向上层的输送，影响渔业生产。

然而，随着观测仪器更加精密，发现海水在铅直方向存在很小的成层结构，层深甚至小于几厘米，因此称为“细微”结构。海洋中细微结构的发生和形成受很多因素的影响，极为复杂，主要分成阶梯状和不规则的扰动型两种型式。

除了海洋表面会产生波动，在海洋内部也存在波动，即为内波。海洋的所有深度都可能发生内波，主要发生在密度跃层上，大部分的内波是由潮流和海底相互作用而激发。内波的传播速度较表面波慢，但是以相同的能量激发，内波的振幅却为表面波的30倍左右，因此对舰船航行影响很大。

海洋在各种动力因素的作用下会发生混合，混合作用使海水的性质变得更加均匀，例如，内波引起的混合会减弱密度跃层。海水混合主要分成三种形式：分子混合、湍流混合和对流混合，在广阔的海洋中，随时随地都能发生混合。

（四）水色、透明度和声速的分布与变化

海洋调查时，将直径为30 cm的透明度盘垂直沉入海水中，至恰好看不见的深度，称为海水的透明度。将透明度盘提升至透明度一半深度处时，透明度盘显示的颜色与水色计对比，即为海水的水色。

浮游生物对海水透明度和水色影响较大，与近岸相比，大洋海水具有高水色和透明度大等特征。例如，低生产力海区（如太平洋副热带海区）海水清澈，透明度高，水色一般为0~2。而沿岸浮游生物大量繁殖，且波浪搅拌作用强，海水相对浑浊，透明度低，水色可达10。

声在海洋中的传播速度与海水特性有关，海洋是非均匀介质，海水温度、盐度和压力的变化均会影响海水中声的传播。声的传播速度主要取决于压缩系数的变化，通常温度对压缩系数的影响作用最大，其次是压力，盐度的变化则可忽略。冬季，从声源辐射的声线束弯向海面反射回来，不存在海底吸收和散射，声传播损失较小，这种声线传播路径称为海洋中声的波导传播。而夏季，声线束弯向海底，由于海底对声波的吸收和散射，声能减弱，导致声的传播距离受限，这种声的传播路径称为反波导型传播。

（五）水团分布特点

海洋学中把源地和形成机制相近，具有相对均匀的物理、化学和生物特征及大体一致的变化趋势，而与周围海水存在明显差异的宏大水体称为水团。根据定义，通常沿铅直方向将海洋分为表层水、次表层水、中层水、深层水和底层水5个基本水团。

表层水：海洋呈现明显的层化结构，表层水具有相对较小的密度，而温度对海水的密度的影响最大，因此，表层水厚度因海区而异，主要取决于混合层的深度。赤道海区太阳辐射强且降水多，造成表层水水温高且盐度低，下沉和对流相对困难，表层水厚度较浅。

次表层水：全球海洋中，副热带海区蒸发最强，在表层形成高盐水，密度增加导致海水下沉。南、北半球副热带海区的海水下沉后向赤道方向扩展便形成了大洋的次表层水，由于海水的温度偏高，只能下沉到次表层，分布在表层之下，具有大洋铅直方向上最高的盐度。

中层水：大洋中的中层水的源地位于南、北半球中高纬度西风漂流中的辐聚区。高纬度海域蒸发作用减弱，盐度相对较低，但是海水温度低，低温的增密效应足够使海水下沉到次表层以下。南半球中层水的源地是南纬45~60度辐聚带，下沉的低盐水向赤道方向扩展，进入三大洋的次表层水之下。

深层水：东格陵兰流和拉布拉多寒流的冷水与湾流混合后形成冷咸水的核心，然后继续下沉形成大洋深层水。

底层水：世界大洋的底层水主要源地是南极陆架上的威德尔海盆，受风漂流的影响，表层海水在此堆积。同时，在陆架上形成海冰，析出盐分造成海水下沉，再次被陆架冷却后形成又冷又咸的海水，盐度约为34.7，该水团的密度最大，因此，能够长期稳定居于海底。

第二节 海洋资源

海洋资源是指在海洋内外营力作用下形成并分布在海洋地理区域内的，在现在和可预见的将来，可供人类开发利用并产生经济价值，以提高人类当前和将来福利的物质、能量和空间等。

一、海洋资源分类与分布

海洋是生命的摇篮，具有丰富的自然资源，依据自然本性将海洋资源主要分为海洋物质资源、海洋空间资源和海洋能源三大类。

（一）海洋物质资源

海洋物质资源包括海水资源、海洋矿产资源和海洋生物资源。海水资源是海水本身和溶解于其中的各种化学物质的总称，海水资源可以用于海水养殖、海水淡化、煮晒盐类等。海底蕴藏着丰富的矿物资源，其形成的海洋环境和分布特征各不相同，矿产资源种类很多，例如滨海砂矿、海底石油和天然气、磷钙石和海绿石、锰结核和富钴结壳、海底热液硫化物、天然气水合物等资源类型。海洋生物资源的分布受温度、盐度和深度的制约，同时，海水运动和潮汐也会影响海洋生物的生态环境、海洋生物的种群丰度和群落结构。

（二）海洋空间资源

海洋空间资源是海洋中一切有用的物质，包括海岸与海岛空间资源、海面/洋面空间资源、海洋水层空间资源和海底空间资源。随着经济的发展和技术的进步，海洋空间资源的利用范围更加广泛，如围海造地、海上桥梁、海底隧道、海底管线、人工岛、海上机场、海上工厂、海上城市等。

（三）海洋能源

海洋能源包括海洋潮汐能、海洋波浪能、潮流/海流能、海水温差层和海水盐差能。海洋能源主要来源于太阳辐射，海水的温度、盐度等的差异以及天体的引力的周期变化造成海水的运动，形成浪潮流等现象。中国近海，渤海海峡潮流很强，是潜在的潮流发电能源。黄海沿岸潮能资源丰富，辽宁、山东沿岸已建成一批小型潮汐发电站。南海海域波能资源最丰富，约为渤海、黄海和东海波能总和的 2 倍。南海表层海水全年温度一般都大于 26 ℃，而 1 000 m 处约 5 ℃左右，较大且稳定的温差，有利于温差发电。

二、海洋资源开发利用

海洋是巨大的资源宝库，在陆上资源日益减少的情况下，海洋资源的开发和利用变得更加重要。以海洋生物资源为例，资源的开发利用主要集中在海洋渔业资源和药物资源两方面。迄今，海洋为人类生存提供大量的食物、医药材料、工业材料等物质，随着我们对海洋研究的不断深入，未来将会有更多海洋生物物质被不断的开发利用。

三、海洋资源保护和可持续利用

20 世纪 90 年代以来，随着我国海洋研究的突飞猛进，海洋资源开发的强度和规模也不断扩大，产生了极大的经济效益，海洋经济的粗犷式发展对海洋造成了一定程度的损害与污染。包括盲目拦海围垦、违规海洋工程、滥采沙石、乱伐防护林、过度滥捕以及不合理的养殖等情况，均对海洋环境造成不同程度的损害。同时，随着沿海城市工业的快速发展，工业和生活污水的乱排形成陆源性污染，主要为有机污染和重金属污染。除此之外，石油开采和油轮泄油等也会造成海洋污染，即海洋石油污染。海洋污染直接危及海洋生物，例如石油污染直接影响植物的光合作用和动物的呼吸，人类也是海洋污染的间接受害者。

海洋资源是人类的宝贵财富，因此，要治理海洋污染，合理利用并保护海洋资源，以保证海洋资源的可持续利用。以海洋生物资源保护为例，应加强海洋渔业环境保护，减少海洋环境污染，并做到合理捕捞，使海洋捕捞量与海洋生物资源增长达到平衡。中国海洋资源保护与环境治理任重而道远，需要更多人坚持不懈的努力。

第三节　海洋环境与生态系统

一、海洋环境

（一）海洋环境的概念

海洋环境（Marine environment）是指地球上广大连续的海和洋的总水域，包括海水、溶解和悬浮于海水中的物质、海底沉积物以及生活于海洋中的生物。因此，海洋环境是一个非常复杂的系统。

（二）海洋环境的分类

目前，关于海洋环境的分类还没有统一的方法，一般可按照海洋环境的区域性、要素和人类对海洋环境的利用管理或海洋环境的功能等对其进行分类。如按海洋环境的区域性将其分为河口、海湾、沿岸海域、近海、外海和大洋等；按海洋环境要素，将其分为海水、沉积物、海洋生物和海面上空大气等；从海洋环境功能和管理角度，将其分为旅游区、海滨浴场、自然保护区、渔业用海区、养殖区、石油开发区、港口航运区、排污倾倒区和特殊利用区等。

（三）海洋环境的分区

海洋环境分为水层区和海底区，水层区指海洋的整个水体部分，即覆盖于海底之上的全部海域，水平方向上可进一步分为浅海区和大洋区；海底区指整个海底以及高潮时海浪所能冲击到的全部区域，又可进一步分为海岸和海底（图 I-1-1）。

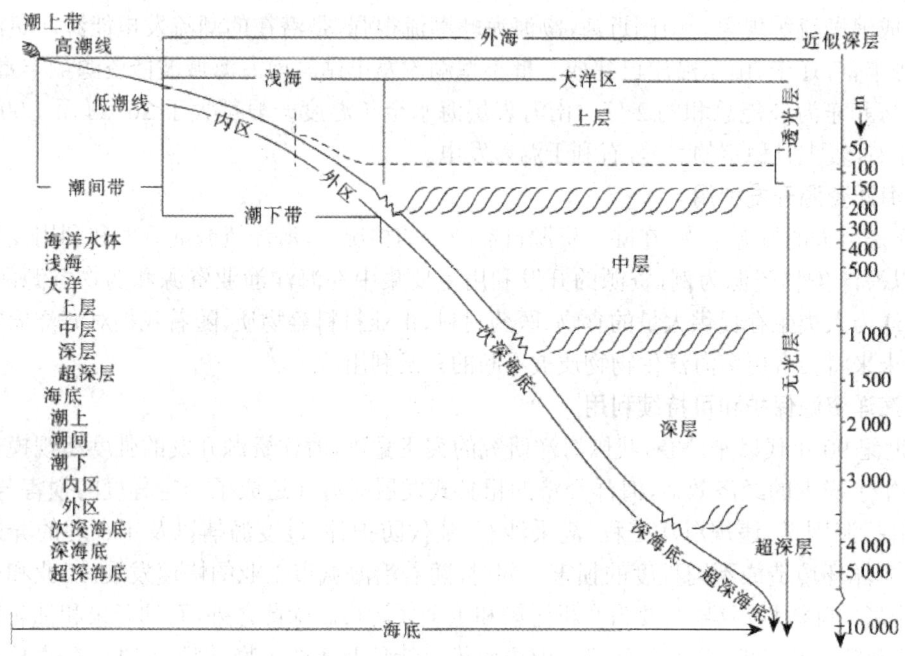

图 I-1-1 海洋环境分区

（引自赵文，2016）

（四）海洋环境的特点

1. 从海洋环境科学角度来看，海洋环境具有以下三个特点

（1）整体性与区域性

海洋是一个连续性整体，在海洋的不同区域其环境要素可能存在很大差异。

（2）变动性和稳定性

海洋是一个开放式整体，在自然和人为因素作用下，海洋环境始终处于不断变化状态；又因海洋环境本身具有一定的自我调节功能，在外界干扰不超过其自净能力时可恢复其稳定性。

（3）环境容量大

海洋的空间总体积达 1.37×10^9 km^3，海水自净能力很强，海洋环境容量大。

2. 海洋具有三大环境梯度

（1）从赤道到两极的纬度梯度

从赤道到两极，太阳辐射强度逐渐减弱、季节差异逐渐增大、每日光照持续时间不同，这样就会直接影响光合作用的季节差异和不同纬度海区的温跃层模式。

（2）从海面到深海海底的深度梯度

从海面到深海海底，光照逐渐减弱、温度具明显垂直变化（底层温度低且较恒定）、压力逐渐增大、深层有机食物很稀少。

（3）从沿岸到开阔大洋的水平梯度

从沿岸到开阔大洋，海水深度、营养物含量、海水混合作用、温度和盐度发生变化。

二、海洋生态系统

（一）海洋生态系统的概念

海洋是一个连续整体，在海洋的不同区域其环境要素仍有很大差异，不同海洋生境栖息着不同类型的海洋生物，已知的20多万种海洋生物根据其生活方式分为浮游生物、游泳生物和底栖生物三大生态类群。近20年来，由于自然或人为因素导致一些海洋生物（如浒苔 *Enteromorpha prolifera* 和铜藻 *Sargassum horneri*）营漂浮生活并随洋流和季风等漂移形成绿潮和褐潮等生态灾害，给海洋生态系统（Marine ecosystem）带来严重危害。

海洋生态系统是指海洋生物群落与其海洋环境通过能量流动、物质循环和信息传递而相互作用和相互依赖构成的功能单元。海洋是地球生物圈的重要组成部分，也是其中最大的一个生态系统。海洋生态系统由不同等级（或水平）的许多海洋生态系统组成，每一个海洋生态系统占有一定空间并包含通过能量流动、物质循环和信息传递而相互作用和相互依赖的生物和非生物组分。海洋生态系统是以物理现象占优势，在化学介质中去了解系统内的生物学变化并反映出系统内海洋生物的特性。

（二）海洋生态系统的分类

海洋生态系统类型多样，目前还没有统一的划分方法。海洋生态系统按海区划分，一般可分为海岸带生态系统（潮上带、潮间带、潮下带）、岛屿生态系统、浅海生态系统、外海和大洋生态系统、极地海洋生态系统；按生物群落划分，一般分为海藻场生态系统、海草场生态系统、红树林生态系统和珊瑚礁生态系统；按海洋自然地貌划分，一般分为河口生态系统、海湾生态系统、上升流生态系统、海岛生态系统和热液口生态系统等。

（三）海洋生态系统服务

1. 海洋生态系统服务的概念

海洋生态系统是地球上面积最大且结构最复杂的生态系统，也是地球生态环境的调节器和人类生命支持系统的重要组成部分，为人类生存提供了大量产品和服务。海洋生态系统服务（Marine ecosystem services）是指以海洋生态系统及其生物多样性为载体，通过系统内一定生态过程来实现的对人类有益的所有效应集合。有些人将 marine ecosystem services 翻译为海洋生态系统服务功能，为了便于学习和交流，本书采用牛翠娟等（2015）学者的观点即统一为海洋生态系统服务。

海洋生态系统服务的对象是人类，海洋生态系统的组成即海洋生物组分和非生物环境是其服务产生的物质基础，海洋生物群落的组成和数量的变化、海洋非生物环境的改变都影响着海洋生态系统服务的种类和质量。

2. 海洋生态系统服务的分类

目前，人们普遍接受将海洋生态系统服务分为供给服务、调节服务、文化服务和支持服务四大类，供给服务主要包括海产品生产、原料生产、氧气提供和基因资源提供；调节服务主要包括气候调节、废弃物处理、干扰调节和生物控制；文化服务主要包括休闲娱乐、文化用途和科研服务；支持服务主要包括初级生产、营养物质循环和物种多样性维持。

3. 海洋生态系统服务的价值

海洋生态系统服务价值（Marine ecosystem services value）衡量了海洋生态系统对人类经济社会的贡献度。海洋生态系统服务实际或潜在地满足了人类物质与非物质需求，并为人类带来惠益，所以对人类社会而言海洋生态系统的各项服务具有其经济价值。海洋生态系统服务的总经济价值在宏观上根据人类受益的过程划分为使用价值和非使用价值。

（1）海洋生态系统服务的使用价值

人类直接或间接地从海洋生态系统服务中获得的现期效益体现为使用价值。海洋生态系统服务的使用价值在微观上通常被解析为直接使用价值、间接使用价值以及选择价值三部分。直接使用价值主要指海洋生态系统服务直接满足人类生产和消费活动所带来的价值，包括海洋食品和原材料等带来的直接价值；间接使用价值主要指无法商品化的海洋生态系统服务通过为人类生产和消费活动提供保证条件间接产生的价值，包括保护生态循环、维持物种多样性、调节极端气候冲击等带来的间接价值。选择价值是人们欲使未来可以直接使用或者间接使用某项生态系统服务的现期意愿支付价值，即是一种提前的支付意愿，这种支付意愿的数值相当于海洋生态系统的选择价值。

（2）海洋生态系统服务的非使用价值

人类不即期从海洋生态系统服务中获得的效益体现为非使用价值。海洋生态系统服务的非使用价值在微观上通常被解析为遗产价值与存在价值。遗产价值是指通过不即期利用海洋生态系统服务的惠益而为后代保留惠益所产生的一种递延性质的价值，如当代人为将某种海洋资源留给子孙后代而自愿支付的保护费用。存在价值通常被认为是人类为维持物种多样性、水文循环稳定等海洋生态系统服务存在的支付意愿，可以理解为人类对海洋生态系统服务客观存在的一种主观满足带来的价值，这种价值并不是通过海洋生态系统服务获取具体效益产生的，也就是说存在价值是海洋资源本身具有的一种经济价值，是与人类利用与否无关、与人类存在与否无关的经济价值。

（四）海洋生态系统健康

1. 海洋生态系统健康的概念

海洋生态系统健康（Marine Ecosystem Health，MEH）的概念最早出现于20世纪90年代，我国于21世纪初开始给予关注。学者们一致认为海洋生态系统健康应包括海洋生态系统的稳定性、自我平衡能力和功能的正常发挥。由于海洋生态系统健康属于一个新领域，目前尚没有十分明确的定义。原国家海洋局（2005）颁布的《近岸海洋生态健康评价指南》行业标准（HY/T 087-2005）中将海洋生态系统健康定义为：海洋生态系统保持其自然属性，维持生物多样性和关键生态过程稳定并持续发挥其服务功能的能力。赵淑江（2014）指出海洋生态系统健康是指在特定的海洋自然边界范围内，非生物环境和生物组成稳定，可维系其正常的结构和功能，能够在外界干扰中维持生态系统平衡、稳定地持续发展的状态。狄乾斌等（2014）认为海洋生态系统健康是指海洋生态系统内部的自然健康状态，既强调系统的组成结构、生态功能的变化及生态系统的完整性，又以系统内人类的贡献反映其健康状态，看重海洋生态系统向外输出指标和发挥其服务功能的变化，是海洋生态系统的综合特征，用以描述海洋的状态或状况。

由于海洋的流动性、边界和尺度的难确定性等特殊物理性质，与其他生态系统相比，海洋生态系统的结构和功能更加复杂且稳定性较低。健康的海洋生态系统是指在特定的自然边界范围内，可维系正常的结构（现存物种类别、种群大小和组成）和功能（食物网物质和能量流动）的海洋生态系统。

2. 海洋生态系统健康的标准

祁帆等（2007）给出的海洋生态系统健康标准如下：

（1）没有严重的生态胁迫症状；（2）可从自然的或人为正常干扰中恢复过来；（3）没有或几乎没有投入的条件下，具有自我维持功能；（4）对相邻或其他系统不造成压力；（5）不受风险因素的影响；（6）经济可行；（7）可维持人类和其他生物群落的健康。

3. 海洋生态系统健康评价

海洋生态系统健康是发挥其功能的基础，海洋生态系统健康评价可为海洋生态环境保护和生态管理提供重要科学依据。

（1）近岸海洋生态系统健康状况分级

2005 年，原国家海洋局颁布的《近岸海洋生态健康评价指南》行业标准（HY/T 087—2005）将近岸海洋生态系统健康状况分为健康、亚健康和不健康三个级别：

①健康级别海洋生态系统的特征：生态系统保持其自然属性，生物多样性及生态系统结构基本稳定，生态系统主要服务功能正常发挥，人为活动所产生的生态压力在生态系统的承载力范围之内；

②亚健康级别海洋生态系统的特征：生态系统基本维持其自然属性，生物多样性及生态系统结构发生一定程度改变，但生态系统主要服务功能尚能正常发挥，环境污染、人为破坏、资源的不合理利用等生态压力超出生态系统的承载能力；

③不健康级别海洋生态系统的特征：生态系统自然属性明显改变，生物多样性及生态系统结构发生较大程度改变，生态系统主要服务功能严重退化或丧失，环境污染、人为破坏、资源的不合理利用等生态压力超出生态系统的承载能力，生态系统在短期内难以恢复。

（2）近岸海洋生态系统健康的评价方法

《近岸海洋生态健康评价指南》（行业标准 HY/T 087—2005）给出了河口及海湾、海草床、红树林和珊瑚礁海洋生态系统健康的评价方法。

目前来看，海洋生态系统健康的评价方法主要包括两种，即指示物种评价和结构功能指标评价。指示物种法主要依据海洋生态系统的关键物种、特有物种等的数量、生产力和一些生理生态指标描述海洋生态系统的健康状况。结构功能指标评价主要是综合生态系统的多项指标，反映生态系统的结构、功能；结构功能指标评价包括单指标评价、复合指标评价和指标体系评价等，指标体系法是在选择不同组织水平的类群和考虑不同尺度的前提下对海洋生态系统的各个组织水平的各类信息进行的综合评价。

相比较而言，利用指标体系法评价海洋生态系统健康状况，评价方法更为科学，评价结论更全面可信。祁帆等（2007）给出了海洋生态系统健康评价的指标体系，该体系将海洋生态系统健康评价指标分为生态学指标（生态系统综合水平指标、群落水平指标、种群及个体指标等）、物理化学指标（DO、COD、BOD 和水温等）和社会经济指标（收入指数、景观价值和资源消费指数等）三大类，每一大类指标又包括一系列的量化亚类指标。梁淼等（2018）根据《近岸海洋生态健康评价指南》（HY/T 087-2005）中的“河口及海湾生态系统生态环境健康评价方法”选取海水环境（溶解氧、pH 值、活性磷酸盐、无机氮和石油类含量）、沉积物环境（有机碳和硫化物含量）、生物栖息地（滨海湿地面积和沉积物主要组分含量的变化）、生物残毒（汞、镉、铅、砷和石油烃含量）和生物（浮游植物密度、浮游动物密度、浮游动物生物量、鱼卵和仔鱼密度、底栖生物密度和底栖生物生物量）5 类评价指标评价了曹妃甸近岸海域海洋生态系统健康状况。许自舟等（2012）基于我国近海海洋综合调查与评价专项课题构建的生态系统健康评价指标体系和评价模式，应用数据库技术及面向对象的信息系统开发技术，研制了海洋生态系统健康评价软件，实现了评价过程的信息化、规范化和科学化。

【思考题】

1. 名词解释:海洋资源、海洋环境、海洋生态系统、海洋生态系统服务、海洋生态系统健康。
2. 海洋环境的特点?
3. 海洋生态系统健康的标准?
4. 我国近岸海洋生态系统健康状况分为哪些级别,各级别有哪些特征?
5. 查阅资料,简述海洋生态系统健康的评价方法。

第二章　海洋生态修复学背景

第一节　海洋环境污染

海洋环境污染是指人类直接或间接把物质或能量引入海洋环境，以致造成或可能造成损害生物资源，危害人类健康，妨碍包括渔业在内的各种海上活动，损坏海水使用质量和降低环境的舒适度等有害影响。海洋污染的主要来源有：陆源污染、大气污染、船舶污染、海洋倾倒和海底活动污染，所占比例分别为 44%、33%、12%、10% 和 1%。可见，引起海洋生态系统破坏和海水质量下降的污染物主要来自陆源排污，海洋督察情况显示，2018 年江苏省陆源入海污染物占海洋污染物总量的 85% 以上。目前，受污染严重的海域主要在沿海、港湾和河口等陆缘区域，并且在海流、潮汐等的作用下，正向大洋和深海扩散。

一、海洋环境污染类型

（一）海洋环境的物理性污染

海洋环境的物理性污染主要有电离辐射污染、非电离辐射污染、热污染以及噪声污染。

（二）海洋环境的化学性污染

1. 海洋环境化学污染物的主要来源

一般来讲，海洋化学污染物主要有陆源、海源和气源 3 种来源。陆源和海源污染源又可分为点源和非点源；气源污染源包括大气的干、湿沉降。

2. 海洋环境化学污染物的种类

根据污染物的性质和毒性以及对海洋环境造成危害的方式，大致把海洋环境化学污染物分为植物营养盐、重金属、石油类、有机物和微塑料等海洋新型污染物。

（三）海洋环境的生物性污染

传统意义上来讲，海洋环境的生物污染主要指致病性细菌、病毒和寄生虫对海洋生物及其生境的污染。黄海绿潮自 2007 年首次报道以来连年发生引起了国内外广泛关注；自 20 世纪 90 年代中后期起，我国东海、黄海、渤海等海域相继出现了水母暴发现象。这些都被看作海洋环境的生物污染。

二、海洋环境污染的特点

海洋环境污染与大气污染和陆地污染有很多不同之处，其突出特点如下：

（一）污染源广

海洋在地球上覆盖面大，接纳外来物的面广，人类在海洋上的活动可以直接污染海洋，人类在陆地和空中等其他活动方面所产生的污染物也可以通过地表径流、大气长距离运输和扩散以及通过雨雪等降水形式最终汇入海洋造成海洋污染。因此，有人称海洋是陆上一切污染物的“垃圾桶”。

（二）持续性强

海洋是地球上地势最低的区域，一旦污染物进入海洋后很难再通过其他途径转移出去，那些不能溶解和不易分解的污染物在海洋中将越积越多，它们可通过生物的浓缩作用和食物链传递进入人体后对人类造成潜在威胁。

（三）扩散范围广

全球海洋是相互连通的一个整体，某一海域污染后，污染物往往会在海流作用下扩散到周边海域，甚至有的后期效应还会波及全球。

（四）防治难

海洋污染不易被及时发现，因此具有很长的积累过程，一旦污染形成，就需要消耗很大治理费用进行长期治理才能消除影响。

（五）危害大

海洋污染造成的危害会影响到各方面，各类海洋生物及其生境均会受到不同程度影响，若不及时进行修复，最终可导致海洋生态系统受损。

三、海水水质标准

为贯彻《中华人民共和国环境保护法》和《中华人民共和国海洋环境保护法》，防止和控制海水污染，保护海洋生物资源和其他海洋资源，有利于海洋资源的可持续利用，维护海洋生态平衡，保障人体健康，我国制订了中华人民共和国《海水水质标准 GB 3097—1997》。

（一）海水水质分类

按照海域的不同使用功能和保护目标，海水水质分为四类：

第一类：适用于海洋渔业水域，海上自然保护区和珍稀濒危海洋生物保护区。

第二类：适用于水产养殖区，海水浴场，人体直接接触海水的海上运动或娱乐区，以及与人类食用直接有关的工业用水区。

第三类：适用于一般工业用水区，滨海风景旅游区。

第四类：适用于海洋港口水域，海洋开发作业区。

（二）海水水质标准

国家环境保护局和国家技术监督局于 1997 年发布了中华人民共和国国家标准《海水水质标准 GB3097—1997》。

（三）海水水质监测

海水水质监测样品的采集、贮存、运输、预处理方法和海水水质分析方法按照《海水水质标准 GB3097—1997》标准执行。

四、海洋沉积物质量标准

为贯彻《中华人民共和国环境保护法》和《中华人民共和国海洋环境保护法》，防止和控制海洋沉积物污染，保护海洋生物资源和其他海洋资源，有利于海洋资源的可持续利用，维护海洋生态平衡，保障人体健康，我国制订了中华人民共和国《海洋沉积物质量 GB 18668—2002》标准。

（一）海洋沉积物质量分类

按照海域的不同使用功能和环境保护目标，海洋沉积物质量分为三类：

第一类：适用于海洋渔业水域，海洋自然保护区，珍稀与濒危生物自然保护区，海水养殖区，海水浴场，人体直接接触沉积物的海上运动或娱乐区，与人类食用直接有关的工业用水区。

第二类：适用于一般工业用水区，滨海风景旅游区。

第三类：适用于海洋港口水域，特殊用途的海洋开发作业区。

（二）海洋沉积物质量标准

中华人民共和国国家质量监督检验检疫总局于2002年发布了中华人民共和国国家标准《海洋沉积物质量 GB 18668—2002》。

（三）海洋沉积物质量测定

海洋沉积物样品的采集、预处理、制备、保存方法和各项目的分析方法按照《海洋沉积物质量 GB 18668-2002》标准执行。

五、海洋生物质量标准

为贯彻执行《中华人民共和国环境保护法》和《中华人民共和国海洋环境保护法》，我国制订了中华人民共和国国家标准《海洋生物质量 GB 18421—2001》标准。本标准以海洋贝类为监测生物，制定反映海洋环境质量的相关标准，与《海水水质标准 GB 3097—1997》配套执行，用于评价海洋环境质量。

（一）海洋生物质量分类

按照海域的不同使用功能和环境保护目标，海洋生物质量分为三类：

第一类：适用于海洋渔业水域、海水养殖区、海洋自然保护区、与人类食用直接有关的工业用水区。

第二类：适用于一般工业用水区、滨海风景旅游区。

第三类：适用于港口水域和海洋开发作业区。

（二）海洋贝类生物质量标准

中华人民共和国国家质量监督检验检疫总局于2001年发布了中华人民共和国国家标准《海洋生物质量 GB 18421—2001》。

（三）海洋贝类生物的监测

海洋贝类生物样品的采集、贮存、预处理方法和各项目的分析方法按照《海洋生物质量 GB 18421—2001》标准执行。

第二节　海洋生态破坏

一、海洋生态系统受损

无论是人为干扰还是自然灾害，其长期作用都能对海洋生态系统造成不同程度的损伤，引发海洋生态系统的结构和功能发生逆向演替，甚至造成其崩溃。

（一）受损海洋生态系统概念

退化是生态系统受损后最常见的结果。受损海洋生态系统（Damaged marine ecosystem）又称为退化海洋生态系统（Degraded marine ecosystem），是相对未退化或退化前的初始海洋生态系统而言的。根据受损生态系统的概念，受损海洋生态系统是指在自然或人为干扰下形成的偏离自然状态的海洋生态系统。即在自然因素、人为因素或二者共同干扰下，导致海洋生态系统的结构和功能发生了位移，即改变、打破了海洋生态系统原有的平衡状态，使其结构、功能发生变化或出现障碍，改变了其正常过程，并出现逆向演替。根据盛连喜（2002）的观点，我们认为受损海洋生态系统是指丧失了生态完整性的、非健康的病态海洋生态系统。换句话说，干扰导致海洋生态系统要素和海洋生态系统整体发生了不利于海洋生物甚至人类生存的量变和质变。根据该定义，海洋生态退化包括海洋生态要素退化和海洋生态系统退化两个层次。

（二）受损海洋生态系统的成因

自然因素和人为因素的干扰均可导致海洋生态系统受损，但主要还是人为干扰引起的。海岸侵蚀可导致红树林和珊瑚礁等遭到严重破坏，筑堤建坝和填海造地等海洋工程建设以及沿海城市化建设人为改变沿岸区的自然环境并导致滨海湿地生态系统结构和功能退化，过度捕捞等人为活动破坏海洋生态系统物理环境外还导致其食物链缩短等结构和功能退化，海洋污染负荷大大超过其自净能力导致很多生物群落遭到灭顶之灾，海水养殖引起自身污染并因小杂鱼等饵料鱼需求引起生态问题，大规模赤潮和生物入侵对原有海洋生物群落和生态系统的稳定性造成威胁并导致生境退化，全球气候变化影响了海洋生物的生存。

总之，海洋生态系统面临的干扰因素主要包括在浅海、滩涂和港湾等海域进行的围垦；陆源和海源污染物导致的海洋污染；海上风电场建设等新兴涉海行业干扰；渔业资源不合理利用；红树林、海草床和珊瑚礁区的海水养殖等破坏活动；采砂；疏浚；海岸植被砍伐；外来物种入侵等海洋生态灾害；台风、海啸和全球气候变化等。

（三）受损海洋生态系统的基本特征

海洋生态系统受损可以理解为生态系统完整性受到损伤。海洋生态系统受损后，原有的平衡状态被打破，系统的结构和功能发生变化，导致系统稳定性减弱、生产能力降低、服务功能弱化等。受损海洋生态系统的基本特征表现在海水水质和沉积物质量降低、生境丧失、物种多样性减少、系统结构简单化、食物网破裂、能量流动效率降低、物质循环不畅或受阻、生产力下降、系统稳定性降低、服务功能衰退等十个方面。

（四）受损海洋生态系统的诊断分析

受损海洋生态系统一般应以历史的或受损前的生态系统作为参照系统。实际上，由于缺乏对海洋生态系统长期定位跟踪监测研究等原因，人们往往对受损前海洋生态系统整体状态的各项参数（如组成、结构、功能和动态等）缺乏足够了解。因此，要以初始海洋生态系统作为参照系统有一定的现实困难。所以，在实际操作中，可以在本区域或邻近区域内选择未受损或受损程度很轻的“自然海洋生态系统”作为相应参照系统用于海洋生态系统的受损诊断。

海洋生态系统受损时其组成、结构、功能和服务均可能受到不同程度影响。因此，受损海洋生态系统的诊断内容包括生物诊断、生境诊断、生态系统结构 / 功能 / 服务诊断、景观诊断和生态过程诊断等，每项诊断内容涉及相关的诊断指标，各种指标之间可能相互交叉、重叠和包含。故判断某一海域海洋生态系统的受损程度和状态，必须选择科学合理的诊断内容、选取某些特异性和有效性的诊断指标建立指标体系。为了评价的准确性和客观性，建立指标体系时应遵循整体性原则、区域性原则、指标概括性原则、指标动态性原则、定性指标和定量指标相结合原则以及评价指标体系的层次性原则、代表性原则和实用性原则，其中代表性原则和实用性原则是诊断指标（体系）选择时应遵循的核心原则。

1. 受损海洋生态系统的诊断内容和诊断指标

（1）生物诊断

生物诊断包括海洋生物组成（海洋微生物、海洋浮游生物、海洋底栖生物、海洋游泳生物、海洋鸟类和海洋哺乳动物等生物物种）、海洋生物数量（海洋生物群落生物量、海洋高等植物覆盖面积等）和海洋生物生产力（海洋初级生产力和海洋次级生产力）等。

（2）生境诊断

生境诊断包括气候条件（降水量、气温、光照和气压等）、水文条件（温度、盐度、海流、海浪、潮汐、水温、盐度、透明度等）、水质特征（DO、BOD、COD、TOC、TN、TP、重金属、油类等）和沉积物特征（沉积物类型、粒径大小、TOC、TN、TP、重金属、油类和硫化物等）。

（3）生态系统结构 / 功能 / 服务诊断

生态系统结构 / 功能 / 服务诊断包括生态系统结构（营养结构、空间结构、食物链和食物网结构等）、生态系统功能（物质循环、能量流动、信息传递等）、生态系统服务（海产品生产供给服务、气候调节等调节服务、海洋休闲娱乐等文化服务和初级生产等支持服务）。

（4）景观诊断

景观诊断包括景观组成（斑块、廊道和基底等）和景观结构（景观异质性、景观破碎度和景观聚集度等）。

（5）生态过程诊断

生态过程诊断包括种群动态、群落动态、生态系统的物质循环和能量流动等。

2. 受损海洋生态系统的诊断方法

（1）海洋生态系统结构分析

根据海洋生态系统多年的遥感影像、实地调查数据和海洋生态系统的实际情况对海洋生态系统结构进行分析。

（2）退化诊断指标体系构建

在海洋生态系统结构分析基础上，以“压力 - 状态 - 响应”（pressure-state-response，PSR）概念模型或“驱动力 - 压力 - 状态 - 影响 - 响应”（driving force-pressure-state-impact-response，DPSIR）框架模型等为基础，从压力、状态和响应等方面选取能够反映海洋生态系统退化状态的指标构建退化诊断指标库。然后，从指标库中筛选出若干指标用于构建适用于海洋生态系统的多层退化诊断指标体系，如指标体系第 1 层次为准则层，包括压力（pressure，P）、状态（state，S）和响应（response，R）等；第 2 层次为要素层，分类细化准则层中相应的压力、状态和响应等；第 3 层次为指标层，包含若干直接用于海洋生态系统退化诊断的指标，这些指标分别是要素层中各要素的进一步细化的指标。

（3）退化诊断指标处理和权重计算

为了保证指标权重的客观有效，可采用相关方法如层次分析法（Analytic Hierarchy Process，AHP）确定指标权重。

在退化诊断指标体系中，由于各评价指标类型复杂，不同指标量纲不同，各个指标之间缺乏可比性，且与海洋生态系统退化程度相关性也有差异，如污染物排放、社会经济活动与海洋生态系统退化呈负相关，生物量、生物多样性与海洋生态系统退化呈正相关。因此，需要对各评价指标的原始数据进行标准化处理，如将原始数据变换为 [0, 1] 区间范围内。

（4）退化等级划分

通过计算海洋生态系统退化指数（Ecological Degradation Index，EDI），综合评价海洋生态系统的退化状况。如将海洋生态系统退化评价结果划分为健康 [0, 0.25]、轻微退化 [0.25, 0.5]、退化 [0.5, 0.75] 和严重退化 [0.75, 1] 四个等级（具体等级根据实际情况划分，如可以划分为轻度退化、中度退化、重度退化和极度退化四个等级），并描述出各个等级的特征。

二、典型海洋退化生态系统

红树林生态系统、珊瑚礁生态系统、海草床和海藻场生态系统、滨海湿地生态系统退化现象十分明显。据报道，全球至少 35% 的红树林、30% 的珊瑚礁和 29% 的海草床已消失或退化。资料显示，南中国海沿岸各国红树林的年均损失率为0.5%~3.5%，海草床有20%~50%遭到破坏，珊瑚礁中有82%呈退化趋势。20世纪50年代以来，我国已丧失滨海湿地面积约2.19×10^6 hm^2，占滨海湿地总面积的50%；其中，天然红树林面积减少约73%，珊瑚礁约80%被破坏，其中海南三亚鹿回头岸礁覆盖率从1960年的90%下降为2009年的12%。我国近40年来，特别是最近20年来，由于围海造地、围海养殖、砍伐等人为因素，红树林面积由40年前的4万公顷减少到1.88万公顷。由于许多港湾围海造田、围滩（塘）养殖、填滩造陆和码头与道路的建设，厦门天然红树林面积由1960年前后的320 hm^2降到2005年4月的21 hm^2，使得厦门海湾生物多样性下降，同时导致外来物种（如互花米草*Spartina alterniflora*）的入侵。由于我国海草研究起步较晚，20世纪鲜有海草场分布面积记录，故因缺乏连续监测数据而无法准确估测我国海草场退化的面积和速率。但相关报道显示一些区域的海草床退化还是非常明显，如广西北海市合浦英罗港附近的海草床，面积由1994年的267 ha降低到2000年的32 ha、2001年的0.1 ha，面临完全消失的危险。同样，人类活动加剧导致近岸环境污染日益严重和栖息地生态质量下降，不同区域的海藻场面积也出现了缩小乃至消失的状况，如美国洛杉矶沿岸1911年约有巨藻场627 ha，至1968年却所剩无几。又如因沿岸公路修建引起海水透明度下降以及淤泥沉积在附着基质上等因素导致我国南麂列岛铜藻（*Sargassum horneri*）资源衰退：1980年全国海岸带和海涂资源综合调查时，我国南麂列岛的5处浅海礁区都有成片铜藻海藻场，各离岛低潮带石沼中铜藻为常见种类；2006~2007年再度调查时5处铜藻海藻场只剩下小虎屿浅海礁区和火焜岙湾顶北岸2处，且藻场面积不到1980年的80%和20%左右，各离岛低潮带石沼中已很难采集到铜藻。

【思考题】

1. 名词解释：海洋环境污染、受损海洋生态系统。
2. 海洋环境污染类型有哪些？
3. 海洋环境污染的特点有哪些？
4. 受损海洋生态系统的成因和基本特征各是什么？
5. 受损海洋生态系统的诊断内容和诊断指标包括哪些？

第三章　海洋生态修复学概况

第一节　海洋生态修复的基本任务、目标和原则

一、海洋生态修复的基本任务

海洋生态修复学的研究对象是受损海洋生态系统，主要包括海洋环境和海洋生物群落，即海洋生物、栖息地（生境）或者二者兼而有之。因此，海洋生态修复的基本任务是海洋主要环境要素（大气、海水、海洋沉积物等）的改善与生物因素（生态系统的结构和功能）的修复。目前来看，海洋生态修复的基本任务包括海洋生境修复、海洋生物资源养护、海洋生态系统修复和海洋生态系统管理四个方面。

二、海洋生态修复的基本目标

海洋生态修复的首要任务是确定修复目标，只有确立了明确的目标才能制定出合适的修复方案，建立评价生态修复成功与否的评价标准体系。海洋生态修复的目标是多方面、多层次的，因地理位置、区域气候、海流状况、海底形态、底质、水质和生物组成等自然因素差异以及人为干扰不同，可能无法确定一个统一标准。

（一）海洋生态修复的基本目标

海洋生态修复源于以下几个主要目的，包括珍惜海洋生物保护、地理和景观生态原生性保护、建立功能性的海洋生态系统等。受损海洋生态系统的生态修复主要强调两个方面的内容：一是强调海洋生态系统的服务，通过生态修复尽可能抵消或减轻已被证实对人类有害的负面效应，使其能够满足人类特定需求，这是海洋生态修复的短期目标（或称成功标准）；二是使受损海洋生态系统在结构和功能上恢复至破坏前的原有状态，这是海洋生态修复的长期目标。海洋生态修复最完美的结果是重建海洋生态系统干扰前的结构和功能及有关的物理、化学和生物学特征，使其发挥应有的作用。但是，在实际修复中，由于修复技术水平、经济、文化、政治、法律等因素影响，一般很难在短时间内将海洋生态系统修复到原来没有受到人为干扰的状态。因此，目前我们所确定的修复目标一般只是短期内对受损海洋生态系统进行适当修复，既恢复海洋生态系统的功能，又满足人类的需要，使其达到可持续发展的自然、健康和能够自我维持的状态，即海洋生态修复的短期目标。短期目标应确保海洋生态系统在没有人工协助措施的情况下还能继续发展和逐渐恢复自组织能力和自我调节能力。因此，完成短期目标是为了逐步实现海洋生态系统完全恢复的长期目标。

海洋生态保护修复的总体目标是，通过全面推进海洋生态保护修复，维护海洋生态系统的完整性和健康，形成与海洋资源环境承载能力相匹配的开发利用空间格局；通过实施重大工程进而修复海洋生态功能，提高海洋保护利用的效率和质量，实现“美丽海洋”。

（二）海洋生态修复目标制定遵循的原则

对于一个具体的海洋生态修复项目而言，生态修复目标制定需要遵循以下原则：

1. 目标明确具体

一个具体的海洋生态修复项目，其修复目标特别是短期目标是明确的、具体的，如海洋生境修复到什么程度、海草场移植面积多少等等。短期目标可以作为判断海洋生态修复项目现场工作完成情况的依据，且在修复项目现场工作开始之前已经确定。

2. 目标可量化

明确具体的海洋生态修复目标一般情况下都是可以量化的，如修复海域 NH_4-N 浓度降低到什么程度，这个量化的目标随着修复时间推移和修复技术改进是可以实现的。有的可量化的目标未必能够把握的十分准确，如海草场移植完成后其承载的海洋生物种类和数量可以量化，结果不一定和人的意愿完全相符合，但我们可以和对照区或者和本底值进行比较。所以，可量化的目标对于海洋生态修复监测和修复效果评价来说起着十分重要的作用。

3. 目标阶段化

海洋生态系统是不断发展变化的，海洋生态修复项目不是一蹴而就的。因此，在海洋生态修复总体目标基础上，制定一系列相对独立且连续的阶段性目标、逐步稳妥地推进修复进程是十分必要的。

4. 目标可实现

海洋生态修复项目的实施受修复技术、海域状况、经费支持等多方面影响，一旦实施就要圆满完成预定目标。不能因各种原因达不到修复目标而降低修复目标，在修复项目方案制定和实施前一定要考虑到各种不可抗拒因素并在修复过程中对修复项目进行适应性管理。

5. 目标受限性

海洋生态修复是个系统工程，受到科学、技术、经济、社会、文化和政治等多方面因素影响。因此，制定修复目标时，要全面考虑上述各个方面的影响。

6. 目标非标准化

不同海洋生态修复项目的修复目标可能是不同的，把某一修复项目的修复目标（成功标准）作为其他所有项目的修复目标（成功标准）是不切实际的。标准化的修复目标（成功标准）可能会导致海洋生态修复项目结果不理想甚至导致失败。

三、海洋生态修复的基本原则

海洋生态修复是一个复杂的过程，虽然各种受损海洋生态系统修复目标不尽相同，但应遵循的一个共同原则：生态、社会、经济和文化的需求以及生态修复技术的可靠性或有效性。

换句话说，海洋生态修复要遵循陆海统筹、区域差异、海洋生态修复与社会经济协调发展、生态效益与社会经济效益相统一、恢复海洋自然地貌形态和自然水文情势相结合、投入最小化和生态效益最大化、海洋生态系统自我修复和人工适度干预相结合、工程措施和非工程措施相结合、整体规划设计遵循负反馈调节的原则。

第二节　海洋生态修复学理论基础

海洋生态修复过程实质上是对海洋生态系统演化过程的调控，根据具体的修复目标，生态修复过程必须尊重自然规律，同时应遵循生态学理论和海洋管理理论。因此，海洋生态修复的理论基础包括以下几类：

一、生态修复学理论

自我设计和设计理论（Self-design versus design theory，自我设计和人为设计理论）是生态修复学的基本理论。自我设计理论认为只要有足够的时间，受损生态系统将根据环境条件合理地实现自我组织并会最终改变其组分；设计理论认为，通过工程方法和植物重建可直接恢复受损生态系统，但恢复的类型可能是多样的。可见，自我设计理论根基于生态系统层次，恢复的只能是靠环境条件决定的生物群落，没有考虑缺乏种子库的情况；设计理论基于个体和种群层次，修复后可能得到多种结果。

二、生态学理论

海洋生态修复学涉及几乎所有的生态学理论，最基本的生态学理论包括物种共生原理、限制因子原理、物种耐受性原理、生态因子综合性原理、种群密度制约及分布格局原理、生态入侵理论、生态位理论、生态适应性理论、生态演替理论、食物链原理、热力学定律、边缘效应理论、中度干扰假说、生物多样性原理、生态系统反馈调节和生态平衡理论，以及恢复阈值理论和缀块－廊道－基底理论等。

三、海洋管理理论

陆海统筹理论、清洁生产理论、海洋功能区划理论、海洋渔业管理理论、基于生态系统的海洋管理理论等日渐成熟。海洋渔业管理理论是海洋管理理论的重要组成部分，最主要的渔业管理理论包括最大持续产量（Maximum Sustainable Yield，MSY）、最大经济产量（Maximum Economic Yield，MEY）或最适产量（Optimal Yield，OY），投入控制理论，产出控制理论，渔业权理论，渔业资源预警原则，基于生态系统的渔业管理理论。

第三节　海洋生态修复的基本程序和判定标准

一、海洋生态修复的基本程序

章家恩和徐淇（1999）提出的退化生态系统恢复与重建的一般操作程序同样适用于受损海洋生态系统的生态修复，基本程序如下：

（一）明确研究对象，确定系统边界

从研究对象的层次上，研究对象可以是海洋生物的种群和群落以及包括生境在内的整个海洋生态系统。对于系统边界，由于海水的运动，海洋生物群落的边界往往很不明显，所以经常把每一个海洋生态系统作为一个整体进行研究。

（二）受损海洋生态系统的诊断分析

在进行海洋环境和生态监测基础上，对受损海洋生态系统进行诊断分析，具体内容包括海洋生态系统的物质与能量流动与转化分析，退化主导因子、退化过程、退化类型、退化阶段与强度的诊断与辨识等。

（三）海洋生态系统生态退化的综合评价和修复目标确定

根据退化诊断结果进行综合分析评价。以退化前的海洋生态系统为依据，分析退化原因和退化强度，选择参考生态系统，确定修复目标。

（四）受损海洋生态系统修复的自然－经济－社会－技术可行性分析

根据海洋生态修复的基本原则，进行自然－经济－社会－技术可行性分析。

（五）受损海洋生态系统修复的生态规划与风险评价，建立优化模型，提出决策与具体实施方案

可行性分析后，进行生态规划与风险评价，反复酝酿后提出具体实施方案。

（六）进行实地修复的优化模式试验与模拟研究，通过长期定位观测试验，获取在理论和实践中具有可操作性的修复模式

具体实施方案提出后进行实地修复试验，由于受损程度、修复手段和外来扰动影响不同，海洋生态系统修复所需时间存在差异。因此，对于海洋生态修复而言，不能急功近利、急于求成，必须在科学的修复原则指导下进行有步骤的修复研究，从而获取在理论和实践中具有可操作性的修复模式。

（七）对一些成功的修复模式进行示范与推广

长期试验获得成功的修复模式后要进行示范和推广工作，通过示范和推广找出修复模式的优点和不足，总结经验并进一步进行改善。

（八）生态修复后续动态监测与修复效果评价

海洋生态系统始终处于动态变化之中，因而海洋生态修复是一项长期而复杂的工作。海洋生态修复水平高低不同、不合理的修复方式以及沿海地区对海洋生态环境的持续性破坏，致使有时海洋生态修复效果并不理想。因此，修复完成后需要加强后续的动态监测与修复效果评价工作，保证海洋生态系统持续和稳定的发育演化特征，避免各种人为的外来扰动。

二、海洋生态修复的判定标准

（一）海洋生态修复的修复尺度

多样的受损海洋生态系统类型决定了海洋生态修复的规模尺度是多层次的，可以是区域海洋性（如渤海、渤海湾、长江河口等）的，也可以是局部海域（如珠海市淇澳岛红树林恢复、广西涠洲岛珊瑚礁恢复、山东荣成天鹅湖鳗草规模化增殖等）；修复层次尺度可以是整个生态系统或某些生物群落；修复深度尺度可以是有限调整或彻底重建；修复成果的衡量尺度，可以是以达到一定水质目标为标准，或是以海洋生态系统生物多样性恢复为标准。

（二）海洋生态修复的判定标准

乔丹等人（Jordan，1987）概括了五项标准用来判断生态修复成功与否，这些标准同样适用于受损海洋生态系统的修复。下面具体阐述海洋生态修复判定的五项标准：

1. 可持续性（可自然更新）

可持续性即能够自我维持和自我调节，是健康海洋生态系统的重要特征，体现了海洋生态系统的动态平衡和稳定状态，能在很大程度上克服和消除外来干扰，是受损海洋生态系统修复成功的根本性标志。

2. 不可入侵性（和自然群落一样能抵御入侵）

不可入侵性是海洋生态系统中生物群落稳定性的重要标志，体现了生物群落内不同物种间生态关系的和谐稳定，即体现了海洋生态系统结构和功能的稳定，是受损海洋生态系统修复成功的重要体现。

3. 生产力（具有自然群落同样高的生产力）

生产力是指海洋生态系统的生物生产能力，生物生产是维持海洋生态系统平衡的重要驱动力，达到自然群落同样高的生产力是海洋生态系统健康的重要标志，是受损海洋生态系统修复成功的重要标志之一。

4. 营养保持力（海洋生物营养平衡）

海洋生态系统中，各种生物都能按照各自的营养方式即微生物营养、植物营养和动物营养过程获得营养物质来保障生态系统平衡。当食物链中某种生物的营养负担过重或者营养缺乏时均会打破整个生态平衡如抑食金球藻（*Aureococcus anophagefferens*）赤潮和浒苔绿潮。可见，营养保持力是海洋生态系统物质（营养）循环的必要条件，是受损海洋生态系统修复成功的重要标志之一。

5. 具有生物间相互作用（植物、动物和微生物种群关系稳定）

健康海洋生态系统中，生物之间以食物、资源和空间关系为主的种内和种间关系是群落生态关系整体性和生态功能完整性的基础，种群关系稳定是海洋生态系统中生物群落稳定和海洋生物自净能力发挥的基础。因此，具有生物间相互作用是受损海洋生态系统修复成功的重要标志之一。

上述五项标准实质上是从海洋环境和海洋生物两大方面对受损海洋生态系统修复的一般要求，由于受损海洋生态系统类型和所处海域不同，其理化环境、生物群落、外界因素、修复目标和修复难易程度等各方面存在差异，目前还没有统一的判定海洋生态系统修复成功的标准。因此，加快建设海洋生态系统修复标准体系，以陆海统筹为基本思路，实现与其他国土空间修复领域标准的有机整合以及相关技术体系的有效衔接和协调。

三、海洋生态修复的持续性和稳定性

受损海洋生态系统修复不是一朝一夕能够完成的，生态修复工作实施后达到修复目标可能付诸很长一段时间；或者说，被修复的海洋生态系统在短时间内甚至很长一段时间内很难恢复到原来状态，且必须在科学的修复原则指导下进行有步骤的修复。根据以往成功的修复经验，一般认为 3~10 年是海洋生态系统的短期修复，10~50 年是海洋生态系统的中期修复，50~100 年甚至更长时间是海洋生态系统的长期修复。一般来讲，利用物理技术和工程措施可在中短期内完成海洋生态系统的修复，生物修复则需更长的时间，此外还要考虑生态演替可能会出现波动变化。在完成海洋生态系统修复后，还要保证海洋生态系统持续和稳定的发育演化特征，避免各种人为的外来扰动。

【思考题】

1. 海洋生态修复的基本任务是什么？
2. 海洋生态修复的基本目标是什么？
3. 海洋生态修复目标制定遵循的原则有哪些？
4. 海洋生态修复遵循的基本原则是什么？
5. 海洋生态修复的理论基础包括哪些？
6. 海洋生态修复的基本程序包括哪些？
7. 海洋生态修复的判定标准包括哪些？

第二篇
海洋生态修复学内容

根据海洋生态系统的结构和组成，海洋生态修复学内容包括海洋生境修复、海洋生物资源养护、海洋生态系统修复和海洋生态系统管理四部分内容。

第一章　海洋生境修复

一般情况下，人们将海洋环境分为水层区和海底区两个主要部分，前者又分为浅海和大洋区，后者又分为海岸和海底两部分。从海岸至深海海底，各生物区中都栖息着在生理和形态上与之相适应的生物类群，生活在水层区的生物分为浮游生物和游泳生物，近年来海面上也出现了漂浮生物；生活在海底区的生物称为底栖生物。这些海洋生物栖息的生境（Habitat）一旦受到污染和破坏，生境中的海洋生物的生存随之受到影响。本章所说的海洋生境是指海洋生物生存的理化环境（海水和底泥），不包括红树林、珊瑚礁、海藻场和海草场等生物性生境。

第一节　海滩修复

海岸带是指海陆之间的交界地带，为海陆之间的过渡区，主要包括潮上带、潮间带和潮下带三部分，其向海陆两侧皆扩展一定区域，在我国，狭义上为离海岸线向陆侧延伸 10 km，向海到 15 m 水深线的区域。作为陆地与海洋之间的纽带，海岸带具有极强的边缘效应，其独特的复合区位优势使其成为全球经济最活泛的地区——海洋第一经济带，据不完全统计，海岸带依靠其广阔的沿海腹地及丰富的海洋资源，吸纳了全世界约 60% 的人口，承载了全球 65% 以上的大、中型城市，是全球文化交流的中心地带，渔业、旅游资源丰富，海运便利，是全球经贸活动最为繁荣之所。

然而，作为陆地系统与海洋系统的过渡地带，海岸带天然地承受着来自陆地活动和海洋动力双重作用的影响，致使其生态环境较为脆弱，加之近代频繁的人类活动，诸如越来越多的围填海活动、水产养殖以及近、中海域海洋工程的开展，这些不加节制的海洋开发活动与多重自然因素诸如风暴潮、海平面上升等的耦合作用，对海岸带造成了严重的破坏。据不完全统计，全球近 450 000 km 的海岸线，约 70% 遭受不同程度的侵蚀，多数集中于沙质海岸。自 20 世纪 50 年代开始，我国海岸带的侵蚀日趋显著，随着 70 年代后期，国民经济腾飞的同时，主要由人为活动所致的侵蚀态势随之加剧，从现有的资料来看，全国 32 000 km 的海岸线（大陆海岸线 18 000 km，海岛岸线 14 000 km），有近半数的海岸带遭受不同程度的侵蚀，给当地的生态环境、旅游经济造成了难以估量的压力。因此，开展海岸带的保护工作刻不容缓、任重道远！

一、海滩及其稳定性的影响因素

按照组成成分，海岸主要包括基岩海岸、砂质海岸和淤泥质海岸。海滩，尤其是砂质海岸的海滩，作为海岸带旅游资源中的明珠，每年吸引着数以千万计的游客前来观光，推动了当地经济、旅游业的发展。因此，本章所述海滩及其修复技术主要侧重于砂质海岸。

（一）海滩定义及其地貌划区

1. 海滩定义

目前海滩的定义尚不规范，划分上也不尽相同。本节所涉海滩是指分布于海岸线与破浪带之间，主要受波浪作用塑造的，由尚未固结的沉积物所组成的海滨。依据海滩形态组合特征和成因，又可将海滩划分为岬湾形海滩、沙坝 - 潟湖型海滩和夷直型海滩三种，以秦皇岛海滩为例，老虎石、西海滩浴场属于典型的岬湾型海滩、七里海附近的翡翠岛岸滩属于沙坝－潟湖型海滩，跨度长且平直的金屋－浅水湾浴场岸段为典型的夷直型海滩。

2. 地貌区划

海滩剖面上细节地貌依据科马尔（Komar，1985）的相关定义，进一步划分为后滨、前滨和内滨，滩面的位置大致与前滨重合（图 II-1-1）。

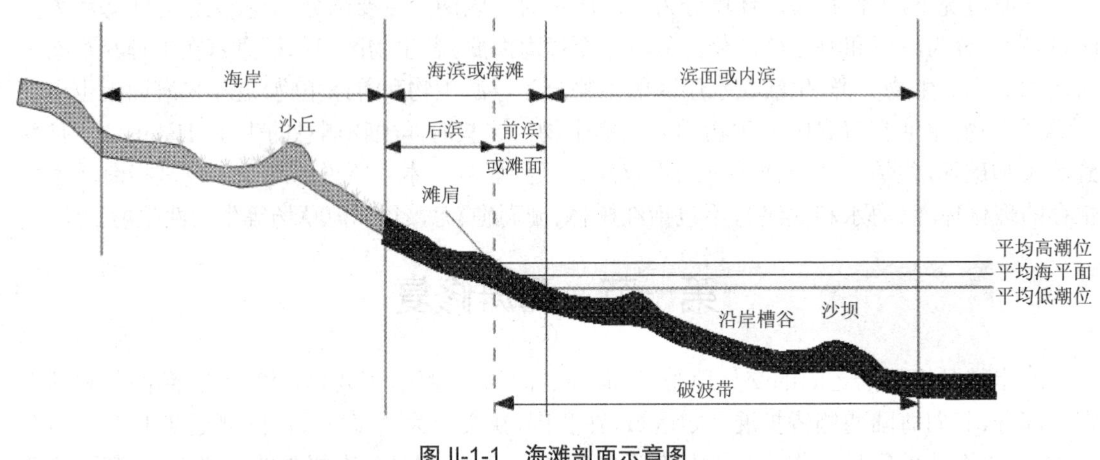

图 II-1-1 海滩剖面示意图

（修改自蔡锋，2015）

后滨：指平均潮位到最大波浪达到的上界之间的地带，其范围从倾斜的前滨向陆地方向延伸到覆盖植被或地貌特征完全改变的地方如海蚀崖、沙丘地带等。

前滨：平均潮位到低潮线之间的地带，是指从滩肩顶（或高潮时波浪上冲的上限）向下延伸至低潮时波浪回流消散至低水线之间的海滩斜坡处。通常对应于砂质海岸的潮间带部分。

内滨：从前滨向海扩展至波浪破碎带外援水深处即稍微超出破波带的海滩剖面部分。

沙坝：指滨海砂砾或卵石平行或近似平行海岸方向构成的堆积地貌，低潮时可能出露水面，海滩可发育一条或数条沙坝。自然界的沙坝成因主要是波浪在破碎带释放能量后，所挟沙在此处沉积，波浪回流也会有部分砂体在此处沉积，形成沙坝。

沿岸槽谷：大致平行于海岸的长条形沟槽，一般和沙坝伴生，相较于前者更靠近陆地，和前者可统称为沙坝－沟槽体系。

滩肩：位于后滨前缘的台坎状小型地貌，上缘坡度缓、下缘向海方向坡度急剧变陡，一般位于高潮线附近，由风暴浪堆积砂砾等沉积物塑造而成。

破波带：又称破波区，波浪由滨外传至近岸，在浅水变得不稳定而破碎的区域。波浪向浅水传播时，由于水深的持续减小可能发生多次破碎，波列的波高不同导致其破碎位置也不同，同时随着潮位变化，破波点也会有所改变，因此是一个区间。此处是近岸泥沙运动的活跃地带。

（二）影响海滩稳定性的因素

作为海陆交界的过渡地带，海滩上松散的沉积物易受来自陆地和海洋水动力作用的共同影响发生侵蚀，单一或多重因素的耦合作用会增强侵蚀态势，诸如陆源沉积物供应的减少，不合理海岸工程的建造，风暴潮、台风等极端天气的影响，区域内相对海平面的上升及人为采沙等其他人为活动造成海滩植被和天然防护林的破坏等。

1. 陆源沉积物供应减少

海滩得以存在的先决条件是有持续的物源供应，稳定的泥沙输入可对冲海洋水动力挟沙离岸的影响，最终促使海滩达到动态平衡状态。因此，在区域海洋水动力无明显变化的前提下，陆源沉积物供应量的减少会打破海滩的平衡状态，引发海滩侵蚀。在我国，河流输沙是海滩沙的主要来源，我国沿海入海河流的泥沙输出量巨大，泥沙量对海滩的侵淤有举足轻重的作用。1950 年以来，我国各地大兴水利，在河流上、中游兴建大大小小的水库，导致入海泥沙急剧减少，海滩因波浪、潮流的影响发生侵蚀。滦河口海滩的侵蚀、附近沙坝岛的萎缩甚至消失即是很好的例证；河流改道引起泥沙来源断绝，也会使海滩迅速转为侵蚀，典例就是黄河改道使原来的泥沙来源中断，致使原来淤进的岸线迅速转变为侵蚀后退。

2. 海岸工程的影响

合理的海岸工程可以减缓、阻止区域内的海滩蚀退，如丁坝、护堤可以通过截阻沿岸流输沙，使大量泥沙在迎流一侧堆积，达到减缓局部岸段侵蚀的目的，甚至可以因此而形成楔形海滩。然而，在沿岸流输沙的海岸，上游泥沙来源路线被阻断，打破了下游泥沙的侵淤平衡状态，势必造成下游岸段侵蚀，同时新形成的楔形海滩会造成沿岸输沙的路径离海岸的距离增大，更多的泥沙因此向外海输运，以日照岚山港为例，此处海滩建造的 1 500 m 长的佛手湾突堤，北侧上游呈现明显淤积，而南侧下游由于缺少泥沙补充，侵蚀较为严重；滨海区盐田、人工养殖池的建造同样会造成邻近海滩的侵蚀，由于二者阻断了陆源河流向海输运泥沙的路径，导致海滩泥沙供应减少，造成当地海滩的侵蚀，唐山市海岸线的侵蚀有相当一部分源于盐田、养殖池等人工堤坝岸段快速增长。

3. 人为采沙活动

人为采沙活动能够直接破坏海滩剖面，不合理采沙能够降低滩面高程，造成向岸波浪能直击海滩，从而造成海滩侵蚀，引起岸线迅速蚀退。此外，人工水下采沙，会破坏海滩水下海浪动力与泥沙供应间的动态平衡，岸滩上的沙会因此向水下补沙，以形成新的动态平衡，即导致上部海滩遭受冲刷破坏，甚至破坏海滩后滨处的覆植型沙丘和天然防护林，降低海滩固沙防风效能，加速海岸侵蚀速率，破坏海滩稳定性。广东漠阳江口处海滩存在的海滩砂矿开采活动即破坏了当地的防风林，加速了海岸侵蚀速率；自 1980 年开始，山东半岛沿海海滩采沙活动日趋猖獗，结合历史遥感影像，可知人为的采沙活动造成海滩严重侵蚀。

4. 风暴潮、台风等极端天气影响

风暴潮、台风等极端天气可以通过影响海洋水动力诸如波浪、沿岸流强度，改变海滩上松散沉积物的分布特征，如将细粒沉积物挟走，甚至卷挟走大量海滩砂，进而破坏海滩质量，使其在短时间内向陆大规模蚀退，重新塑造海滩地形地貌；Tomas 气旋通过磨损、侵蚀塔韦乌尼岛岸礁礁体边坡、外礁坪区地层，产生大量的碎块，连同暴露于礁体边坡的大块卵石、礁坪底床先前存在的卵石（约 20%）、砂砾被气旋输至珊瑚礁内部，引起海滩向陆蚀退，最大侵蚀宽度达 11.5 m。长期以来，我国东部沿海地区常年受风暴潮、台风等极端天气影响，每年 6~8 月份海滩均会受到不同程度破坏，如 2016 年“7・20”风暴潮期间，秦皇岛海域风暴增水约 30 cm，金屋浴场海域沙滩侵蚀至海岸线界碑附近；2017 年 8 月 2 日，台风低压与冷空气共同影响产生的风成浪最大波高近 3 m，造成金梦海湾西端至浅水湾浴场大部分岸段沙滩滩肩已基本消失，局部沙丘也遭到侵蚀，护岸栈道损坏，浴场海滩生态功能和旅游休闲价值显著下降；对于离岸的沙坝岛来说，风暴潮形成的垂直环流、侵蚀性烈流，将海滩泥沙带到远离岸边的深水处堆积，造成海岛海岸带地区的强烈侵蚀,或通过越流将岸滩泥沙带到沙坝体后部堆积,引起海岛岸线向陆蚀退,进而重塑沙坝岛形态。需要指出的是,多数的海滩在遭受风暴潮、台风侵蚀后,可在一段时间内通过自身修复作用重新回补一定数量泥沙,这对于人工补沙的工期选择具有指导意义。

5. 海洋水动力影响

海洋水动力主要对泥沙起着再搬运作用,同时抵消了河流径流等动力向海淤长,促使能量向岸扩展,导致岸线蚀退与平滑。"波浪掀沙、潮流输沙",当波浪速度达到沉积物的起动速度,可以推进沉积物颗粒发生位移,配合潮流作用,使沉积物被卷挟至他处,重新分配海滩沉积物,不同水动力在不同海域强度有所差异,对于海滩沉积物分选作用也有所差异,通常对于波浪主导的海岸,可称之为浪控型海岸,此类海岸的沉积物受波浪分选作用强,颗粒一般较粗,而对于潮流主导的海岸,称之为潮控型海岸,此类海岸的细粒沉积物含量相较高。沿岸流则通过将上游泥沙输运至下游,在平行海岸的方向上重新分配沉积物的分布,从而在长时间尺度上塑造海滩形貌。

6. 相对海平面上升

海平面上升一直是近年来科学界研究的热门话题,它能够直接影响陆域面积的大小,进而影响人类的活动。海滩作为海陆交界地带,对海平面上升异常敏感。区域内相对海平面上升可以直接增大海水作用海滩的面积,通过波浪、潮流、沿岸流等水动力作用来侵蚀海滩。政府间气候委员会(IPCC-WG1, 1990)根据调查指出,在过去百年中,全球海平面以 1~2 mm/a 的平均速率上升,并预测到 2050 年全球海平面上升 30~50 cm。事实上,一些海岛国家的海滩诸如马尔代夫,其海滩每年都在受到海平面上升的蚕食,预计在没有防护的条件下,到 2030 年,整个马尔代夫的海滩将被吞噬殆尽。当然,由季风、洋流、工程项目或是当地地面沉降所引起的区域海平面上升同样会造成当地海滩的侵蚀。

二、海滩修复研究现状、修复方式及其后续效果评估

海滩的研究从来都不是一个点或线的问题,多种因素譬如水动力、沉积构造、海平面变化、人为活动影响等都可单一或彼此耦合对海滩的发育造成影响,也因此,涉及海滩修复的研究,需要将其周边的陆域、海域环境统一考虑进去。

(一)海滩修复的研究现状及存在问题

1. 研究现状

(1)国外海滩修复研究现状

20 世纪 50 年代以前,国外海滩修复的主要措施是通过防波堤、丁坝等"硬"式的护岸建筑来抵御海洋水动力侵蚀,企图通过一劳永逸的护岸思想来解决海滩侵蚀问题,不过,随着旅游业发展、环保理念兴起,人们发现"硬"式护岸严重阻断近岸水体交换,恶化区域内水质,淤塞近岸,同时又造成沿岸流上、下游海岸严重淤积或侵蚀,仅从护滩效果方面而言,许多海滩的滩肩高程也出现了减小的现象。"硬"式护滩无论是从修复海滩角度,还是环保理念方面都再难满足人们需求。因此,自 20 世纪 50 年代,国外已着手研究海滩侵蚀问题,欧盟多国诸如德国、荷兰、法国、西班牙以及美国、澳大利亚等均投入大量资金来研究海滩侵蚀进程,探究多样的海滩修复方式并投入到实际的海滩修复工程中,"软"方式即通过向海滩补沙的养滩技术应运而生。

德国的护滩理念自 20 世纪 50 年代后期逐渐向"软"式护滩过渡,即通过在海滩的不同位

置补充砂源，来维持海滩砂体，诸如利在防波堤底、护坡坡底补沙来防止其下部海滩被波浪、潮流掏蚀，通过在舒尔特岛海滩的沙丘和后滨部位补沙来维持海岸线位置，通过在波罗的海沿岸增高滩肩高程来减缓侵蚀进程。荷兰是个低海国家，全国有近半的土地低于海平面，多年以来多数海岸线在不断蚀退，这也是荷兰的海滩养护起步较早的重要原因，自 20 世纪 70 年代开始，荷兰开始实施抛沙和再填沙的“软”式工程，并逐步放开了沙丘抛沙的权限，荷兰自 1991 年起每年平均抛沙量为 6 000 000 m^3，同时，自荷兰在泰斯灵岛水下养滩成功之后，越来越多的护滩工程也开始运用此种方法。法国的护滩工程相较于前两者有所差异，它没有完全摒弃“硬”式方式，而是将“软”式补沙和“硬”式工程相结合的方式，在补沙的基础上通过一些必要的“硬”式工程（如增加防波堤、丁坝）来降低补沙的损耗率，最大限度地防护区域内海滩，达到增宽和稳定海滩目的，这一方法被普遍认为是当前抵御海岸侵蚀的最佳护岸措施。美国是世界上海滩养护工程经验最丰富、工程数量和抛沙量最大的国家，经过 80 多年的不断探索，“软”式补沙已成为美国海岸防护工程的首选方式，美国最大规模的海滩补沙工程位于佛罗里达州的迈阿密海滩，该补沙工程持续了 5 年时间，共计补沙 1 300 000 m^3，不仅拓宽了海滩的宽度，通过持续性的周期性补沙，该海滩在过去的 20 多年里还成功抵御了多次飓风侵蚀，成功保护了海岸周边财产。

（2）国内海滩修复研究现状

20 世纪 50 年代，随着我国沿海地区人为干预海岸的强度不断增大，诸如大面积围海造田、围海造地、围海养殖工程的实施，海滩侵蚀问题已有苗头，但并未引起足够重视，直至 20 世纪 90 年代，仅仅几十年时间，由于海滩沙长期的收支亏损，原有的海岸动力和泥沙平衡被彻底打破，我国东部海岸约有 40% 的海滩遭受不同程度的侵蚀，个别海滩的砂体甚至消失，岸线蚀退速率多为 1~2 m/a，更有甚者可达 9~13 m/a。为有效防控海滩侵蚀进程和保护海岸资源，各地实施了针对性的海滩防护工程。我国最早的正规海滩修复工程始于 1990 年的香港南岸浅水湾养滩工程，该海滩共计抛沙 200 000 m^3，并辅以丁坝护滩；此后，自北向南，辽宁、河北、山东、浙江、福建、广东、广西、海南等地均开展了相应的养滩工程，较为典型的有青岛汇泉第一海水浴场海滩改造工程、海南三亚鹿回头养滩工程和较为典型的北戴河六九浴场海滩养护工程，前两者通过对海滩整体或部分区域抛沙达到增宽海滩宽度减缓海滩侵蚀进程的目的，北戴河六九浴场海滩养护工程则通过岸滩补沙，同时辅以离岸潜堤，养滩效果极佳。在此基础上拓展的“北戴河养滩模式”——自海向陆的工程布设为离岸潜堤—沙坝—滩肩补沙—沙丘修复的养滩模式，具有极佳的护滩效果，目前已在秦皇岛等多处海滩得到验证。事实上，2007 年之后，全国养滩工程得到迅速发展，养滩方式也由前期多为单一的“软”式抛沙养滩逐渐向“软”“硬”兼施、以“软”为主的护滩方式转变，尤其对于浪控型海岸来说，在原海滩抛沙的基础上，辅以丁坝、离岸潜堤等予以消浪和补充近岸砂源，效果显著。

2. 目前存在的问题

我国的养滩工程虽然起步较晚，但是技术日趋成熟，经过修复，多处海滩质量已得到改善。不过，在海滩修复过程中，人们逐渐意识到海滩生态系统的修复一直是海滩修复工程的薄弱环节，在改善沙滩质量的同时，如何维系原海滩生态系统的稳定，抑或是恢复原海滩的生态环境，成了摆在沙滩修复研究面前的一道难题，尤其是将客沙抛掷原滩，是否会破坏原滩固有的生态系统以及引入原滩未有的生物种属，尚未可知。

(二)沙滩修复方式

沙滩修复的目标无非三条:增加岸滩宽度、提升海滩稳定性、提高沙滩的防护效能,三个目标能否达成是衡量沙滩修复工程成功与否的关键。单一的通过"软"式抛沙或"硬"式构筑物修建,在强水动力海滩难以取得较好效果。前文提到的"北戴河养滩模式"在水动力较强的浪控型沙滩效果极佳:通过人为的滩肩补沙可拓宽沙滩宽度;通过修复后滨沙丘、设计合理的沙滩补沙高度、选取合适的客沙粒径等能够提高沙滩的稳定性;借助离岸潜堤、人工沙坝消浪促淤的功效,同时以邻近沙滩为起点向海修筑突堤、丁坝,可缓解沿岸流对沙滩的冲刷强度,从而提升沙滩的防护功能。下面将着重介绍目前较为主流且成熟的"北戴河养滩模式"。

1. 人工补沙

(1)补沙剖面形态及坡度

自然条件下,海滩在波浪、潮流等水动力条件、地形及其他因素的耦合作用下,趋于动态平衡的状态,因此在重新进行人工补滩后,所塑造的海滩能尽可能调整以适应主导波浪条件,进而达到泥沙的收支平衡,最终达到平衡状态,是最为理想的补沙结果。基于这种思想,通过对各种环境下沙滩形态的研究,国外学者布伦(Brunn)和迪恩(Dean)先后提出一种可以预测养滩后平衡剖面大致形态的公式:

$$h=Ay^{2/3}$$

式中 A——剖面参数($m^{1/3}$);

h——水深;

y——离岸距离。

$$A=\left(\frac{24}{5}\cdot\frac{D^*}{\rho g^{3/2}K^2}\right)^{2/3}$$

式中 A——剖面参数($m^{1/3}$)$=0.067\omega^{0.44}$(cm/s);

K——H_o/h_o;

D^*——能量减衰率;

ω——近岸中值粒径 d 之沉降速度(cm/s)。

其中剖面参数 A 的选择因 d_{50} 的不同而异:

$A=0.41(d_{50})^{0.94}$, $d_{50}<0.4$ mm;

$A=0.23(d_{50})^{0.32}$, 0.4 mm $\leqslant d_{50}<10.0$ mm;

$A=0.23(d_{50})^{0.28}$, 10.0 mm $\leqslant d_{50}<40.0$ mm;

$A=0.46(d_{50})^{0.11}$, 40.0 mm $\leqslant d_{50}$。

北戴河养滩模式正是基于上述公式,结合当地实际条件,推导出养滩后的沙滩形态。

坡度的预测则需要参考相似条件下的海滩坡度与泥沙粒径的相关关系,综合美国海岸工程手册、荷兰人工海滩补沙手册的推荐值,最终确定人工海滩低水位以上的设计坡度,低水位以下坡度采用自然休止角。

(2)客沙粒径

客沙即抛沙的粒径要依据当地海滩的粒径值来选择。原则上,为了与原滩浪力相适应且不易被搬运,客沙粒径需大于原滩沉积物。据美国《海岸工程手册》经验,人工补沙中值粒径 d_{50} 应为原海滩沙 d_{50} 的 1.0~1.5 倍。

（3）滩肩高程

滩肩高程的确定参考《堤防工程设计规范》中正向规则波在斜坡堤上的波浪爬高计算公式：

$$R=K_{\Delta}R_{1}H$$

式中 R——波浪爬高；

H——波高；

K_{Δ}——糙渗系数，按 0.5~0.55 计算；

R_{1}——$K_{\Delta}=1$、$H=1$ m 时的波浪爬高（m）。

（4）抛沙量

抛沙量通常直接受制于工程的投资大小，但从解决海滩侵蚀、恢复海滩功能角度而言，抛沙量须有一个限值，不然过少的抛沙对于海滩本身而言没有实际意义。而对于周期性养护的沙滩而言，计算单一批次的抛沙量没有实际意义，因此限定抛沙总量相对合理，根据庄振业等（2013）的计算，抛沙总量一般为：

$$Q_{L}<A\cdot L\cdot N\cdot Q_{\mathrm{U}}$$

式中 Q_{L}——该养滩海岸重建阶段的总抛沙量（m^3）；

L——养滩海岸长度（m）；

N——设计养滩寿命（a）；

Q_{U}——养滩之前 N 年（有测的）平均单宽海滩侵蚀量（$m^3/m\cdot a$）；

A——系数，其大小与海滩波浪强度有关，参考美国《海岸工程手册》及北戴河西海滩沙滩治理经验，考虑沙流失等因素，该系数一般取值为 1.3。

（5）砂源选择

一般而言，砂源选择要满足两个条件：砂源粒径要满足设计剖面的客沙粒径需求；砂源的选取位置需要远离工区，不会对近岸工程、海滩的水动力条件、海滩剖面造成影响。最为理想的海上砂源是海上 40~50 m 水深和 150~180 m 水深的海域，不过，考虑到人工补沙的经济成本，目前的砂源选区一般位于距岸 15 海里（27.8 km）外的海区。

（6）水下沙坝

布设于海上的水下沙坝，在海滩的养护过程中可发挥“喂养”和“遮蔽”功效。所谓“喂养”功效是近岸沙坝的直接功效，即近岸沙坝泥沙在波流作用下向岸输移，为近岸沙滩提供砂源，从而达到对海滩的养护目的；所谓“遮蔽”功效是近岸沙坝的间接功效，就是使近岸波浪提前破碎，消耗波浪能量，对近岸沙滩发挥掩护作用。人工沙坝可以布设到离岸距离较近的位置，根据物理模型试验，选取在当地常浪条件下不易启动的沙作为构筑沙坝的材料，即使在暴风浪条件下沙坝被破坏，对沙滩的影响也是良性的，不会形成任何威胁。

2. 辅以硬式构筑物

人工抛沙是北戴河养滩模式的第一步工作，要确保沙滩的防护效能，还需辅以硬式护滩构筑物诸如丁坝、离岸潜堤等。丁坝是最古老、最普通的稳滩连岸构筑物，它垂直或斜交海岸向海方向延伸，可以促进上游沙滩宽度增加、下游沙滩受侵蚀致宽度减小，一般是以丁坝群的形式出现。通过调整丁坝长度、间距可以达到控制海滩宽度、塑造沙滩形态的目的。此外，通过调整丁坝与岸滩间的方向，可防止特定常浪对沙滩的侵蚀，通过自上游至下游逐级递减丁坝的长度，还可削弱沿岸流对下游沙滩的侵蚀程度。

离岸潜堤是分布于离岸一定距离与海岸线平行的水下堤坝，可促使波浪在岸外破碎、消散波浪能量、降低波浪强度、促进波影区泥沙堆积、维持新沙滩稳定。随着生态理念的兴起，近年来，离岸潜堤的布设材料逐渐由透水式人工渔礁替代传统的混凝土人工材料，人工渔礁不仅保留了离岸潜堤防浪促淤的功能，还能为鱼类等海洋生物提供栖息场所，有助于海洋生态系统的恢复与构建。

3. 海滩修复工程前的试验模拟

在修复工程开展前，需要进行一系列模拟实验来验证人工养滩的设计剖面、硬式构筑物的构建合理与否。

通过在大型实验室内构建模拟当地海岸地貌、模拟当地水动力的条件，可直观反映沙滩修复工程的合理性，通过改良剖面设计参数、硬式构筑物数量、设计参数来选择出最优设计方案。不过物理模型试验有其缺陷性，如局限于实验室规模导致物理模型难以做出1∶1尺度的实验条件，因此在细节的刻画和其他因素的考量方面难以面面俱到，也无法详尽地模拟大区域内诸多因素对人工海滩的影响程度。

相较于物理模拟，数值模拟具有经济、快速、多条件可控的优点，在相同时间下，可预演出更多工况条件下不同人工养滩方案的优劣。目前，较为主流的模拟软件有MepBay（梅贝）、GENESIS（起源）、SMC（海模）和XBeach（未来沙滩）模型。

MepBay（Model for equilibrium planform of bay beaches）软件是基于岬湾理论开发而来，它是利用抛物线湾岸经验公式来预测岬湾海滩静态平衡状态下的岸线分布。它可以用于迅速比较不同方案的岸滩演变差异，确定出最优方案，不过输出数直接取决于图像的分辨率。

GENESIS（Generalized model for simulating shoreline change）是基于一线理论所开发的模拟海岸长期变化的系统，由两个主要部分组成：一个是计算沿岸输沙率和岸线演变，另一个用来计算较简单地形条件下的波浪破碎点波高和波角，称为内部波浪模型。在大量的工程应用中逐步完善并成熟起来，现在国际上已广泛地应用于预测岸线的长期演变及岸线对海岸建筑物和人工养滩的响应等。

SMC（Coastal Modeling System）是西班牙国家通用的用来进行近岸水动力模拟和沙滩恢复工程模拟的可视化软件。通过给予一组历史波浪、潮流数据，可以模拟人工养滩工程不同工况下波浪、潮流、泥沙输运的未来趋势，相较于MepBay，能够更深入分析所选择方案的优劣，目前已成为一种通用的海岸工程设计工具。

沙滩平面演变的数值计算基于代尔福特理工大学（TU Delft）和代尔夫特三角洲研究中心（Deltares Institute）联合开发的XBeach数学模型。该模型可用于模拟波浪、波生流、潮流以及海啸波和风暴潮传播过程及其引起的泥沙输运和海床演变过程。

在现实的养滩工程中，通过以上模拟软件的配合使用，尤其在预演多种工况下沙滩的演变，多年一遇的风暴潮等极端天气对沙滩的侵蚀强度具有不错的效果，极大地提高了沙滩修复工程的方案设计类别及甄别效率。然而上述四类商业软件也存在天然缺陷，即只能反映海滩演变的平面分布，对于沙滩垂向上砂体含量的分布及演变则力不从心，当然，这也是将来沙滩修复模拟的趋势。

4. 后续修复效果评估

完整的沙滩修复工程包括工程施工、竣工验收、养滩监测三个阶段。通过对海滩各个指标的监测，能够把控沙滩形貌、寿命、周边水动力环境的变迁，以此来评估工程效果，分析工程不足之处，并能够对侵蚀异常的岸段进行补救，为决策者提供后续的养滩措施。

（1）岸滩地貌形态监测

工程竣工后，需要多期次定时（一般为一个季度一次）对特定剖面的形态进行监测，剖面长度一般在 1 km 左右，剖面间距 200 m，同时在该剖面上定点取样，当然涉及区域内的地形监测，则根据成图比例设置地形测量的间距。通过获取到的剖面高程数据，对比不同时期特定剖面形态，把握沙滩垂向上的变化趋势，结合沉积物粒径变化情况，分析沙滩侵淤状态，以此来判断沙滩修复成效，并确定沙滩后续再养护的周期。

根据不同时期该海滩的卫星遥感影像，利用 Arcgis（地理信息系统）提取各时期岸线位置，可利用垂直断面法，即通过 Arcgis 的扩展模块 DSAS 计算整个沙滩的岸线进退长度，可在宏观上直观把握沙滩横向上的演变趋势，针对侵蚀重灾区，进行针对性补救和额外喂养措施。

（2）沉积动力监测

养滩工程竣工后，势必对周边水动力环境造成影响，通过对工区波浪、潮流、悬浮泥沙等水动力条件进行连续观测，可有效反映新塑造的沙滩及水下沙坝、人工岬头等单体工程的效果及区域动力的改变情况。波浪、潮流亦可反过来作用新形成的沙滩，利用相关海域波浪、潮流连续性监测数据，配合获取的各个时期的地形数据，利用数值模拟软件可以对未来一定时期内沙滩形态演变、寿命进行预测，这对于指导和及时修正后期的沙滩喂养策略大有裨益。

（3）海洋环境监测

海洋环境监测包括沉积物化学监测、海水水质监测、海洋生物监测，通过对这些指标的周期性监测，可以掌握人工养滩工程对区域内海洋环境诸如沉积物重金属元素变化、水质、浮游及底栖海洋生物活动的影响。

（三）其他类型海滩修复方式

1. 泥滩——沙滩置换技术

我国有相当部分海滩属于泥质海滩，相对于沙质海滩，前者旅游价值低、亲水性差。为提高泥质海滩的旅游观光价值，将泥滩改造为沙滩，即在泥滩的基础上通过抛沙塑造出全新的沙质海滩。泥质海滩沉积物粒度较细，海水含沙量较高，直接上覆砂体易引起新抛砂体泥化，最终造成养滩工程失败。事实上，目前为止，国外鲜有泥滩改造为沙滩的报道，国内泥滩成功改造为沙滩的工程有上海金山浴场、天津东疆港人造海滩以及潍坊央子港泥质海岸养滩。泥滩置换沙滩技术为我国首创，截止目前，已有数十例类似的造滩工程竣工，此类工程将带来巨大经济效益。泥滩改造为沙滩的关键是要促进置换区域内海水的沉泥作用、防止泥沙界面的物质交换，以防后期塑造的沙滩出现泥化现象，具体置换工序如下：

（1）在置换区域内建造半封闭式防波堤围堰，降低波浪等水动力作用，有效促进海水沉泥作用。

（2）吹蚀掉原滩部分的泥质沉积物，以防止原滩区域在人工补沙后出现软弱层（泥层）。

（3）在泥层与砂层之间建造隔板层（可用竹筏，潍坊滨海潮滩的改造工程在此界面使用了塑料格栅），上覆土工布，用来防止泥沙界面物质交换、阻断上覆砂和下伏泥的垂向输移、保证上覆砂体中的水分下渗。

（4）按照设计规范，选取适当粒径的沙，按照设计厚度抛掷于土工布上方。

2. 砾石滩改造技术

前文提到，近岸强水动力也是影响海滩侵蚀的重要因素，尤其在某些浪控型海滩，由于陆源来沙量的减弱，海滩的动态平衡被打破，波浪持续侵蚀海滩，在叠加风暴潮等极端天气的影响之下，还可严重破坏区域内的海滩资源。因此，在通过人工补沙，辅以离岸潜堤、丁坝依然难以保存当地沙质海滩的情况下，可以更换一种养滩思路，通过在原沙滩抛掷砾石，营造砾石海滩，来抵御强水动力的侵蚀作用。

此种思路并非国内首创，1970年，就有学者提出过在沙滩上建造一个在形态上最能接近自然砾石海滩的碎石海滩，来保护当地海岸；新西兰南岛东岸港市提马鲁建造的一个人工砾石海滩成功的分散了波浪的能量，有效防护了当地岸滩；意大利马里纳迪比萨（Marina di Pisa）于2001、2002年在原沙滩基础上塑造了330 m长、近20 m宽的砾石海滩，有效保护了沿岸建筑，同时满足了游客的亲水活动。国内较为成功的案例是厦门天泉湾人工砾石滩，该工程是在原有的海滩表面塑造了632 m长，滩肩高度为4 m的砾石滩，为增大海滩的稳定性，砾石的铺设分为三层，自上而下的砾石种类、粒径及厚度分别为：鹅卵石、5~10 cm、0.5 m，鹅卵石、无级配、0.8 m，二片石、坡度1∶5，可见每层砾石厚度及粒径不一，相较于铺设单一的沉积物成分，通过铺设自上而下磨圆度逐渐降低的沉积物在保证表层美观的前提下可有效增大砾石滩的稳定性，工程竣工两年后，滩肩宽度基本保持不变，护滩效果显著。需要指出的是，在沙滩上塑造砾石海滩的技术还有优化的潜力，目前尚无确切的人工砾石养滩指标及标准。

三、海滩修复实例——石河口至铁门关岸线整治修复工程

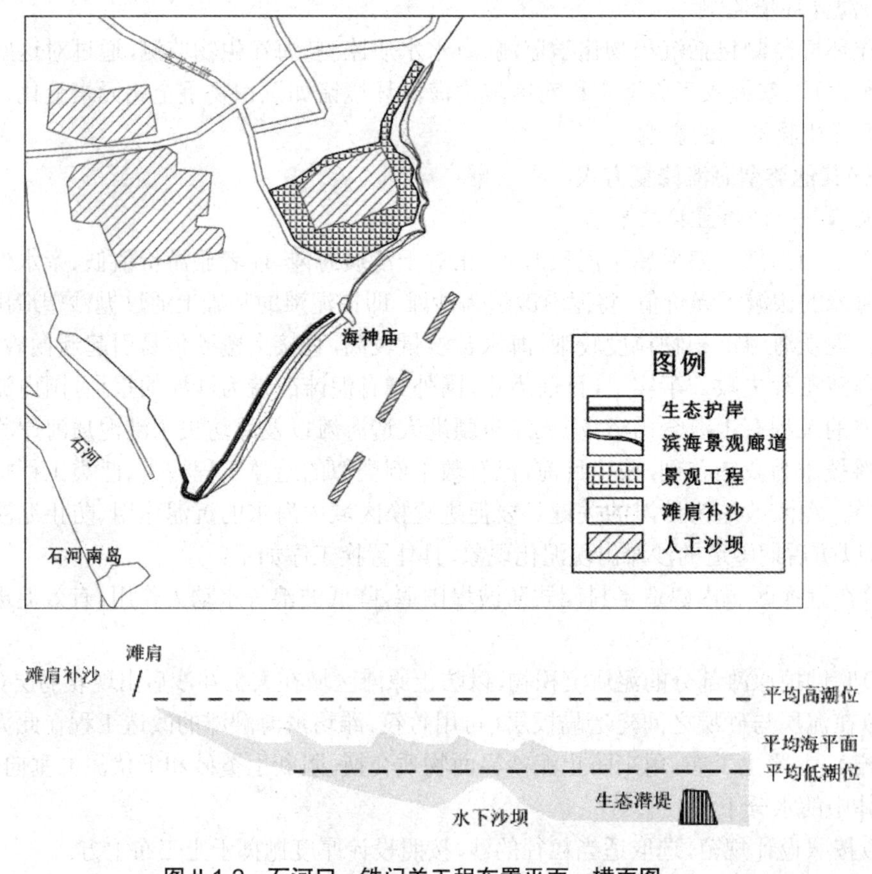

图 II-1-2 石河口－铁门关工程布置平面－横面图

（邱若峰提供）

石河口至铁门关景区分布着绵长的砂质岸线，是山海关区著名的旅游景点，随着多年来近岸人为活动的影响，加之陆源泥沙供应减少，该海域的海滩呈现逐年蚀退的现象，加之 2016 年 7 月特大风暴潮影响，部分岸段沙滩滩肩已基本消失，浴场海滩生态功能和旅游休憩价值显著下降。为有效遏制项目区石河口至铁门关旅游岸线的沙滩退化、岸滩侵蚀问题，改善和恢复海岸带旅游功能，秦皇岛市政府会同技术单位，通过秦皇岛市蓝色海湾整治行动开展，在该区实施沙滩生态修复工程。

由于工区属于旅游沙滩，该修复工程摒弃了离岸潜堤、丁坝等硬式工程，利用景区原有的天然岬湾，依托海神庙、老龙头等构筑物作为丁坝，依据前文提到的技术指标，结合工区的当地水文及地质条件，在沙滩上实施滩肩补沙，在近岸水下吹填沙坝，并在沙坝向海方向构建生态潜堤，构筑多道屏障保障海滩的防侵促淤效果，即由陆向海构建“滩肩补沙—水下沙坝—生态潜堤”的工程布设，如图 II-1-2 所示。

石河口至铁门关岸线修复工程修复岸线 2 km，沙滩宽度增加 40~60 m，构筑了 3 座总长 600 m 的水下沙坝。工程竣工后，沙滩明显增宽，滩肩高度明显增大，有效遏制了景区海滩侵蚀的态势，明显改善了沙滩质量，提高了沙滩的亲水性（图 II-1-3）。

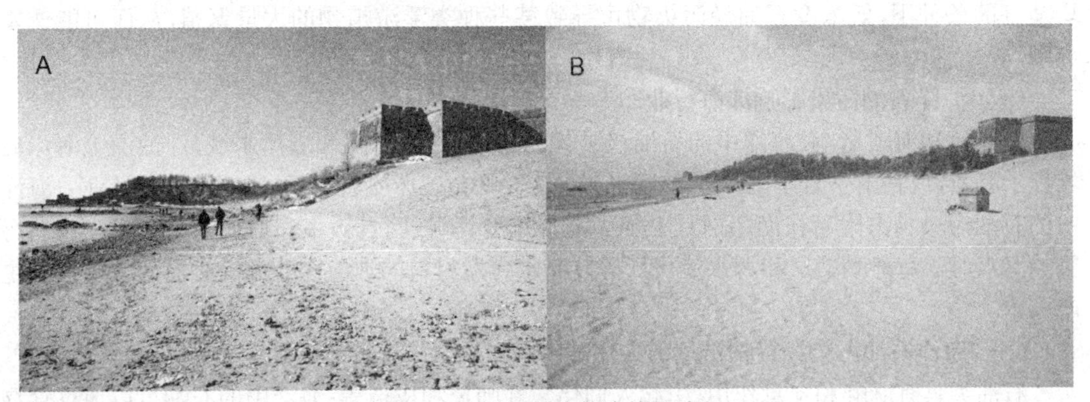

图 II-1-3　沙滩滩肩补沙效果对比

（邱若峰提供　A—修复前；B—修复后）

第二节　海洋石油污染修复

一、海洋石油污染

海洋石油污染（Marine petroleum pollution）是国际上海洋化学污染的主要问题之一。由于海底溢油、石油开采和炼制、海洋石油工业发展、海上石油勘探和开采、海上交通运输、海上排污、船舶溢油事故、油船事故、大气输送和城市污染水排放等活动，导致大量石油进入海洋，对海洋生物和环境造成严重影响。

从岩层和海底开采出来的石油称为原油，加工后得到各种石油炼制产品。原油中含有数千种化合物，其中烃类占总组成的 50%~98%，其余是几类非烃组分。石油烃类由烷烃、环烷烃和芳烃三类构成，芳烃中的多环芳烃对海洋动物有很大危害；非烃组分可分为含硫化合物、含氮化合物、含氧化合物、卟啉类、沥青烯类和痕量金属六类，金属组分中以钒和镍最多，有时可达数千 ppm，卟啉类以钒和镍的有机金属络合物形式存在。

二、海洋石油污染的危害

石油进入海洋环境中主要以漂浮在海面的油膜、溶解分散(包括溶解态和乳化态)、凝聚态残余物(包括海面漂浮的焦油球以及在沉积物中的残余物)三种形式存在,这三种形式的石油污染物在海水中发挥不同作用,或单独或联合对生态和社会产生一定影响。

(一)海洋石油污染影响海洋生态系统

海洋石油污染发生后,大量石油漂浮海面形成薄膜,遮蔽光照影响海洋植物光合作用、阻碍海气正常交换,再加上石油有机组分分解耗氧导致海水中溶解氧含量降低,进而影响海洋动物呼吸甚至致死。石油对羽毛的涂敷作用导致鸟类飞行能力受阻,当溢油发生在海鸟索饵和繁殖季节可造成海鸟大量死亡。溶解于海水中的毒性组分如一些芳香烃会对海洋生物产生直接危害并在生物体内大量积累、引发海洋生物中毒,尤其是海上溢油等大量石油泄露造成的急性中毒突发事件。石油中的重质组分沉入海底后会对底栖生物造成危害。此外,石油经过与海水中有机物的相互作用,可能给一些赤潮生物的繁衍提供营养,可见石油污染在某种程度上可成为诱发赤潮形成的重要因素,如 1989 年河北省黄骅市沿海裸甲藻(*Gymnodinium* sp)赤潮发生的一个重要原因就是附近海域的石油污染。目前一般认为,在营养盐和光照等理化因子均适宜的条件下,低浓度石油烃污染物可导致某些种类浮游植物的大量繁殖,从而可能诱发赤潮。

(二)海洋石油污染影响涉海行业

受洋流和海浪影响,海洋中的石油极易聚积岸边,污染海滩和近岸水域,浮油漂上海岸后堆积于海滩,或粘附于岩岸上,或渗入砂石中,这样就会破坏旅游资源、影响滨海旅游业。海洋中的石油污染物易附着在渔船网具上加大清洗难度、降低网具效率和增加捕捞成本。石油污染的海水对于海滩晒盐厂和海水淡化厂等以海水为原材料的涉海企业而言必然大幅增加其生产成本。

(三)海洋石油污染经食物链危害人体健康

石油类具有麻醉和窒息作用,引起人们化学性肺炎和皮炎等;海洋中的石油可以通过食物链在人体内富集,从而对人体健康造成严重危害。

三、海洋石油污染修复

石油进入海洋后,在海面迅速进行物理扩散,因海流、潮汐和风力等影响在海面上形成面积和厚度不等的块状和条带油膜,同时发生蒸发、氧化和溶解过程,石油在波浪、潮汐和海流尤其是涡流作用下发生乳化。通过上述一系列过程,一部分石油蒸发进入大气,一部分凝结、吸附在悬浮物表面沉降于海底沉积物中,大部分在微生物的作用下进行降解。因此,石油污染物进入海水后,可通过物理的、化学的和生物的过程去除。但是,溢油事故造成大量石油进入海洋后依靠海水的自净过程还是相当缓慢的。为避免造成上述危害,需要采取有效措施治理石油污染。

(一)物理方法

物理方法主要用于海滩油块的清除、围堵和回收海面上残留的石油。将滩面被油块污染的砂砾全部进行清理后运往他处进行处理是目前海滩油块污染修复的最好办法。在海上溢油事故处理中实际应用的物理处理法即为浮油回收。海上浮油收集过程包括回收船、拖船、围油栏、撇油器、输油泵、临时贮存设备等。

1. 围油栏

石油通过各种途径到达海面后，应首先用围栏（管形带状物也称为挡油堤，图 II-1-4）将其围住阻止其扩散，然后再设法将其回收处理或吸附处理或焚烧处理。围栏要具有滞油性强、随波性好、抗风浪能力强、方便使用、坚韧耐用、易于维修、海洋污损生物不易附着等性能，若是防火围栏则要求有一定的抗焚烧性能。围栏既能防止油污在水平方向上扩散，又能防止原油凝结成的焦油球在海上随波漂流。

图 II-1-4　布设围油栏 [354]

2. 溢油回收器

溢油回收器是指在水面捕集浮油的机械装置。撇油器（图 II-1-5）是在不改变石油的物理化学性质的基础上将石油进行回收的主要收油装置之一，种类多、功能多、适用范围广、收油效果好、抗风等级高，适用于中等以上规模或大面积集中回收溢油。

图 II-1-5　撇油器回收油污 [357]

3. 吸油材料

使用亲油性的吸油材料使溢油被粘在其表面而被吸附回收。吸油材料主要用于靠近海岸和港口的海域处理小规模溢油。过去，使用的吸油材料有稻草、麦秆、草席、干草、纸、锯末、玉米粉、浮石粉和珍珠岩等，这些吸油材料对石油污染具有一定的净化能力，而且对海洋动植物没有损害。目前使用较多的是吸油垫（吸油毡），吸油垫一般是由聚丙烯、聚乙烯和聚苯乙烯等为材料制成。将吸油垫投放于石油污染的海面上（图 II-1-6），利用毛细管吸附原理将油吸附于吸油材料中。

图 II-1-6 布设吸油毡 [356]

（二）化学方法

化学方法就是喷洒各种化学药剂（如分散剂、凝油剂、交联剂、去垢剂和洗涤剂等）将海面的浮油分散成极小的颗粒，使其在海水中分散、乳化、溶解或沉降到海底。如分散剂可使石油分散成细小油珠分散在海水中，使油珠易于与海水中化学物质进行反应、易于被微生物降解，最终转化成 CO_2 和其他水溶性物质，加速海洋的自净过程；凝油剂可使石油胶凝成粘稠物或坚硬的果冻状物，能有效防止油扩散，利于回收。应该注意的是，有些化学清洗剂和除垢剂能够有效消除石油污染物或抑制石油泛滥，但对海洋生态（包括鸟类）极为有害，其副作用比石油污染泛滥造成的直接经济损失还要大很多。因此，投加化学药物一定要注意其安全性。

化学方法与物理方法不同之处在于能改变石油的物理化学性质。化学方法可以直接应用于溢油处理，也可以作为物理方法的后续处理即物理回收后处理，也可进行化学处理后进行物理方法回收如加入凝油剂后回收。

（三）生物方法

生物方法就是利用能够降解海洋石油的微生物对受污海域进行治理，这就是常说的生物修复。最早大规模用于石油污染的生物修复是 1989 年 3 月 24 日美国埃克森（Exxon）石油公司的 Valdez（瓦尔迪兹）号超级油轮在美国阿拉斯加威廉王子湾搁浅造成的海岸原油严重污染事件。目前来看，能够降解石油的微生物达 200 多种，隶属 70 多个属，其中细菌约占 40 个属，在海洋生态系统中占主导地位；常见的海洋石油降解微生物种类包括细菌、放线菌、酵母菌和霉菌等。

根据人为干预与否，生物修复包括生物自净功能生物修复和强化生物净化功能生物修复之分。对于海洋石油污染的生物自净功能生物修复主要指微生物在污染海域中的生物自净作用,这一生物修复过程的速度与微生物本身降解石油的能力和受石油污染海域的环境要素有关,一般来说微生物自然生物降解石油的过程速度缓慢;强化生物净化功能生物修复系指人为因素强化受污染石油海域环境的理化性质和生物降解性能,加快受石油污染海域环境的改善速度,目前人们所谓的石油污染海域的生物修复主要指强化生物净化功能生物修复。强化生物净化功能生物修复过程中,常用技术包括:投加表面活性剂,增加石油与氧气和海水中微生物的接触面积,促进石油的生物降解;投加高效降解石油的微生物,增加微生物的种群数量和降解石油效果;投加N、P等营养盐,促进微生物生长繁殖及对石油的降解能力;提供电子受体(如机械供氧),加快微生物降解石油的速率。实践过程中发现,不同种属的微生物对石油的降解能力不一定相同,同种微生物通常只对特定石油成分具有较强的降解能力。因此,在实际应用工程中,通常采用投放混合的微生物菌群提高其降解石油的能力。另一方面,目前用于海洋石油污染生物修复的微生物主要是好氧微生物,利用其好氧代谢降解石油污染物,今后还要加强厌氧代谢研究,为大规模溢油事件提供高效的修复技术。

对于海滩石油污染生物修复而言,上述方法基本适用。在溢油现场使用生物表面活性剂可促进生物降解;通过物理、化学措施增加砂层中溶解氧改善海滩环境中微生物的活性和活动状况利于石油降解;风、浪、海流及微生物间的竞争及捕食都有可能影响海滩中添加的微生物对石油的处理效果甚至导致微生物无效,但是石油污染发生后能刺激海滩中油降解微生物的生长和繁殖;施加营养能够显著促进海滩溢油的生物降解。

(四)燃烧法

燃烧法就是采用各种助燃剂将大量溢油在短时间内燃烧完毕。一般认为燃烧法无需复杂装置、处理费用低廉。但是,采用燃烧法要考虑以下几个方面:燃烧滞海产物对海洋生物生长和繁殖的影响;大规模溢油燃烧产生的浓烟对大气的污染;油面涉及范围,一旦燃烧就要考虑对附近船舶和海岸设施等的损害。因此,燃烧法处理石油污染的地点一般为离海岸相当远的公海。

第三节　海洋塑料垃圾和微塑料污染防控

自20世纪50年代以来塑料制品得到了广泛应用,又因塑料制品不易完全降解废弃后成为垃圾进入环境而大量存在。涉海行业如海洋渔业生产活动将塑料制品带入海洋最终成为海洋塑料垃圾,陆源塑料垃圾在入海河流、地表径流、风力作用等外界驱动作用下进入海洋环境,这些塑料垃圾通过海流和风的输运进入海洋环流;或随洋流长距离输送进入大洋环流和深海海底。据报道,全球每年生产塑料超过3亿吨,其中约有10%通过河流输入等方式进入海洋。在海洋中,因海浪冲蚀、海水浸泡、阳光照射和生物降解等因素作用下,海洋塑料垃圾逐渐被分解成小碎片、薄膜、纤维或颗粒等形式的微塑料残留在海水和沉积物中。2015年,海洋塑料污染(Marine plastic pollution)被列为与全球气候变化、臭氧耗竭、海洋酸化并列的重大全球环境问题,塑料和微塑料污染引起全球关注。我国高度重视海洋塑料污染问题,在海洋塑料垃圾监测工作基础上,2016年国家海洋局组织开展了表层海水、海滩、海洋生物体中微塑料试点监测工作,2016年"海洋微塑料监测和生态环境效应评估技术研究"纳入了科技部国家重点研发计划"海洋环境安全保障"重点专项,2017年国家海洋环境监测中心成立海洋垃圾和微塑料研究中心，着力开展海洋垃圾和微塑料的污染防治相关技术、方法和管理对策研究。国内外研究结果显示，微塑料在全球各地已被不同程度检出，分布区域遍及全球各个角落。对于海洋而言，从近岸河口区域到大洋、从赤道海域到南北极、从海洋表层到大洋超深渊带都有微塑料分布。刘涛等（2018）研究结果显示，东海表层海水中广泛存在微塑料，分布密度在 0.011~2.198 piece/m^3 之间，平均含量为 0.31 piece/m^3，这些微塑料主要来源于陆地，在沿海通过海岸或河流进入东海。微塑料通常是指直径小于 5 mm 的塑料碎片、薄膜或颗粒等，被人们形象地称为“海洋中的 $PM_{2.5}$”，是当前海洋环境中数量最多的塑料类型，并且其数量还有持续增加的趋势。

一、海洋微塑料的分类

微塑料的分类目前还没有统一标准，本章根据贾芳丽等（2018）、薄军等（2018）、刘涛等（2018）和李道季（2019）等报道总结出如表Ⅱ -1-1 分类。

表 II-1-1 微塑料的分类 *

分类依据	产品制造微塑料	包装行业微塑料	化妆品行业微塑料	纺织和服装业微塑料	旅游业微塑料	海运和渔业微塑料	其他
来源	原 / 初生微塑料	次生微塑料					
材料	聚乙烯微塑料	聚丙烯微塑料	聚氯乙烯微塑料	聚苯乙烯微塑料	ABS 微塑料	尼龙微塑料	其他
形状	纤维状	颗粒状	碎片状	球形	薄膜状	块状	棒状
颜色	白色微塑料	黑色微塑料	透明微塑料	彩色微塑料			
大小	小型微塑料（<0.1mm）	中型微塑料（0.1~1mm）	大型微塑料（1~5mm）				
密度	低密度微塑料（<1.02g/cm^3）	中密度微塑料（1.02~1.07g/cm^3）	高密度微塑料（>1.07g/cm^3）				
状态	漂浮微塑料	悬浮微塑料	沉积微塑料				

* 引自贾芳丽等，2018；薄军等，2018；刘涛等，2018；李道季，2019

双壳贝类的消化系统组织是微塑料的高密度聚集区，丁金凤等（2018）从栉孔扇贝（*Chlamys farreri*）和紫贻贝（*Mytilus galloprovincialis*）消化系统中分离出纤维状、碎片状和颗粒状 3 种不同形状的微塑料（图 II-1-7），其含量分别占微塑料总数的 84.11%、14.94% 和 0.95%。

依据海洋微塑料的来源，李道季（2019）和李嘉等（2018）将其划分为原 / 初生微塑料和次生微塑料两大类。原生微塑料是指被直接排放至海洋中的微型塑料，如人造工业产品牙膏、发胶、洁面乳等含有塑料微珠的个人护理品和化妆品以及空气清新剂等中的粒径小于 5 mm 微粒，这些微塑料会随生活污水和工业废水排放或固废丢弃等途径而进入周围环境，最终进入海洋；次生微塑料是由大型塑料垃圾经过物理、化学和生物等作用过程破碎裂解而成。

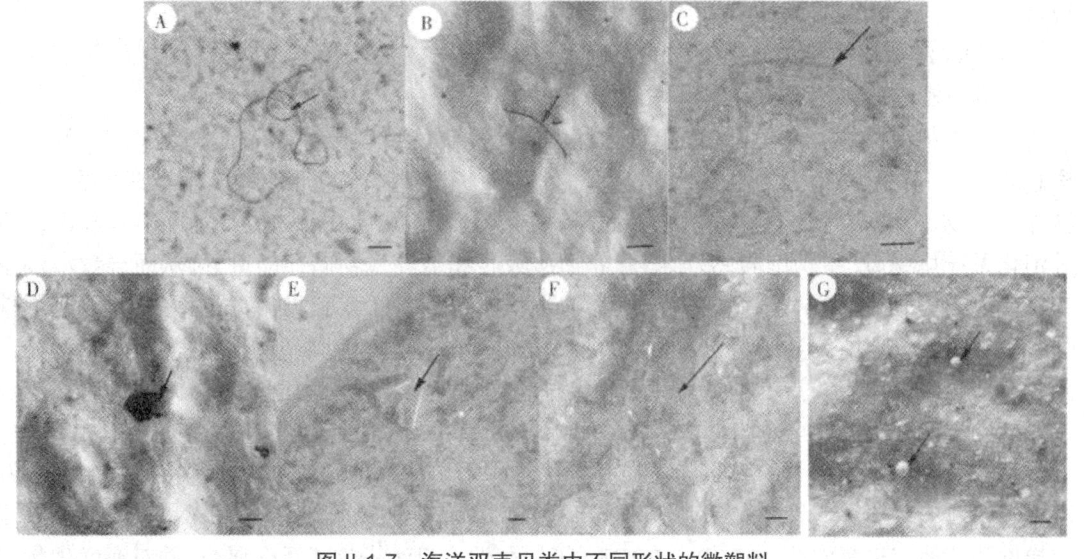

图 II-1-7 海洋双壳贝类中不同形状的微塑料

（引自丁金凤等，2018）

A~C 为纤维状微塑料；D~F 为碎片状微塑料；G 为颗粒状的微塑料，比例尺为 100 μm

二、微塑料在海洋环境中的迁移转化

由于传统的塑料垃圾极难被降解，人们尤其对海洋微塑料的化学和生物降解转化研究相对较少。由于受自身密度等物理性质以及风应力、波浪和生物作用等环境因素共同影响，微塑料在海洋环境中的迁移过程十分复杂。李嘉等（2018）总结了微塑料在海洋中的物理迁移过程，认为海洋中微塑料的物理迁移过程包括漂流、悬浮、沉降（缓慢沉降和快速沉降）、再悬浮、搁浅、再漂浮和埋藏等（图 II-1-8）。

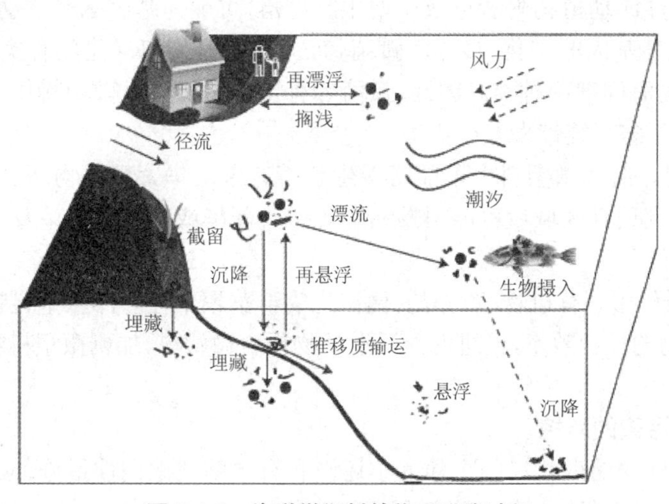

图 II-1-8 海洋微塑料的物理迁移过程

（引自李嘉等，2018）

三、海洋塑料的危害

（一）海洋塑料污染破坏海洋景观

漂浮在海面上肉眼可见的各种塑料垃圾严重影响了人们的视觉感受，下水嬉戏游泳愿望锐减。

（二）海洋塑料污染对海洋生物的影响

1. 海洋塑料的机械损伤作用

海洋塑料能够缠住海龟、鲸鱼和海豚等大型海洋动物以及破坏珊瑚礁等重要的海洋生物栖息地。由于广泛分布于海水中且大小、形状和颜色与海洋生物的食物相似，微塑料极易被海洋浮游动物、双壳类等滤食性动物以及底栖动物误食，造成海洋动物摄食辅助器官和消化道等消化系统堵塞、产生伪饱腹感、影响营养物质吸收和消耗生物储存能量等，从而导致海洋生物摄食能力受损、能量缺乏、危害海洋生物的生长发育。海洋双壳贝类具有移动力弱、区域性强和受生境污染影响明显等特点，可通过滤食方式摄食环境中的微塑料，是海洋微塑料污染监测与毒理学研究理想的指示物种。鱼类和大型海洋哺乳动物体内均已检测出微塑料的存在。

2. 海洋微塑料的毒害作用

海洋微塑料本身所含的有毒物质在其老化过程中快速释放到海水中而毒害海洋生物。海洋微塑料具有粒径小、比表面积大、疏水性强等特性，其表面易吸附多氯联苯、多环芳香烃、滴滴涕以及其他有机氯农药、PPCPs、PBDEs 等持久性有机污染物或重金属，共同对海洋生物产生复合毒性效应。目前来看，微塑料对海洋生物毒性效应机制主要包括诱导氧化应激损伤、免疫毒性效应和干扰内分泌作用。海洋微塑料能够沿着食物链传递，在食物链高营养级生物体内富集从而对人类等产生潜在威胁。

3. 海洋微塑料作为生物载体的作用

何蕾等（2018）综述了海洋微塑料作为生物载体的三个作用，其他学者也进行了大量研究并获得丰硕成果。

（1）聚集作用

海洋微塑料作为一类悬浮颗粒物，可吸附水体中的有机物和无机营养盐等，从而吸引细菌和病毒等微生物、浮游动植物附着形成微型生物群落，可能为基因水平移动提供场所，引发致病基因、抗生素抗性基因的转化、转导。弧菌（*Vibrio*）是许多海洋生物种类的致病菌，是形成塑料生物膜的常见海洋细菌种类。因此，弧菌等有害微生物可以微塑料作为载体不断增殖和扩散，进而对海洋生态系统带来潜在威胁。

（2）扩散作用。海洋微塑料上可能附着生长着有害藻华肇事生物、致病菌耐药菌或其他生物，随水流移动到适宜区域后可能引发赤潮等有害藻华或导致致病菌及耐药菌的传播扩散而形成生物入侵。

（3）捕食增强作用。有机物、营养盐、微型生物群落聚集在海洋微塑料颗粒上可提高海洋桡足类等浮游动物的捕食效率，促进海洋浮游动物摄食微塑料、加剧微塑料颗粒对海洋生物的毒性作用。

四、海洋塑料污染的防控

目前来看，海洋中的微塑料因个体太小还没有有效的就地调控措施，应遵循预防为主、防控结合的原则进行海洋塑料垃圾和微塑料污染防控。

（一）建立完善的海洋塑料垃圾污染公共环境意识教育体系

事实上，我国民众普遍对塑料污染认知程度较低。随着近年来科技工作者对塑料污染的广泛关注和科学研究成果的报道，海洋塑料的危害将逐渐为大众所知。但是，海洋塑料垃圾和微塑料污染方面的环境教育体系尚未健全，这不利于专业宣传教育和公众参与。因此，建立完善的海洋塑料垃圾污染公共环境意识教育体系具有十分重要的意义。

(二)加强海洋塑料垃圾和微塑料监测等基础性研究

目前,我国海洋塑料垃圾主要来源、海洋塑料垃圾入海通量和海洋塑料垃圾迁移路径等存在不明确问题,不利于满足其管理需求。海洋水体和沉积物中微塑料采样方法、海洋生物体微塑料提取方法和微塑料化学组成检测方法等有待规范化。因此,全方位加强海洋塑料垃圾和微塑料监测等基础性研究对其有效防控十分必要。

(三)塑料垃圾管控

通过立法等手段对陆上、海上和内陆水上运输以及与渔业活动等产生的各类塑料垃圾进行有效管控,禁止随意丢弃排入环境中来。对于含原生微塑料的生活污水或工业废水,首先要进行特殊处理后再排放到污水处理厂进行处理或者在污水处理厂增加微塑料去除环节。总之,实现塑料垃圾和微塑料污染源头控制是有效防控污染的必要手段。

(四)塑料垃圾清除和回收

目前,陆源及海洋环境中塑料垃圾主要依靠人工网(器)具或打捞船打捞的方式进行塑料垃圾收集,收集后进行回收。比如海滩上丢弃的矿泉水瓶、游泳圈和儿童塑料玩具等塑料垃圾一般是海滩清洁人员进行收集。在河流中治理塑料垃圾是国际公认的有效减少塑料垃圾进入海洋的方式。但是,目前对于微塑料还没有高效的收集和清除技术加以广泛利用。

(五)搭建拦截网

对于水上赛区和游泳区等特定海区,可在周围搭建拦截网将塑料垃圾拦于区域外,保障水上比赛和游泳活动等顺利进行,并人工收集拦网外的塑料垃圾。

(六)加强国际合作交流

相对而言,我国对海岸漂浮塑料垃圾处理和化妆品中禁用塑料微珠等研究较晚,相关法律法规等不甚完善。因此,通过加强国际合作交流,学习先进的海洋微塑料高效收集和清除技术,可以有效修复受海洋微塑料污染海域,降低海洋微塑料对海洋生物的危害。

第四节 海水富营养化防控

一、海水富营养化

富营养化(Eutrophication)通常是指湖泊、水库、河口和海湾等水体由于接纳过多的氮、磷等营养物质而使其生产力水平异常提高的过程,一般表现为藻类及其他生物的异常繁殖、水体透明度和溶解氧等变化导致水质变坏,影响水体的社会服务功能。水体富营养描述的是一个状态,而富营养化则是一个过程。富营养化原本是个自然演变过程,但不能忽视人类活动对富营养的促进作用。因此,富营养化包括自然富营养化和人为富营养化两个方面。

(一)海水富营养化概念

海水富营养化概念因各研究者着眼点不同存在一定差异,但均认为富营养化是水体中营养盐,尤其是氮、磷以及有机质增加引起的,并且都重点关注人为富营养化。

现在被广泛认同的最恰当的海水富营养化概念是欧洲环境署(European Environment Agency, EEA)2001年在《欧洲沿海水域富营养状况》报告中给出的:海水富营养化(Seawater eutrophication)是指因水体营养盐富集而致使海水中藻类加速生长、干扰海洋中高等植物系统平衡稳定、影响水体水质的现象,反映的是人类活动所导致的营养盐富集而产生的不良效应,并指出环境管理应关注人为增加的、对环境有害的营养盐部分。

（二）海水富营养化成因

引起海水富营养化的原因可分为自然因素和人为因素两大类。自然因素引起的海水富营养化很少见，因这一过程往往需要几十年、成百上千年甚至更长时间。因此，人为因素造成的海水富营养化成为人们关注的焦点。

人类活动造成海水富营养化的主要途径包括以下几个方面：农田施用的大量化肥随降水排入河流入海或随地表径流入海；工业废水和城市生活污水直接和间接排放入海；海水养殖（包括滩涂养殖）自身污染；大气沉降入海；石油类物质大量排放；受污海底营养物的溶出。尹翠玲（2015）等根据 2008~2012 年在渤海湾进行的连续监测结果，分析探讨了渤海湾近年来营养盐的变化特征及富营养化概况，结果显示 2008~2012 年渤海湾近岸海域 *NQI*（营养状态质量指数）指数变化范围为 3.24~4.28，平均值为 3.71，全部处于富营养化状态，这可能和近年来渤海湾沿岸工业、城市生活污水排放大量增加有关，大量的污水为渤海湾天津近岸海域带来了大量的营养盐，此外和汉沽增养殖区以及潮白新河、蓟运河和永定新河等主要的入海河流有关。氮磷营养盐以及石油类物质的大量排放，是导致海水富营养化的最主要因素。黄亚楠（2016）等研究了中国近岸海域富营养化状况，指出氮磷营养盐以及石油类物质的大量排放是导致海水富营养化的最主要因素；石油丰富的环渤海区以及经济繁荣区的长三角和珠三角，海水长期处于富营养化状态，且主要集中在辽河口、渤海湾、长江口、杭州湾和珠江口等近岸区域。

（三）海水富营养化生态效应

海水富营养化直接导致海洋植物生长所需的氮、磷等营养盐增加，为海藻暴发提供了物质基础。海水富营养化能够改变原有海洋生态系统结构、导致其功能受损，如出现叶绿素浓度过高、海水透明度降低、海洋有害藻华频发、海草等海底植被和珊瑚礁减少、大型水母旺发、海水缺氧或低氧、鱼虾贝等海洋动物死亡等生态和环境问题，可造成巨大甚至难以估量的经济损失并引发社会问题。

林晓娟等（2018）将海水富营养化对海洋生态系统的影响分为初级富营养化特征和次级富营养化特征。初级富营养化特征主要包括海洋浮游植物、大型海藻和附生植物等海洋初级生产者异常生长，进而导致海洋生物量异常增加，引起赤潮等海洋生态灾害；次级富营养化特征主要包括颗粒有机碳和化学需氧量异常升高、底层海水中溶解氧浓度显著降低产生缺氧现象和水下植被因透明度降低而生长受损等，这是由于初级症状加剧产生的结果。

关于海水富营养化与赤潮的关系，一般认为海水的富营养化状态是发生赤潮的前提和诱因。富营养化在一定条件下会诱发赤潮，这是因为海洋中限制性营养盐的增加可使原有的生态系统发生结构改变和功能退化。张志锋等（2012）在对渤海近岸海域历年营养盐含量及富营养化水平分析的基础上，结合赤潮发生的时空变化特征，就富营养化对渤海赤潮的诱导作用与耦合关系进行了讨论，认为渤海表层水体的富营养化程度与赤潮发生之间具有相互影响的特征：陆源输入营养盐总量增加导致冬季或春季水体具有较高的营养状态质量指数（*NQI*）值，从而有利于夏季赤潮暴发，反过来，大面积赤潮的发生将导致海水中的营养盐被大量消耗而表现为渤海夏季表层水体的 *NQI* 值较低。因此，冬季或春季水体 *NQI* 值更能表征渤海的富营养化状况及赤潮发生的风险。

同样，目前已达到一定共识，海水富营养化是引发绿潮等大型藻类有害藻华灾害最重要的环境因素。全球气候变化和富营养化是中国近海水母暴发的最重要诱发因素。富营养化对珊瑚礁生态系统也能够产生一定影响，如通过刺激造礁藻的生长或者促进珊瑚礁不常见的营养性藻类变成优势种，从而改变珊瑚礁生态系统的群落结构。

海水富营养化对海草场的危害一方面体现在海水对海草单株的毒害方面。研究报道显示，并不是氮输入量越多就对海草生长越有利，当硝态氮、铵态氮和有机氮等氮素浓度大于一定临界值时就会伴随着海草覆盖率的大范围减小；当进入海草场的氮远远超过海草固氮能力时，海草将受到铵盐毒害。另一方面，海水富营养化、全球气候变暖、CO_2浓度升高和海平面上升等因素，引起近海环境非常适合浮游植物、附生植物和大型海藻等其他海洋植物生长，海草场上层空间及海草自身周围被上述海洋植物占据后光照强度严重减弱、生存空间被挤占、营养盐被瓜分，从而抑制了海草营养吸收和光合作用，最终导致海草大量死亡。

二、海水富营养化防控对策

（一）预防海水富营养化

根据海水富营养化成因可知，减少陆源污染物排放入海和海水养殖自身污染等是预防和有效缓解海水富营养化的重要途径。因此，坚持陆海统筹理念，从源头上有效控制陆源污染物入海排放、发展海水健康养殖新模式有效减少海水养殖自身污染等，这些外源污染控制和内源污染控制措施要严格执行方能有效预防和缓解海水富营养化。此外，改善底质环境可有效缓解海水富营养化，如利用海底耕耘机翻耕底泥可促进有机物分解，撒播生石灰可促进有机物分解、抑制磷释放、灭菌消毒、降低微量有机物等。

（二）海水富营养化调控

目前来看，海水富营养化调控主要是在有限海域或实验室水平进行，修复主体包括大型海藻、红树林和耐盐碱植物三大类。

1. 大型海藻修复

大型海藻是一类能依靠基部固着器固着在海底基质上生活，含有叶绿素 a，能进行光合放氧的大型海洋植物，主要分为红藻、绿藻和褐藻 3 大门类，广泛分布于海洋潮间带及潮间带以下的透光层，是海洋植物中的重要组成成分。大型海藻具有很高的初级生产力，在不到海洋总面积 1% 的沿岸带构成海洋总初级生产力的 10%。

（1）大型海藻修复富营养化海域的原理

大型海藻通过对富营养化海水中氮、磷的吸收具有一定净化去除氮、磷能力，因此是海洋环境中对氮、磷污染物非常有效的生物过滤器。大型海藻对营养元素的选择性吸收能够在相当程度上改善其生存海域营养盐结构，从而通过上行效应调控海洋浮游植物群落结构。大型海藻通过光合作用吸收海水中大量无机碳、释放出氧气。此外，大型藻类与赤潮生物之间具有相生相克作用。因此，在富营养化近海海域，可根据不同海藻的生活习性和季节变化，适当交替栽培龙须菜（*Gracilaria lemaneiformis*）和条斑紫菜（*Porphyra yezoensis*）等优良海藻品种，通过分泌克生物质有效抑制赤潮藻类的生长，通过将海藻收获把多余的营养盐带上岸缓解海水富营养化，最终达到防治赤潮的目的。例如琼枝麒麟菜（*Eucheuma gelatinae*）是热带海域最理想的净化水质、控制赤潮的经济大型海藻之一。汤坤贤等（2005）研究了筏架吊养龙须菜对富营养化海水的生物修复作用，结果显示大面积栽培龙须菜对水质有明显的修复效果，特别是鲍鱼养殖污水流经养殖区后 IN、IP 得到有效的吸收，DO 浓度得到提高，表明栽培龙须菜对减轻养殖污水对海区的污染、防止水体富营养化有积极作用。徐姗楠等（2008）研究了花鲈（*Lateolabrax japonicus*）养殖网箱中吊养真江蓠（*Gracilaria asiatica*）修复网箱养殖造成的富营养化水体问题，结果显示真江蓠对养殖区的富营养化海水具有较好的修复效果，修复海区海水 PO_4-P、NO_2-N、NH_4-N 和 NO_3-N 浓度比非修复海区分别降低 22%~58%、24%~48%、22%~61% 和 24%~47%。网箱内栽培江蓠的混合生态养殖模式可平衡因经济动物养殖所带来的额外营养负荷，有利于实现经济动物养殖环境的自我修复。此外，研究结果显示，利用大型海藻与双壳贝类混养来控制海水中藻类密度、改善水质和预防赤潮具有广阔的应用前景。大型双壳贝类是重要的海洋底栖生物，具有强大的滤水滤食功能，在海洋生态系统中起着重要作用，利用它们来改善水质和防治赤潮发生，在理论和应用上均具有重要意义。

需要注意的是，尽管大型海藻栽培常常有利于修复富营养化海域，但若超过修复海域养殖环境容量，一方面可能会引起海水贫营养化而导致浮游植物难以生长，另一方面过密的大型海藻藻体因遮蔽光照而导致底层光合作用生物不能正常生长。关于贝藻混养也存在一定问题，大型海藻养殖系统和滤食性贝类养殖系统均为自养型养殖系统，对营养盐存在一定的间接竞争；滤食性贝类可通过滤水摄食，但最终仍要以粪便形式排泄出来；贝、藻在营养物质利用上有时存在时间差。

（2）富营养化海域栽培大型海藻

①栽培种类

在自然界分布的海藻中能够被用来进行人工栽培的种类有数十种，目前栽培种类集中在海带、麒麟菜、角叉菜、裙带菜、紫菜、江蓠、石花菜和羊栖菜等为数不多的几种。

②栽培方式

根据海藻采用的生长基质种类，将海藻栽培的方式分为天然生长基质栽培和人工生长基质栽培。天然生长基质栽培所需生长基质包括岩礁、石块和贝壳等，采孢子或绑苗后将这些基质投放到海底。人工生长基质包括瓦签、竹签、竹帘、网帘等，瓦签和竹签夹苗后插在浅滩上进行栽培，人工采紫菜孢子后将竹帘放置在潮间带进行紫菜栽培，棕绳网帘或维尼纶网帘则是采孢子或夹苗后在潮间带或浅海栽培。用浮绠绑着海藻苗绳或网帘悬浮在浅海海水中进行栽培的浅海浮筏式栽培是最先进的海藻栽培方式，是我国目前主要生产方式之一。

筏式栽培就是在浅海养殖区设置筏架，将养殖海藻附着或夹在养殖绳或网帘上，再把养殖绳或网帘悬挂在浮筏上进行养殖。筏式栽培的显著特点是浮筏带动养殖绳或网帘随着潮汐、波浪上下浮动，可调节海藻养殖所处水层，使光照强度和温度更适合海藻生长，并充分利用水体立体空间。

筏式栽培主要有支柱式（图 II-1-9A）、半浮动式（图 II-1-9B）和全浮动式（图 II-1-9C）3 种方式。在利用大型海藻修复富营养化海区时，筏式栽培和网箱吊养是常采用的两种栽培方式。

2. 红树林植物修复

红树林是生长在热带、亚热带海岸潮间带滩涂的木本植物群落，红树林内生长着木本植物、草本植物和藤本植物等。研究表明，红树林湿地通过植物和微生物等对氮磷等元素的吸收以及土壤对氮磷的滤过作用来实现对海水中的富营养物质的去除作用，每公顷红树林年吸收氮和磷分别为 150 250 kg 和 1 020 kg。红树林吸氮能力很强，可减弱鱼、虾过度养殖造成的富营养化程度，起到海水生物净化作用。因此，在红树林适宜生长的潮间带，可构建红树林生态系统用来预防近岸海水富营养化。

3. 耐盐碱植物修复

通过研究耐盐植物碱蓬（*Suaeda glauca*）对富营养化海水中氮、磷的净化去除和能耐受盐渍化以及富营养化等特殊环境的海马齿（*Sesuvium portulacastrum*）对海水养殖水体中氮、磷的去除效果，发现这些耐盐碱植物对海水中的氮和磷具有一定的吸收作用；植株含有克生物质，能够抑制赤潮藻类的生长。目前，这些耐盐碱植物以生态浮床的形式栽培在网箱养殖海域，成为理想的生态浮床修复植物。

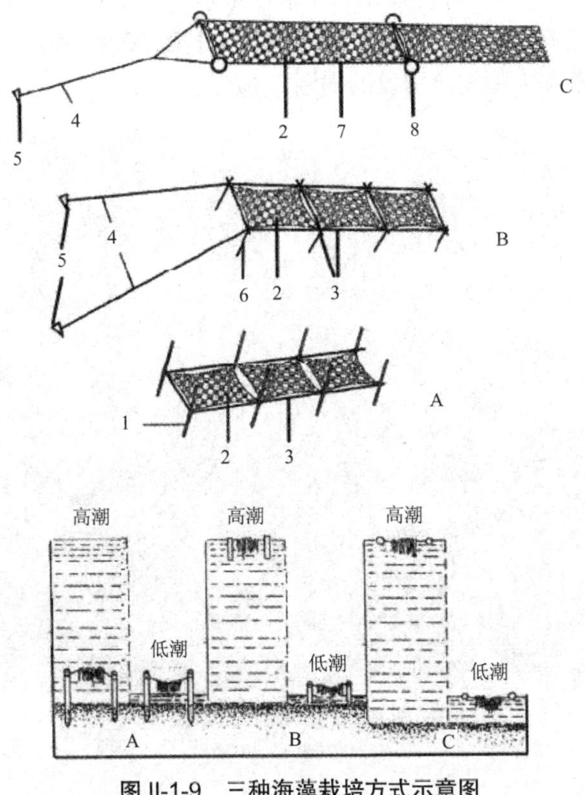

图 II-1-9　三种海藻栽培方式示意图

（引自谢贞优等，2013）

1—桩木；2—网帘；3—浮绠；4—缆绳；5—锚桩；6—支架；7—边缆；8—浮子

4. 底栖贝类修复

底栖贝类如文蛤（*Meretrix meretrix*）依靠水管和鳃进行呼吸与体外物质交换，能够吸收海水中的营养盐、取食海水中的微型藻类和有机碎屑等以及底泥中符合机体需要的微生物。因此，可以有针对性地培植和发展经济贝类，适度扩大养殖生产规模，对富营养化海洋生态系统进行修复。

第五节　海洋有害藻华防控

一、海洋有害藻华的概念和类型

（一）海洋有害藻华的概念

海洋有害藻华（Marine harmful algal blooms）是指在一定环境条件下，海水中有毒或无毒微藻、原生动物或细菌等暴发性增殖或高度聚集引起海水变色，或其浓度虽不至于引起水色改变，但其危害性表现在毒性效应或对其他生境的物理性损害作用，以及某些绿藻、红藻和褐藻等大型海藻泛滥、大面积漂浮海面、大量漂荡近岸海水中、大面积覆盖或堆积海岸，从而对其他海洋生物产生危害，甚至导致海洋生态系统严重破坏的多种海洋生态异常现象的总称。

（二）海洋有害藻华的类型

依据海洋有害藻华肇事生物个体大小，可将全球海洋有害藻华分为海洋微型生物有害藻华（图 II-1-10）和海洋大型藻类有害藻华（图 II-1-11 和图 II-1-12）两大类。目前而言，海洋微型生物有害藻华主要指海洋微藻、原生动物或细菌等引发的赤潮，海洋大型藻类有害藻华主要指大型绿藻引发的绿潮和大型褐藻引发的褐潮。

图 II-1-10　夜光藻赤潮

（安鑫龙拍摄，2013）

图 II-1-11　石莼绿潮

（安鑫龙拍摄，2018）

图 II-1-12 铜藻褐潮

(引自 Liu feng，2018)

二、海洋有害藻华的成因和危害

(一)海洋有害藻华的成因

目前来看，海洋有害藻华的发生与人类活动紧密相关。

1. 适宜的环境条件

海水富营养化明显影响与富营养化相关藻华的发生，这些藻华肇事生物在富营养化海水中大量繁殖成为优势种群，如海域富营养化、低盐度的理化环境和低光照、低气压的气象条件是 2008 年 8 月发生在山东乳山近海海洋卡盾藻（*Chattonella marina*）赤潮的关键因子。沿岸海域水体富营养化不仅促进浮游藻类生长形成赤潮，在河口和滩涂区域还会引发底栖大型海藻暴发性增殖形成海洋大型藻类有害藻华。有些种类的藻华生物在风、潮流、海流等作用下被动扩散至其他海域形成藻华或大量聚集起来形成藻华，如黄海苏北浅滩潮致锋面上升流是诱发 2012 年黄海浒苔早期暴发的因素之一。从生物环境方面来看，捕食压力降低是导致海洋有害藻华发生的一个重要原因。

2. 海洋有害藻华肇事生物的生物学特性

海洋中的红色中缢虫（*Mesodinium rubrum*）具有运动能力和趋光性，可以在水体中垂直迁移并聚集在湍流较小、光线充足的表层和次表层水体，适宜的环境条件下可大规模暴发赤潮。很多赤潮生物如海洋卡盾藻、赤潮异弯藻（*Heterosigma akashiwo*）和塔玛亚历山大藻（*Alexandrium tamarense*）等孢囊能够在不良环境条件下沉积于底泥中，待环境条件适宜时，大量萌发形成的营养细胞可被上升流携带至海水上层发生聚集，达到一定程度后即可发生有害藻华。

2007 年至今，我国黄海海域周期性的发生浒苔（*Ulva prolifera*）绿潮灾害，影响山东半岛海域及近岸潮滩。我国黄海绿潮被认为是目前世界上发生规模最大的绿潮灾害。现已证实，南黄海苏北浅滩的紫菜养殖区域是黄海海域绿潮暴发的源头，养殖区内丰富的营养盐及数量众多的紫菜养殖架为浒苔生长提供了良好环境。每年 3~4 月的紫菜收割时期，随着养殖区紫菜收割，大量浒苔被剔落后漂浮于海面，成为浒苔绿潮暴发的重要种源。浒苔具有强漂浮能力和繁殖能力等特点，在北向风生流的输送作用下向北漂移过程中大量繁殖。

化感作用是海洋有害藻华暴发的重要原因之一，如有些赤潮生物能够分泌毒素于水体中影响其他海洋生物生长，浒苔生长过程中能够产生多种脂肪酸类物质等化感物质抑制其他竞争物种的生长。

外来海洋生物入侵也是引发有害藻华的重要因素，一些赤潮生物如海洋卡盾藻及其孢囊可通过船舶压舱水的纳入与排出、海水养殖品种的移植等途径从较远的地方穿过大洋带入而导致赤潮的发生；刺松藻（*Codium fragile*）作为生物入侵种能够在入侵地大量繁殖。

（二）海洋有害藻华的危害

海洋有害藻华类型多样，因此造成的危害体现在多个方面：

1. 海洋有害藻华生物遮蔽海面和海滩

海洋有害藻华发生后大面积遮盖海面，影响海气交换和藻层下方其他需光生物生存和繁殖，破坏区域海洋生态系统健康；绿潮生物等大型海藻被海水冲击后大量堆积海滩（图 II-1-13）。

图 II-1-13　绿藻堆积

（引自安鑫龙等，2018）

2. 海洋有害藻华危害涉海行业

海洋有害藻华发生后，海水养殖业和滨海旅游业等均受到不同程度影响。夜光藻（*Noctiluca scintillans*）分泌黏液可以附着鱼鳃上导致其呼吸受阻、窒息而死。滨海浴场因海藻泛滥无法正常开放。2016 年 12 月底江苏海域突发漂浮铜藻（*Sargassum horneri*）褐潮灾害，漂浮铜藻交缠在条斑紫菜（*Porphyra yezoensis*）养殖伐架上堆积（图 II-1-14）导致南通、盐城海域的紫菜筏架大面积垮塌；据报道，2016 年冬季黄海漂浮铜藻对江苏水产养殖业造成经济损失高达 5 亿元。死亡浒苔沉入海底后腐烂，消耗大量氧气、释放有害物质，严重危害受风岸带的围堰养殖、底播养殖、筏式养殖以及水产育苗生产；对刺参而言，夏季浒苔腐败后，在高温、低氧双重协同作用下，其耐受性急剧下降，海区刺参养殖会受到巨大影响。可见，大规模藻华之后会导致底层水体缺氧，长期缺氧环境会引起生物多样性降低，并进而威胁海洋渔业经济的可持续发展。

图 II-1-14　马尾藻大量缠绕堆积紫菜筏架

（引自中国科学院海洋研究所，2017）

3. 海洋有害藻华衰亡引发危害

海洋有害藻华衰亡过程中释放氨、硫化氢和毒素等有害物质，消耗水体中溶解氧，产生大量无机盐，可为二次藻华提供养分，导致水质恶化、海洋生物正常生长受到影响。张亚锋等（2018）在香港牛尾海红色中缢虫赤潮发生水域进行了研究，结果表明细菌在寡营养环境水体的营养盐循环中起着重要作用，海湾中的红色中缢虫赤潮不是直接由营养盐驱动引发的，赤潮衰亡时释放的大量无机营养盐会引起寡营养环境水体中藻华的二次暴发，进而影响浮游植物种群的组成。朱旭宇等（2018）研究了 2014 年 8 月南黄海大丰－射阳区域绿潮发生时浮游植物的种类组成及其与环境因子的关系，结果表明绿潮发生期间，调查海域营养盐浓度降低、浮游植物群落结构发生变化、甲藻种类数明显升高，绿潮暴发对浮游植物群落有一定的影响。刘湘庆等（2016）研究了盛夏高温条件下浒苔（*Ulva prolifera*）藻体腐解过程中营养盐的释放规律以及对环境的影响，结果表明大量聚集漂浮浒苔的衰亡会引起水体缺氧、释放大量营养盐，导致水体恶化。因此，必须及时清理海面聚集的漂浮浒苔，否则浒苔在腐解过程中会向水体释放大量的氮、磷营养盐，造成局部海域富营养化，这些营养物质还有可能被赤潮藻类利用，诱导有害赤潮形成。韩露等（2018）指出，浒苔吸收海水中的硫酸盐并在体内同化还原生成二甲基巯基丙酸内盐（DMSP），释放出来的 DMSP 可通过微生物和藻类产生的 DMSP 裂解酶降解产生二甲基硫（DMS）。浒苔在衰亡期间会引起海水中 DMSP 和 DMS 的累积，海水中高浓度的 DMS 可释放到大气中，进一步影响该区域硫的海气通量，其在大气中的氧化产物是形成酸雨的重要原因之一。因此，作为我国绿潮主要肇事藻和释放 DMS 的优势藻种，浒苔绿潮的暴发会对水体中的硫体系循环产生影响，进而影响该海域生态环境。

4. 海洋有害藻华危害人类健康

海洋有害藻华对人类健康的危害主要是通过食物链传递造成的，当人们误食了富集毒素的鱼、虾、贝等就可能引起中毒甚至死亡。传统观点认为，夜光藻本身没有毒性，其主要危害在于大量暴发繁殖后严重破坏原有海洋生态平衡，给近海水产养殖业和滨海旅游观光业造成不利影响，从而造成严重经济损失。然而，埃斯卡莱拉（Escalera，2007）发现，夜光藻捕食有毒鳍藻（*Dinophysis* sp.）和拟菱形藻（*Pseudo-nitzschia* sp.）后，其食物泡中的有毒藻类会随着夜光藻的被捕食而进入更高营养级生物体内。这样就存在危害人类健康的风险，需引起注意。

三、海洋有害藻华的防控对策

海洋有害藻华的调控重在预防，一旦灾害发生，受影响地区的政府部门都需要投入大量人力、物力和财力对藻华生物进行收集、打捞和上岸处理或现场处理。

（一）积极预防

根据海洋有害藻华的成因，采取积极措施进行预防。

1. 加强公众宣传教育

充分利用电视、广播、报纸和新媒体等多种媒体开展生态和环境保护宣传教育专题工作，倡导清洁生产、减少污水入海排放，提高公众对海洋有害藻华成因和危害的认知水平。

2. 预防水体富营养化

沿海地区各级政府相关部门加快推进沿海截污治污工程建设，力争实现全面截污，避免近海环境受到污染引起富营养化。此外，科学合理开发利用海洋，如实行清洁生产、避免海水养殖自身污染造成海水富营养化。

3. 加强水文、气象、海水各项因子和沉积物的监测工作和预测预报

建立集卫星遥感、航天遥感、航空遥感、船舶、水下和岸站于一体的监测系统，为海洋有害藻华的科学研究和预警工作提供全面多方位的信息服务。

自然海区沉积物中的赤潮生物孢囊经过一段时间休眠后，待环境条件适宜时便可大量萌发形成营养细胞进入水体中成为赤潮发生的“种源”。苏北浅滩紫菜养殖区沉积物中存在绿潮藻浒苔的微观繁殖体，这些微观繁殖体是绿潮藻浒苔在苏北浅滩种源维持的重要方式和关键阶段，也构成了黄海浒苔绿潮连年暴发的“种子库”。因此，加强沉积物监测为日后海洋有害藻华预测预报提供参考数据。

4. 加强学科交叉合作，深入研究有害藻华发生机制和预防措施

海洋有害藻华是非常复杂的生态灾害，不同时期、不同区域藻华发生的机制和防治措施不甚相同，其成因、发生、发展和消亡过程涉及多学科知识。因此，加强学科交叉合作，深入研究有害藻华发生机制和预防措施是十分重要的。

5. 建立跨区域联防联控机制

鉴于目前人类涉海活动日益频繁、海洋运输业快速发展，船舶压舱水等携带赤潮藻种进入相关海域事件时有发生。因此，控制有害藻华生物外来种需要多方面合作。现已证实，2007年开始发生的黄海漂浮浒苔绿潮源自江苏浅滩，浒苔不断向北漂移输送到山东南岸成灾。因此，建立跨区域联防联控机制是有效预防海洋有害藻华大规模发生的重要举措。

（二）调控对策

海洋有害藻华发生后，要立即采取相关措施进行有效处置。

1. 物理方法

在海水养殖区，一般采用围隔栅或气幕法将养殖区和赤潮水体隔开，采用沉箱法或迁移法将养殖设施远离赤潮水体。也有人利用回收船回收赤潮生物或在赤潮发生区域喷洒木炭粉进

行光隔离处理。对于大型海藻藻华，目前主要是采用打捞清除（图 II-1-15）的方法将大藻打捞上岸进行资源化利用或者搭建拦截网将其隔离。

图 II-1-15　打捞清除绿潮藻

（引自颜天等，2018；安鑫龙拍摄，2018）

打捞上岸的大型海藻资源化利用已成为海洋生物资源综合利用的重要组成部分。大型海藻富含碳水化合物、脂类、蛋白质、维生素、矿物质和微量元素以及含有多种生物活性物质，因此在食品、饲料、医药、肥料和能源等多方面具有广阔的应用前景。如海藻肥料已成为继化肥、秸秆粪便生物肥、有机肥之后的第四代肥料。王进等（2014）研究发现，浒苔生物肥的利用可增加青菜产量、提高青菜品质、减少无机化肥施用量、改善土壤环境，达到减轻土壤环境污染的目的。

2. 化学方法

采用化学药品杀灭法是治理有害藻华的传统有效方法。为了保护海洋环境免受化学药品污染，目前大规模赤潮主要采用改性粘土法治理，改性粘土治理赤潮技术已成为我国赤潮治理的标准方法。李靖等（2015）研究结果表明，适量改性粘土能有效去除海水中浒苔微观繁殖体、限制其萌发。因此，改性粘土有望成为消除或减弱绿潮灾害的有效手段。近年来，利用羟基自由基（·OH）杀灭船舶压舱水中有害藻华藻生物营养细胞和孢囊的研究获得了很大进展，有望成为处理船舶压舱水中有害藻华藻生物的重要途径。

3. 生物调控法

生物调控法基本上还处于实验室阶段，如在实验室条件下，以菌治藻、以虫治藻、以藻治藻、植物化感作用等均在一定程度上有效抑制赤潮生物生长。大型海藻对赤潮生态调控作用的机制主要表现在化感作用、营养竞争、光照竞争以及生存空间竞争等。

第六节　大型致灾水母防控

自 20 世纪 80 年代以来，大型水母暴发（水母旺发，Jellyfish blooms）几乎成为全球各大海洋生态系统面临的共同挑战，使得海洋生态系统结构和功能遭到破坏，对海洋渔业、沿海工业、海洋旅游业以及涉海人群的人身安全等造成很大威胁，水母暴发是海洋生物污染的重要组成部分，是继有害藻华之后最大的海洋生态灾害，这些引发海洋生态灾害的水母称之为致灾水母（Disaster-causing jellyfish）。自 20 世纪 90 年代中后期起，我国东海、黄海、渤海等海域相继出现了水母暴发现象，分布范围广、持续时间长，导致当地主要渔业资源密度下降，严重影响了正常的渔业生产。

一、水母的基本特征

水母是一大类胶质状、结构非常简单的低等海洋动物，包括刺胞动物门（Cnidaria）的水螅水母（Hydromedusae）、管水母（Siphonophore）、钵水母（Scyphomedusae）、立方水母（Cubomedusae）以及栉水母门（Ctenophora）的栉水母（Ctenophore）五大类群，种类多、数量大、广泛分布于温带、亚热带及热带海域，在海洋生态系统中占有相当重要的地位。水母个体大小相差悬殊，有的种类伞部直径可达2m，有的种类触手长达20~30m，一般按其大小将其分为大型水母（Macro- jellyfish，图II-1-16）和小型水母（Micro-jellyfish）；大、小型水母的界定还没有统一标准，如按采集工具将被渔业拖网捕获的水母称为大型水母，被浮游生物网具采集获得的水母称为小型水母。水母具有世代交替的繁殖特性—有性世代（营浮游生活的水母体）和无性世代（营附着生活的水螅体）交替出现，这种生殖特性使其能够度过不良环境。水母类大多是肉食性动物，其饵料主要是桡足类、枝角类、磷虾类、毛颚类、蔓足类、无甲类、腹足类的幼体以及少量的鱼卵、仔稚鱼等；此外，还需摄取一定量的浮游植物和有机碎屑以满足其能量需求，因此水母是海洋杂食性生物。有些钵水母如海蜇（*Rhopilema esculentum*，图II-1-16A）和黄斑海蜇（*R.hispidum*）是我国的重要渔业捕捞对象。但是，有些大型水母如白色霞水母（*Cyanea nozakii*，图II-1-16B）等大量出现时会阻塞或破坏渔网，还有很多水母能够大量捕食鱼、虾和贝类的幼体从而破坏水产资源。在我国东海北部和黄海海域连年夏季形成暴发的水母种类主要有野村水母（有人翻译为沙海蜇或沙蜇，*Nemopilema nomurai*，图II-1-16C）、白色霞水母、海月水母（*Aurelia aurita*，图II-1-16D）和多管水母（*Aequorea* sp.）等，其中以沙海蜇暴发次数最多、影响范围最为广泛。水母还因其刺丝囊内含有毒素物质而成为沿海地区伤人动物中的一个重要类群，如野村水母的伞缘、口腕、肩板、胃丝和附属器上面的刺细胞十分发达而且剧毒，被认为是目前最危险致死性的剧毒种类。

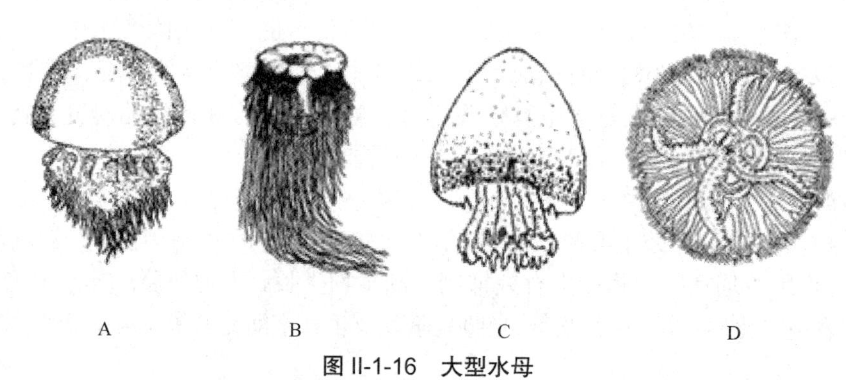

图II-1-16 大型水母

（引自程家骅等，2004；郑重等，1984）

A—海蜇；B—白色霞水母；C—野村水母；D—海月水母

二、大型水母暴发

大型水母暴发通常是指无经济价值或经济价值极低的大型水母在一定时间内数量迅速增多的现象。

（一）大型致灾水母

1. 大型致灾水母具备的条件

并非所有大型水母都会形成危害，洪惠馨（2014）认为能形成危害的大型水母具备以下条件：

（1）种群大且集群分布；

（2）个体（伞部和口腕）中胶层厚而坚硬；

（3）或具有多（几十条甚至上百条）而长（几十厘米甚至几米）并分泌大量黏液的触手。

2. 大型致灾水母种类

由于自然因素和人为因素，我国大型水母种类数量和分布发生了变化，在20世纪70年代以前，种群大且能群集分布的大型致灾种类大概有海蜇、黄斑海蜇、叶腕水母（*Lobonema smithi*）、拟叶腕水母（*Lobonemoides gracilis*）、白色霞水母、野村水母和海月水母7种；20世纪70年代以后，直接形成危害的种类包括白色霞水母、野村水母和海月水母3种。

（二）大型水母暴发的原因

综合全球对许多海域水母数量增多、在一些区域出现水母暴发现象的解释，孙松（2012）对其进行了如下归纳总结：

1. 渔业资源减少

渔业资源减少降低了水母被捕食压力和食物竞争压力，给水母暴发提供了机会。

2. 海水富营养化

富营养化导致浮游藻类特别是小型和微型浮游生物增多，藻类的沉降和分解导致水体底部缺氧的环境不适合其他生物生存，但水母具有耐受这些恶劣环境的能力，因此水母数量急剧增多。

3. 全球气候变化

水母数量变化与海水温度变化具有很好的对应关系。

4. 外来生物入侵

船舶压舱水可将水母从一个海域带到另一个海域。

5. 海岸带改变

大量海岸带工程为水母水螅体的附着提供了硬质附着基。

基于大量实验结果和大规模海上考察和综合分析，孙松（2012）认为人们的注意力以往都是放在水母体阶段，实际上问题的关键应该是在水螅体阶段，并对中国近海水母暴发的机理提出了一种新的理论模式：水母生活史中的大部分时间以水螅体的形式生活在海底；水母种群的暴发是水螅体对环境变异的一种应激反应，是为了逃避动荡环境、扩大分布范围、寻求新的生存空间，为种群繁衍寻求更多机会的一种生存策略。导致水母种群暴发的关键过程是海洋底层温度的变动和饵料数量的变化，全球气候变化和海水富营养化是中国近海水母暴发的最重要诱发因素。水母生活史中的关键阶段是水螅体阶段，因此，水母种群暴发取决于水螅体的数量、环境刺激（特别是温度变动刺激水螅体向横裂生殖方式发展，产生大量的碟状幼体迅速发育为幼水母）、适合水螅体进行横裂生殖的时间长度以及充足的幼水母饵料供给（饵料充足的环境中水母迅速生长）。

总之，大型水母暴发成因非常复杂，人类活动（捕捞活动等）、环境因素（全球变暖、海水跃层、表层流和富营养化等）和外来水母入侵等是重要的外在影响因素，水母自身生长速度快、再生能力强、具无性繁殖等快速繁殖方式等是内在影响因素，这些因素共同影响了水母暴发。

（三）大型水母暴发的特点

当大型水母在海上大量出现的时候，就是人们通常看到的“水母暴发”现象。我们看到的水母，其实是其生命周期中营浮游生活的有性世代，仅占其生命周期的1/3的短暂时期。根据其生物学特性、繁殖习性、生活史特性和生态习性等，归纳其暴发特点如下：

1. 群集性

群集性是大型水母暴发的表观现象，在饵料充足的环境中，幼水母迅速生长为成体并在局部海区集群泛滥成水母斑块（水母群）。另一种情况是，水母体在风和海流作用下聚集，呈现斑块分布即水母斑块。因此，水母暴发的表现形式有两种，前者通常称为真旺发即真正的水母暴发，也就是某海域水母数量快速增长；后者称为假旺发即表面的水母暴发，也就是现有种群的重新分布。

2. 季节性

水母暴发是水母体在环境条件适宜情况下即在繁殖盛期大量出现形成的，因此季节性明显，如近年来在我国东海北部和黄海海域均是在夏季出现水母暴发现象。

3. 短期性

如上所述，水母体其实是其生命周期中营浮游生活的有性世代，整个世代十分短暂，在完成有性生殖后死亡。因此，水母体聚集暴发时间短，通常只持续3~5天。

4. 间歇性

水母暴发不是连续性的，受环境条件、饵料多寡、水螅体种群大小等多方面因素影响，因此水母的种群暴发是间歇性的。

（四）大型水母暴发的危害

大型水母暴发现象出现后，将产生一系列危害。

1. 危害海洋渔业

水母暴发导致正常的渔业生产活动受到严重影响，如网眼堵塞、网具爆裂，使生产作业无法正常进行，导致渔获量减少、捕捞成本提高、渔民经济负担加重。野村水母等摄食浮游动物，与鱼类争夺食物。很多水母能够大量捕食鱼、虾和贝类的幼体从而破坏水产资源。霞水母暴发，对海蜇、经济鱼类等渔业资源产生严重影响，如2004年辽宁省锦州市海域白色霞水母暴发造成海蜇比2003年约减少80%。水母还能堵塞渔船等海上航行船舶引擎管道使循环水停水。

2. 危害临海工业

水母通过触手黏附作用等堵塞冷却水系统进水口的过滤栅和滤鼓等过滤设施影响沿海的一些发电站、海水淡化厂和化工厂等正常运行。

3. 危害人类健康和滨海旅游业

大型水母具有刺细胞，可对人体造成伤害（图II-1-17）甚至致死，因此水母暴发会对旅游业造成很大影响，导致一些沿海旅游设施由于水母暴发而关闭。

4. 破坏海洋生态系统

水母在新陈代谢过程中能够释放大量营养盐，刺激浮游植物生长。更为严重的是，水母暴发后可在较短时间内死亡并分解，释放出大量有机物和无机物，大量营养盐释放改变了原有的营养盐结构，极大程度上刺激了浮游植物的增殖和海洋有害藻华暴发。郑珊等（2017）研究结果表明，野村水母死亡分解过程使水体表现出明显的低氧（缺氧）和酸化现象，生物量越大死亡分解时间越长，对水体改变程度越明显，还释放出大量营养盐并改变原有的营养盐结构，刺激甲藻和绿藻生长，甚至可能引发藻华。

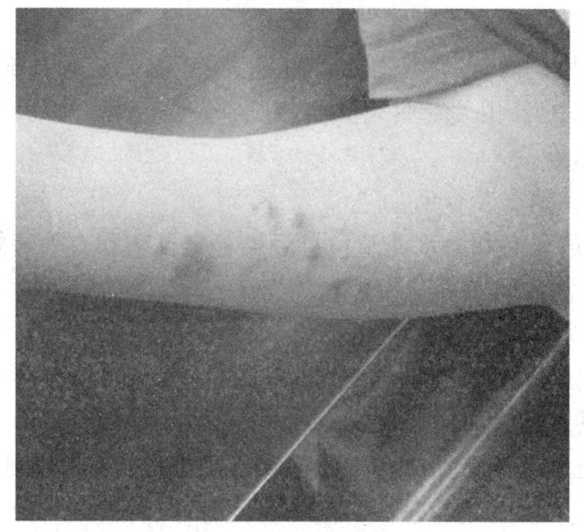

图 II-1-17　被水母蜇伤的皮肤

（安鑫龙拍摄，2016）

三、大型致灾水母暴发防控对策

（一）预防灾害发生

预防致灾水母暴发是个复杂问题，涉及多方面因素。

1. 加强大型水母灾害知识宣传教育，避免人身伤害

沿海地区各级政府相关部门、社会团体和涉海高校要积极组织海洋、环境、渔业等专业人员成立志愿服务团队，参加各项社会活动和志愿者活动，如夏秋季在滨海旅游区和海滨浴场向民众和旅游者发放相关材料，在旅游区海滨浴场设立水母蜇伤救护站、设立警示牌（图 II-1-18）、播放安全警示广播、建立水母防护网具等。

图 II-1-18　秦皇岛市山海关老龙头景区水母警示牌

（安鑫龙拍摄，2019）

2. 制定大型水母暴发处置应急预案

沿海地区各级政府协调海洋、环境、气象、渔业、医疗和旅游等各部门建立联动机制，成立应急领导小组和办公室、配备相关专业人员、制定水母灾害应急预案，及时监测近岸海域水母动态、发布水母灾害信息等。

3. 预防和有效缓解海水富营养化

减少陆源污染物排放入海和海水养殖自身污染等是预防和有效缓解海水富营养化的重要途径，详见本章“第三节 海水富营养化调控对策”。

4. 严格控制外来水母入侵

外来水母入侵在我国尚未报道，但自20世纪80年代以来，世界各海域已发生多起水母成功入侵的实例，应引起我们注意。

5. 加强大型水母发生规律的基础研究，进行相关环境因素的常规监测，建立监测预警体系

加大对大型水母生活史、各发育阶段时间和空间分布、种群数量时空变化规律及其与外界环境因子（水温、盐度、营养盐和海洋捕捞量）变化的相关关系等基础性调查研究，摸清其产卵和水螅体栖息地分布，弄清其繁殖和生存策略；查清大型水母的漂移轨迹和附近海域分布，进行水母幼体捕食者的增殖放流工作；利用船舶监测、遥感监测、浮标监测和渔业市场调查等手段随时收集大型水母分布情况，便于预警预测和信息发布。

（二）应急处置措施

1. 物理处置

（1）船舶打捞

大型水母在一定时间内数量迅速增多是水母暴发的外在表现，面对突发的大量水母，传统的船舶打捞方式仍是大型致灾水母暴发的首选应急处置措施。出动船只后使用定置网、拖网等进行拦截、打捞，打捞上岸后，可根据其食用性和经济价值等进行加工制作或者陆域掩埋处理。水母船舶打捞和大型海洋有害藻华打捞一样，需要动用大量人力、船只和时间，成本较高。

（2）机械绞碎

由于船舶打捞成本较高，尤其当经济价值低廉的大型水母暴发时更甚。这时，可以采用机械绞碎的方式将其弃之大海。需要注意的是，机械绞碎应在水母性成熟之前进行，性成熟之后不可盲目进行绞碎以免来年再次水母暴发。机械绞碎相对于船舶打捞而言简便易行、效率高，但是面临大量水母残体分解危害海洋环境的重大风险。

（3）搭建拦截网

为避致灾水母侵入水上赛区、游泳区、养殖区等特定海区，可在这些海区周围搭建拦截网将其拦于区域外，保障水上比赛和游泳活动等顺利进行、避免养殖生物遭到威胁。若经济条件许可，可根据水母漂移轨迹扩大拦截范围，将肇事水母拦截于近岸水体外，然后组织打捞用于资源化利用。

2. 化学处置

理论上来说，化学药物是处置水母的最有效方法，如在水母斑块自然海域、水母拦截海域以及水螅体附着物上施药可有效控制水母数量。但是切记若施药不当，化学药物的二次污染可能对海洋环境和生态造成一定危害。柳岩等（2017）报道，由多种植物活性皂苷提取物组成的生物药剂“海鞘清”对大型水母具有明显的杀灭效果而对其他生物基本无影响，可用于水交换条件较好的海域。

3. 生物调控

捕食水母的常见海洋生物是海洋鱼类、海洋头足类、海龟和海鸟。2017 年日本国立极地研究所等机构发现，即使在有其他食物的情况下，生活在南半球的企鹅也会经常捕食水母。上已阐述，渔业资源衰退（包括捕食水母的海鱼和海龟）为水母清除了天敌和食物竞争者，是水母旺发的重要原因之一。因此，维持海洋生态系统结构和功能稳定，构建健康海洋生态系统尤为重要。

（三）综合开发利用大型水母资源

我国海域重要的食用水母包括海蜇、黄斑海蜇、野村水母、叶腕水母和拟叶腕水母等五种，其中可形成捕捞生产的只有海蜇和黄斑海蜇，其他种类作为兼捕对象。加强大型食用水母储藏和深加工技术研究，开发养生保健食品等新产品，对其进行多方面综合利用是十分必要的。野村水母和白色霞水母是我国沿岸水母蜇伤的主要致灾种，要积极开展其药用价值等研究，冯金华等（2015）研究发现白色霞水母刺细胞毒素对烟草花叶病毒（TMV）具有很强的直接钝化作用，其抗植物病毒活性值得深入研究。

第七节　海洋缺氧防控

一、海洋缺氧

自 20 世纪 60 年代以来，世界范围内近海低氧区的面积呈指数增长，暴发频率和持续时间日益增加，已经成为威胁海洋生态系统健康的重要因素之一。目前来看，在一些海区正在形成缺氧现象，部分已形成缺氧的海域进一步恶化为持久性缺氧甚至无氧。

（一）海洋缺氧的概念

海洋缺氧现象（Marine hypoxia）又称海洋低氧化，是指海水中低溶解氧现象或海水中溶解氧浓度下降的现象。一般认为，当海水中溶解氧含量低于 3 $mg \cdot dm^{-3}$ 时标志着海水已出现缺氧现象；海水中溶解氧含量低于 4 $mg \cdot dm^{-3}$ 时称为低氧；海水中溶解氧含量低于 5 $mg \cdot dm^{-3}$ 时，就能对海洋生物产生不利影响。一般来说，当氧的浓度低于 2 $mg \cdot dm^{-3}$ 时，生物体便会发生窒息现象，对于不同生物体而言，其达到窒息的氧浓度可能不同。

（二）海洋缺氧的原因

海洋中溶解氧的来源主要有大气复氧和浮游植物光合作用两方面，海洋中溶解氧消耗主要有生物呼吸作用、有机物的分解耗氧、无机物的氧化作用和底泥耗氧等过程。缺氧实际上就是溶解氧消耗大于补给过程的持续。

1. 海水升温

人类活动及矿物燃料的使用导致大气 CO_2 浓度升高从而导致全球变暖并引起海洋升温。海水升温后加速了水体和底泥有机物的生物降解，加大了海水中溶解氧的需求。另一方面，在压力、盐度一定时，海水升温引起 O_2 溶解度降低。

2. 上层海洋层化

缺氧现象可以天然发生于河口地区和沿岸较深水层。夏季水温较高时，底层海水温度低、密度大，表层海水受热飘浮于底层海水之上。因水体中形成稳定的密度梯度，限制了表层与底层海水之间的混合。因此，大气中的氧气和植物光合作用释放的氧气无法到达底层用以补充因有机质分解消耗的溶解氧，于是就产生了底层缺氧现象。只有秋季来临表层水温降低后，剧烈变化的天气过程破坏了水体中的密度梯度，使正常的氧气交换得到恢复时，缺氧现象才得以有效缓解。世界许多河口都存在季节性缺氧的现象，并且低氧出现的频率、范围、持续时间、强度都有明显上升的趋势。

3. 径流和上升流

径流冲淡水除了可以在河口区形成温盐跃层限制表底层的水体交换补充溶解氧外，还携带大量陆源有机物和含氮物质等进入海水中。大量陆源有机物进入海水后需要消耗大量溶解氧进行氧化分解。大量含氮物质输入可造成缺氧，含氮物质中的氨类在被细菌硝化过程中可消耗大量溶解氧；海水富营养化导致浮游藻类大量繁殖，待藻类死亡后被腐生菌分解过程中消耗大量溶解氧。上升流携带底层富含营养盐的水体上升，加剧了海水富营养化并可促使浮游藻类大量繁殖形成赤潮，其残体分解需要消耗大量溶解氧，同样藻体衰亡后沉降到海底并进行矿化分解消耗大量氧气，同时夏季温盐跃层的出现限制了表层溶解氧向底层扩展，由此导致底部缺氧进而形成低氧区。因此，赤潮暴发可能对低氧区的形成和发展起重要作用。陆源营养盐入海通量增加，在河口和近岸海域导致的富营养化现象，被认为是低氧区扩大的关键原因。

4. 海洋生态灾害

海洋有害藻华和大型致灾水母暴发等海洋生态灾害导致大量生物残体进入海水和沉积物，残体分解消耗大量溶解氧而引发缺氧现象。

综上所述，海洋缺氧是由于升温引起的海水 O_2 溶解度降低，上层海洋层化加重导致的表层向深层 O_2 输送量减少，以及富营养化导致的海洋生态灾害与生物耗氧量的增加等诸多环境变化叠加所致。目前来看，季节性缺氧或持续性缺氧现象在许多沿海水域时有发生，全球海洋低氧化已出现，且缺氧区不断扩展。如我国长江口和珠江口邻近海域及黄、渤海部分近岸海区底层水体缺氧问题逐渐显现。低氧区的存在对海洋生态系统及生源物质的生物地球化学循环过程等具有重要影响。

二、海洋缺氧防控对策

（一）减少营养盐输入量

建立城镇雨水储存系统，减少地表径流携带氮磷进入海洋；减少营养盐进入入海河流，减少径流冲淡水携带氮磷进入海洋。这些都可以缓解海水富营养化和微型藻类藻华发生，从而有效预防海水溶解氧降低。

（二）减少有机物质输入量

减少入海河流和地表径流的有机物质的输入量，缓解有机物氧化分解耗氧量，从而有效预防海水溶解氧降低。

（三）养殖大型海藻

大型海藻能够吸收海水中氮磷等营养盐，净化水质并减少 DO 消耗；吸收固定 CO_2，缓解海水酸化；进行光合作用，增加海水中 DO。因此，养殖大型海藻一举多得，可有效缓解海水 DO 降低。汤坤贤等（2005）研究了筏架吊养龙须菜对富营养化海水的生物修复作用，结果显示龙须菜可以提高水中 DO 浓度 3 倍以上，使缺氧的海水达到过饱和状态。

（四）调节水流与海水循环

使用海水泵等强化表层水与底层水的混合，减少淡水径流导致的强烈层化作用。

（五）海洋生态灾害有效预防与应急处置

海洋有害藻华和大型致灾水母暴发等海洋生态灾害是引发海洋缺氧的重要因素之一，做到有效预防和应急处置是降低灾害的关键所在。

第八节 海洋生物污损防控

海洋生物污损是一个全球性的问题。近年来，随着海底石油、海底矿产、海水养殖、海水淡化、海洋发电等行业的迅速发展，海洋生物污损现象也越来越受到人们的重视。海洋生物污损已成为制约海洋经济发展和维护海防安全的技术瓶颈之一，是国内外海洋领域都亟待解决的问题。

一、海洋生物污损和海洋污损生物

（一）海洋生物污损

海洋生物污损（Marine biofouling）是指海洋污损生物（Marine fouling organisms）附着在船底或海洋人工设施上造成的危害（图 II-1-19）。

图 II-1-19 香港榕树澳附近海域渔排设施上海洋生物污损

（安鑫龙拍摄，2016）

（二）海洋污损生物

1. 海洋污损生物的概念

海洋污损生物又称为海洋附着生物或海洋污着生物，是指附着丛生在海中船底和其他人工设施等海洋结构物表面并导致其损坏或产生不良影响的一切海洋动物、海洋植物和海洋微生物的总称。

2. 海洋污损生物的种类

一般认为，凡是营固着生活、附着生活以及部分营活动性生活的物种都有可能在海中人为设施上生长而成为海洋污损生物。也就是说，在海洋中从单细胞的细菌、硅藻到多细胞藻类和许多动物类群都可能成为海洋污损生物。根据海洋污损生物个体大小，将其分为微型海洋污损生物和大型海洋污损生物两大类。黄宗国（2008）将我国沿海最主要的污损生物划分为细菌、硅藻、红藻、绿藻、海绵、水螅、海葵、管栖多毛类、管栖端足类、双壳类软体动物、蔓足类、苔藓虫和海鞘等十三大类。例如肠石莼、扁石莼、旺育石莼和长石莼等绿潮藻类能够附着在船底、浮标、缆绳、浮动码头和养殖浮筏、网箱等的水线带，假设这些绿藻长期附着在螺旋桨上会造成电机老化、耗能增加而造成一定经济损失。

需要注意的是，海洋污损生物不包括岩相潮间带和海底自然生活的固着生物，也不包括海水养殖对象中固着或附着生物种类。但是，一旦这些生物生长在海中船底和其他人为设施表面就成为了污损生物。

3. 海洋污损生物群落中成员的生活方式

海洋污损生物群落中成员的生活方式分为固着生活、附着生活和自由活动生活三大类。其中，固着生活和附着生活的种类是生物群落的主要成员，它们有三个共同点：成体营固着或附着生活，生活史中有自由生活阶段，除腔肠动物等个别种类外绝大多数动物的摄食方式为滤食。自由活动生活的种类一般个体不大，它们在群落中栖息或觅食。

二、海洋生物污损的危害

船舶和其他人为设施入海后，一般经过基膜形成、生物膜形成、小型污损生物附着和大型污损生物附着等过程后形成稳定的海洋污损生物群落（图 II-1-20）。这些污损生物可对海岸工程、海上工程、船舶、仪器设备和海水养殖设施等造成严重危害及巨大经济损失，全球每年由海洋生物污损所造成的经济损失高达近百亿美元。海洋生物污损的危害主要分为以下几类。

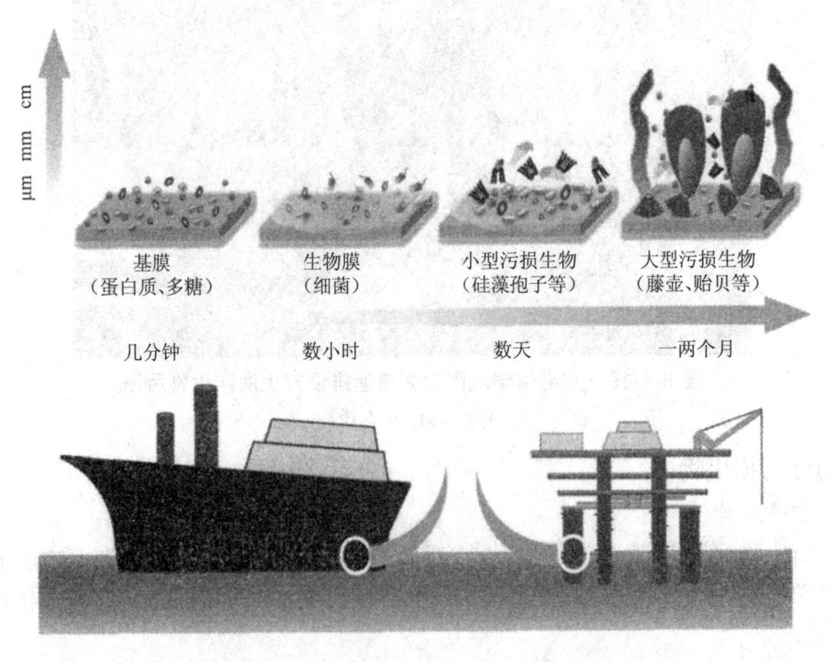

图 II-1-20　海洋生物污损形成过程示意图

（引自谢庆宜等，2017）

（一）加速金属材料腐蚀

海洋污损生物附着在金属材料上后，通过以下途径加剧金属材料腐蚀：硫酸盐还原细菌和铁细菌等微生物作用；破坏金属表面涂层造成金属裸露；具石灰质外壳的污损生物覆盖金属表面后，改变金属表面局部供氧形成氧浓差电池；海藻光合产氧增加水中溶解氧浓度等。

(二)影响船舶和其他设施正常使用

海洋污损生物附着船体后增大行进阻力、降低航行速度、腐蚀基体材料、增加油耗等航运成本和温室气体排放量等,海洋污损生物附着后能够堵塞各种管道、阀门、冷却设施管口,造成海水中仪表和转动机构失灵,影响声学仪器、浮标、网具、阀门等设施正常使用,缩短设备服役期,给海洋环境监测设备、海洋牧场设施和采油平台等海洋工程装备以及海水蓄能电站、核电站和潮汐发电机组等重大设施等正常运行带来不利影响甚至安全隐患。

(三)影响海水养殖业

海洋污损生物附着网笼、网箱和浮筏等海水养殖设施后,堵塞网衣网眼、阻碍水流交换,加速网笼老化,影响养殖生物的摄食和呼吸、导致养殖环境恶化等。另一方面,海洋污损生物和养殖生物竞争饵料、附着在养殖贝类贝壳上影响其滤食和呼吸、与养殖贝类争夺附着基等。总之,海洋生物污损给海水养殖设施和养殖对象带来双重危害,严重时导致设施损坏和鱼虾等死亡。

(四)引发海洋生物入侵

随着海洋船运业发展,附着在船体的海洋污损生物在适宜条件下会入侵到船舶途径海域或停靠海域引发海洋生物入侵。因此,关注船舶压舱水引发海洋生物入侵风险的同时也要关注船体污损生物带来的海洋生物入侵风险。

三、海洋生物污损的防控对策

海洋污损生物种类多样、分布广泛。据估计,我国海域的污损生物远远多于 2 000 种;不同海域、不同季节适宜生长繁殖的污损生物不尽相同。因此,形成的海洋污损生物群落千差万别,给海洋生物污损的调控带来一定困难。面对无处不在的海洋生物污损现象,预防其发生是首要任务。

(一)预防海洋生物污损

防除生物污损称为防污(antifouling)。预防海洋生物污损发生的前提条件就是使用防污入海材料、防污处理入海材料(防污涂层)或者处理船体和水下设施周围水体,避免污损生物附着产生危害。

1. 使用防污入海材料

入海材料要保证其防污和(或)防锈才能使制造的船体和水下设施保持正常工作状态和一定寿命。

2. 防污处理入海材料

防污处理入海材料又称防污涂层,即在船体和水下设施表面涂覆涂料(图 II-1-21)。防污和防锈是铁壳船和海中铁质构件必须同时解决的问题,所以铁壳船船底涂料包括防锈涂料、中间涂料和防污涂料。对于木壳船要涂覆防船蛆等钻孔生物的防污涂料。需要注意的是,要使用环境友好型防污涂料,最大程度上降低对海洋环境和生态的不良影响。例如早期使用的三丁基锡和三苯基锡等有机锡防污涂料对船体有较好的防污效果,但因对海洋环境和生态影响很大已于 2003 年被禁用。目前,已从多种海洋生物和陆生生物中获得了一系列如甾醇类、萜类、肽类、生物碱类、吲哚类化合物等具有抗海洋生物污损附着活性的天然产物,有望用于防污涂料生产。

图 II-1-21 渔船防污涂层

（安鑫龙拍摄，2018）

3. 处理船体和水下设施周围水体

在防污涂层困难的情况下，可直接处理周围水体防止海洋污损生物附着。如我国在 20 世纪 80 年代中期已普遍将电解海水防污装置应用于船舶、滨海电厂等海水管道系统。所谓电解处置就是利用电解生产的化学物质（氯气和次氯酸等）抑制海洋污损生物生长或直接将其杀死。对固定海域或水下设施，可直接在海水中投入具有防污作用的化学物质（液氯和次氯酸钠等）抑制海洋污损生物生长或直接将其杀死。

（二）海洋生物污损处置

长期在海洋中作业的船舶和机器设备等很难不受到海洋污损生物附着。人们在实践过程中采取了以下三大类方法用于海洋生物污损处置。

1. 物理处置方法

物理处置方法就是利用包括力、热、声、光和电等物理手段去除海洋污损生物的方法。

（1）机械清除法

机械清除法就是借助合适的设备，人工（图 II-1-22）或使用水下机器人清除船体和水下设施表面的海洋污损生物。该方法是传统方法，优点是操作简单、成本低，对较小面积表面和较大无脊椎生物等效果显著；缺点是效率低、易损坏船体表面以及清除后船体易再次附着污损生物。

（2）空化水射流技术

空化水射流技术是近年来备受关注的防污方法之一，利用空化原理在高压喷射出来的水射流中诱发空泡，适当控制喷嘴出口截面与清除表面之间距离，使空泡在运动过程中长大并在射流冲击的清除表面上溃灭，从而达到清除污损生物的目的。该技术是为进一步提高清污效率、在高压水射流基础上引申出来的一种新型技术，对清除表面无破坏作用、清除效果较好，具有较好的应用前景。

（3）其他方法

超声波法和紫外光照射法对海洋污损生物有一定清除效果，目前还没有得到广泛应用。

图 II-1-22　人工清除船底附着的藤壶

（安鑫龙拍摄，2018）

2. 化学处置方法

化学处置方法就是利用化学物质毒杀去除船体和水下设施表面的海洋污损生物的方法，如熟石灰等是常用化学物质，该方法是目前使用最广的方法。

3. 生物处置方法

生物处置方法就是采用生物活性物质作为防污剂来减少海洋污损生物不良影响的方法。已知多种红藻、褐藻、海绵和珊瑚等海洋生物可产生对海洋环境和生态无害、具有强防污活性的代谢产物。例如，苏志维等（2018）从北部湾两种柳珊瑚 *Anthogorgia caerulea* 和 *Menella kanisa* 提取物中分离出 5 种具有开发成海洋抗污剂潜力的化合物。今后，寻找新型、高效、低毒或无毒的抗污损活性物质是重要的发展方向。

第九节　海洋生物入侵防控

外来海洋物种入侵已成为继海洋栖息地破坏之后世界海洋生态环境面临的第二个重大威胁。海洋生物入侵成功后，不仅可对入侵地造成巨大经济损失，还会产生严重的生态和进化后果，入侵种可以直接或间接方式降低入侵海域的生物多样性，导致海洋生态系统结构和功能发生改变，加剧海洋生态灾害，并最终导致海洋生态系统退化从而降低其生态功能。

一、海洋生物入侵

大量海水养殖品种有意引入和传播，全球贸易与海运业迅速发展导致船舶压载水中携带的大量海洋生物和病原体随船舶航行传播到世界各地，通过这些有意和无意引入途径导致的海洋生物入侵（Marine biological invasions）严重威胁本地海洋生物多样性、引发海洋生态灾害、危害海洋生物和人类健康以及造成巨大经济损失，已成为一个越来越引起政界、科学界和社会公众所关注的生态学问题，甚至被认为是21世纪最棘手的环境问题之一。海洋外来生物入侵、海洋污染、渔业资源过度捕捞和生境破坏已成为世界海洋生态环境面临的四大问题。我国引入的最典型海洋生物入侵种大米草（*Spartina anglica*），自20世纪60年代引入后，表现出良好的滩涂改良作用，但它会严重排挤其他物种，干扰甚至威胁当地生态系统，如入侵成功成为优势种群后可严重破坏红树林生态系统。又如米氏凯伦藻（*Karenia mikimotoi*）首次于1935年在日本京都Gokasho湾被发现，通过船舶压载水的方式已经入侵至澳大利亚、北欧各国、新西兰，以及我国香港地区等海域，并引发多次大规模赤潮，使入侵海域渔业大范围受损。

二、我国海洋生物入侵种

林更铭等（2017）出版的《中国外来海洋生物及其快速检测》一书收录了我国外来海洋生物141种，其中有意引进的外来海洋生物106种，入侵海洋生物23种。中国外来入侵物种数据库收录了如下海洋生物入侵种类：虹鳟（*Oncorhynchus mykiss*）、美洲红点鲑（*Salvelinus forntinalis*）、斑点海鳟（*Cynoscion nebulosus*）、玻璃海鞘（*Ciona intestinalis*）、凡纳滨对虾（*Penaeus vannamei*）、象牙藤壶（*Balanus eburneus*）、纹藤壶（*Balanus amphitrite amphitrite*）、沙筛贝（*Mgtilopsis sallei*）、海湾扇贝（*Argopectens irradias*）、日本盘鲍（Haliotis discus discus）、中间球海胆（*Strongylocentrotus intermedius*）、多室草苔虫（*Bugula neritina*）、华美盘管虫（*Hydroides elegans*）、红海束毛藻（*Trichodesmium erythraeum*）、裙带菜（*Spartina alterniflora*）、反屈原甲藻（*Prorocentrum sigmoides*）、球形棕囊藻（*Phaeocystis Pouchetii*）、斑点海链藻（*Thalassiosira punctigera*）、大米草、互花米草（*S. alterniflora*）、副溶血弧菌（*Vibrio Parahaemolyticus*）、白斑综合征病毒（White spot syndrome virus，WSSV）、桃拉综合征病毒（Taura syndrome virus，TSV）、传染性皮下及造血器官坏死病毒（Infections hypodermaland haematopoietic nerosis viurs，IHHNV）、传染性造血组织坏死病毒（Infectious hematopoietic necrosis virus，IHNV）、肝胰腺小DNA病毒（Hepatopancereatic parvovirus，HPV）、鲑疱疹病毒（Herpesvirus salmonis，HS）、中肠腺坏死杆状病毒（Baculoviral midgut gland necrosis type viruses，BMNV）、黄头杆状病毒（Yellow head baculovirus，YHV）、斑节对虾杆状病毒（Penaeus monodon baculo virus，MBV）、淋巴囊肿病毒（Lymphocystis disease virus，LCDV）、大菱鲆红体病虹彩病毒（Turbot reddish body iridovirus，TRBIV）、鲑鱼传染性胰脏坏死病毒（Infectious pancreatic necrosis virus in trout，IPNV）等海洋动物、海洋污损生物、潮间带滩涂植物、海藻和微生物等。

三、海洋生物入侵防控对策

海水流动是外来入侵物种二次传播的良好载体，入侵种具有扩散容易、检测困难、危害严重和不可恢复等特点，这些特点为海洋入侵外来种的控制、清除和管理增加了难度。因此，防患于未然至关重要。倘若一旦造成入侵，一定要在充分调研的基础上，根据实际情况进行对症下药、有效调控，否则将造成严重后果。

（一）积极预防

海洋生物入侵重在预防。一个物种的成功入侵是生物学、生态学和人类活动共同作用的结果。由于人类活动，使得一些不可能的生物入侵成为可能，使得一些原本需要几十年或更长时间才能形成的入侵在短时间内完成，或者使一些潜伏着的入侵突然暴发。因此，积极预防显得尤为重要。

1. 加强海洋生物入侵知识宣传教育

采取进企业、社区和学校发放海洋生物入侵危险性的安全教育手册等多种宣传教育方式，提高沿海省市政府有关部门和社会各界对海洋生物引进造成危害的认识,树立防范意识。

2. 依法引进国外海洋生物品种

《中华人民共和国海洋环境保护法》(2017)第二十五条规定:"引进海洋动植物物种,应当进行科学论证,避免对海洋生态系统造成危害。"对引进包括转基因海洋生物在内的海洋生物实行环境影响评价和引进风险评估,确保引进物种没有较大海洋生态负面影响之后方可实行规模化的引种与养殖。同时还要注意加强海洋生物及其制品检疫,在全面严格检疫和充分科学论证基础上,方可最后确认引进外来海洋生物是否适宜在我国自然海洋生态环境中进行增养殖,避免对海洋生态系统造成破坏。

3. 加强对引进海洋生物的管理

建立特定的海洋生态监测体系,对引进的海洋生物的种类、数量、分布及其对其他生物和环境造成的影响实行有效的跟踪监测。

4. 时刻监管、检疫无意引入途径如船舶压舱水携带等人类活动

船舶压舱水、海洋垃圾等无意引入随着国际贸易、对外交流和国际旅游等快速发展日益增加,船舶压舱水成为许多海洋物种入侵的主要途径,这就给我们提出了监管和检疫的更高要求。

5. 加强海洋动植物引种管理的国际合作,避免引发生物入侵

随着全球经济一体化进程的加快,入侵物种的危险性有增无减。通过国际交流与合作,学习和借鉴国外防范入侵物种的经验和教训,增强防范意识,避免引发生物入侵。

6. 将海洋生物监测作为常规监测项目是及早预防海洋生物入侵的重要基础

海洋生物监测的任务是查清海区生物的种类组成、数量分布和变化规律。将海洋生物监测作为常规监测项目,有利于及时发现海区生物种类组成、数量分布和变化规律的异常,监测结果为及早预防海洋生物入侵提供参考。

(二)调控对策

海洋生物入侵一旦发生,应立即采取有效措施予于清除。目前来看,采用以生物防治为主,辅以化学、机械或人工方法的综合体系是解决海洋外来生物入侵有效的方法。

1. 生物治理

一般来讲,海洋外来生物入侵种在原生长地无害,通过有意或无意的人类活动引入到新的环境后,在一定程度上摆脱了原有天敌和寄生虫等的危害以及相关物种的生态竞争,从而异常生长繁殖和扩散开来。因此,生物治理就是要引入特异性天敌用于控制海洋外来生物入侵种。但需要注意的是,引入任何生物种类都有一定风险,其对海洋外来生物入侵种的寄生性是否专一等需要认真探讨。

2. 物理方法

物理方法就是采用人工、机械等物理手段将海洋外来生物入侵种消除、打捞出海。对于成功入侵的海洋外来生物,其扩散能力强、破坏严重,采用物理方法治理往往需要投入大量人力、物力和财力方可取得显著效果,否则只能是杯水车薪。例如互花米草能够进行无性繁殖,其地下根状茎有较强的萌芽生根能力,同时又有较强的种子传播能力,因此繁殖扩散速度极快。当互花米草还处在初发阶段时,采用人工和机械连根清除、利用不透光线的纤维布或其他遮光材料对分布区进行遮盖、机械粉碎并深埋具再生能力的根等都是很有效的方法,倘若大面积零星分布或蔓延扩大后人工除草将非常困难。

3. 化学方法

化学方法就是采用化学试剂将海洋外来生物入侵种杀灭。上已述及，成功入侵的海洋外来生物扩散能力强、破坏严重。因此，同物理方法治理相似，化学方法往往需要投入大量人力、物力和财力方可取得显著效果，但是同时需要考虑的是化学试剂对海洋生态系统的二次污染问题。例如，可以采用漂白粉处理入侵海藻杉叶蕨藻（*Caulerpa taxifolia*）藻体，使其白化直至组织解体。船舶压舱水是造成地理性隔离水体间外来海洋生物传播的最主要途径，国际海事组织（IMO）已确认全球有500多种海洋生物是经由船舶压舱水传播的，有16种外来赤潮藻类通过船舶压舱水入侵到了中国海域，使我国面临着严重的外来海洋生物入侵和海洋疾病的威胁。近年来，利用羟基自由基（·OH）杀灭压舱水中有害藻华藻（包括营养细胞和孢囊）的研究日益增多，有望成为处理压舱水中有害藻华藻的有效方法，可以有效缓解化学试剂灭藻产生的二次污染问题。对于互花米草而言，施用连根杀死的除草剂是很好的化学清除方法。

4. 综合治理

综合治理就是综合采用物理方法、化学方法和生物方法控制海洋外来生物入侵种，发挥各种方法的有利作用，优势互补、避免产生二次污染和生态风险，实现对海洋外来生物入侵种进行有效调控。例如对于大米草的入侵危害，要研究开发生物防治和限制其扩散等的综合技术措施，减轻或根除其危害。

第十节 海水健康养殖新模式

近年来，海水养殖产业规模不断扩大，养殖方式也由半集约化向高度集约化发展，海水养殖自身污染（Mariculture self-pollution）问题日益突出，养殖水域有机污染和富营养化通常相生相伴。发展海水健康养殖（Healthy marine aquaculture， Healthy mariculture）新模式，能够有效减少海水养殖自身污染、缓解海洋酸化和提供优质海产品，对海洋环境、海洋渔业健康发展和人类健康均具有重要意义。

一、海水养殖自身污染

海水养殖自身污染通常是指由海水养殖引起的有机物和营养盐污染。

（一）污染类型

1. 营养物污染

海水养殖过程中，大量残饵、渔用肥料、养殖动物粪便等排泄物和养殖生物残骸等所含的N、P营养盐以及养殖区（池）的悬浮物和耗氧有机物等是主要污染物，这些营养物可能成为海水富营养化的污染源，导致养殖水体自净能力严重下降；这些污染物直接进入水体或沉入底质，加速了小区域的富营养化。

2. 药物污染

为了防止养殖水体生态破坏以及预防养殖动物疾病频发，养殖人员经常使用杀菌剂、杀寄生虫剂等防治水产动物疾病，使用杀虫剂、杀螺剂等消除敌害生物，此外还使用麻醉剂、激素、疫苗、消毒剂等药物，有时甚至人药鱼（虾）用，用药剂量越来越大，药物的毒性越来越强。由于不规范用药或药物本身的特点等原因使养殖水域出现药物残留进而对水域生态系统造成危害。国外学者发现在5个养鱼网箱的下面，底泥的四环素残留量为2.0~6.3 μg/mg，并可持续达7个月，这些抗生素的存在肯定会减弱养殖水体降解有机碳的能力。

3. 底泥富集污染

研究表明，水产养殖区底泥中C、N、P等含量明显高于周围水体底泥中的含量，而且底泥中经常有残饵富集，例如对虾的残饵、粪便沉积在池底形成有机污染，深度可达30~40 cm，且随池龄而增加。老化池塘中，残饵、粪便、死亡动植物尸体以及药物等有毒化学物质在底泥中富集更为严重。这样，底泥中的微生物参与反硝化和反硫化反应，产生NH_3和H_2S等物质，恶化水产动物的生存环境；另外，在适当条件下会释放氮、磷等到周围水体中去，促进藻类生长，引起水体的富营养化。虾塘底层残饵腐解会引起海水DO和pH值下降，导致海水缺氧和酸化。

（二）对滤食性贝类养殖海区自身污染形成起决定性作用的因素

①滤食性贝类的生物沉降作用和由此引起的养殖水域营养物滞留，造成该养殖区及邻近海域底质缺氧、水质恶化。

②滤食性贝类养殖区筏架对海流的阻碍作用造成水体交换和物质循环减慢。

③滤食性贝类养殖水体自身污染的形成和程度是以上因素和水文、气象等其他一些因素综合作用的结果。

二、海水健康养殖新模式

水产健康养殖（Healthy aquaculture）是指为防止暴发性水生养殖生物疾病发生而提出的从亲体选择、苗种生产，到养成阶段水质管理、饲料营养诸方面均有严格要求的养殖方式。海水健康养殖是指根据海水养殖对象（鱼、虾、贝、藻、蟹、参等）正常活动、生长、繁殖所需的生理、生态要求，选择科学的养殖模式，将健壮的海水养殖对象通过系统的规范管理技术，使其在人为控制的环境中健康快速生长的养殖方式。随着人们环境保护意识和食品安全意识的加强，为适应现代渔业的发展要求，以绿色、低碳、高效、清洁、无公害、可持续等为重要特征的海水健康养殖模式逐渐成为新世纪世界海洋渔业的发展主流。

（一）发展生态系统水平的海水养殖

生态系统水平的海水养殖（Marine aquaculture based on ecosystem level）包含健康养殖、生态友好、环境友好、水产动物福利、可持续发展等方面含义。发展生态系统水平的海水养殖业，是统筹“需求”、兼顾“可持续”的一种产业发展方式。解决日益增长的人类社会对海产品供应的需求与生态系统容量之间的矛盾，就必须走可持续发展之路。

海水养殖业发展对于满足社会日益增长的对优质海产品的需求是必不可少的，而只有将养殖活动完全纳入生态系统中进行管理，海水养殖业发展才符合理性。基于生态系统水平的多营养层次综合水产养殖（Integrated Multi-Trophic Qquaculture，IMTA）是近年来国际水产学界提出的一种健康、高效、可持续的海水养殖模式，包括多营养层次筏式综合养殖和多营养层次底播综合养殖两种主要形式。如大型海藻作为生物滤器能够吸收养殖动物释放到海水中的营养盐并转化为其自身生物量，同时兼具产氧、固碳和调节水体pH值等功能，反过来又可作为鲍和海胆等经济动物的饵料。

发展生态系统水平的海水养殖业主要遵循以下原则：海水养殖业发展必须考虑生态系统的结构、功能和服务特点，不能超过生态系统承载力而导致生态系统功能退化；不仅要考虑海水养殖业者，还要公平对待其他相关的资源使用者；海水养殖发展要同时兼顾、综合考虑其他相关产业；对土地、水域和生物进行综合管理，用公平方式促进这些资源的保护和持续利用；在保护、持续利用和公平分配资源利益等诸方面求得平衡。因此，发展生态系统水平的海水养殖，有利于海水养殖业持续发展，对维护海洋生态系统健康具有重要意义。

（二）发展碳汇渔业

海洋生物（包括浮游生物、细菌、海藻、盐沼和红树林等）固定了全球 55 % 的碳，海洋生物碳被称为“蓝碳”（Blue carbon）或“蓝色碳汇”（Blue carbon sink）或“海洋碳汇”（Marine carbon sink）。

渔业碳汇（Fisheries carbon sink）是指通过渔业生产活动促进水生生物吸收水体中的 CO_2，并通过收获把这些已经转化为生物产品的碳移出水体的过程和机制。海洋渔业碳汇（Marine fisheries carbon sink）是海洋生物“蓝色碳汇”的重要组成部分。相应地，把具有碳汇功能、可直接或间接降低大气 CO_2 浓度的渔业生产活动泛称为碳汇渔业（Carbon sink fisheries），具体包括藻类养殖、贝类养殖、滤食性鱼类养殖、增殖渔业、海洋牧场以及捕捞渔业等生产活动。所以，碳汇的过程和机制可以提高海水吸收大气 CO_2 的能力，从而为 CO_2 减排做出贡献。例如，藻类等海洋植物被公认为高效固碳生物：通过光合作用直接吸收海水中 CO_2 增加海洋的碳汇，促进并加速了大气中 CO_2 向海水中扩散，有利于减少大气中 CO_2。发展碳汇渔业，有利于降低海水中 CO_2 含量、缓解海洋酸化。

【思考题】

1. 影响海滩稳定性的因素有哪些？沙滩修复方式有哪些？
2. 海洋石油污染的危害有哪些？海洋石油污染的修复措施有哪些？
3. 海洋微塑料污染的危害有哪些？海洋石油污染的修复措施有哪些？
4. 海水富营养化的危害有哪些？海洋富营养化的防控措施有哪些？
5. 海洋有害藻华的危害有哪些？海洋有害藻华的防控措施有哪些？
6. 大型水母暴发的危害有哪些？大型致灾水母暴发的防控措施有哪些？
7. 海洋缺氧的危害有哪些？海洋缺氧的防控措施有哪些？
8. 海洋生物污损的危害有哪些？海洋生物污损的防控措施有哪些？
9. 海洋生物入侵的危害有哪些？海洋生物入侵的防控措施有哪些？
10. 海水养殖自身污染的类型有哪些？海水健康养殖新模式包括哪些？

第二章　海洋生物资源养护

海洋生境一旦受到污染和破坏，生境中的海洋生物的生存随之受到影响。加之渔船增长失控、长期过度捕捞、盲目捕大弃小等问题突出，致使海洋渔业资源急剧下降。就我国而言，海洋捕捞渔船数量世界之最，海洋捕捞产量连续多年排名世界第一。与20世纪80年代初期相比，一些主要海洋经济渔获物出现了小型化、低龄化和首次性成熟提前的现象，捕捞渔获物有从高经济价值品种向低经济价值品种转移的趋势。为了有效改善海洋生物资源严重破坏的现实，必须采取适当措施进行养护。海洋生物资源养护（Resource conservation）是指采取有效措施，通过自然或人工途径对受损的某种或多种海洋生物资源进行恢复和重建，使恶化状态得到改善的过程，是维持海洋生物多样性及其服务可持续利用的重要举措，是“蓝色粮仓”建设的重要组成部分。海洋生物资源养护主要包括海洋生物资源保护和海洋生物资源增殖两部分内容，海洋生物资源保护部分将在后面的第四章（海洋生态系统管理）中讲述，这里只讲述海洋生物资源增殖部分。

海洋生物资源增殖从狭义上讲是指用人工方法向特定海域投放鱼、虾、蟹和贝等海洋生物的幼体、成体或卵等以增加种群数量，改善和优化海域的海洋生物资源群落结构，从而达到增殖海洋生物资源、改善海域环境、保持海洋生态平衡的行为，即海洋生物资源增殖放流。广义而言，海洋生物资源增殖还包括向特定海域投放附卵器、人工鱼礁（人工藻礁）等装置实现海洋生物资源的自我补充以及保护野生种群繁殖等间接增加海域种群资源量的措施。从海洋渔业角度来讲，加强沿海人工鱼（藻）礁、海藻（草）场和海洋牧场建设，既能使重要渔业水域得到有效保护，为鱼类生产、繁殖和索饵创造良好的栖息环境，又能逐步恢复渔场生态功能，意义重大。

第一节　海洋生物资源增殖放流

目前，实施海洋生物资源增殖放流是最直接、最根本的海洋生物资源恢复措施。为缓解海洋渔业资源衰退状况，海洋渔业资源增殖放流成为最早的海洋生物资源增殖放流形式。海洋生物资源增殖放流分为放流增殖、移植增殖和底播增殖三类。

一、海洋生物资源增殖放流的概念

海洋生物资源增殖放流（Stock enhancement）是一项通过向特定海域投放鱼、虾、蟹和贝类等亲体、人工繁育种苗或暂养的野生种苗来恢复海洋生物资源、改善海域生态环境、保护海洋生物多样性、提高渔民收入、维护渔区社会稳定的重要手段。海洋生物资源增殖放流可以根据是否将放流苗种投放于原栖息海域分为两类，一类是将放流苗种投放于原栖息海域以恢复衰退的资源为目的；另一类是将苗种投放到非原栖息地水域通过改变当地海域的渔业资源种类组成，以提高渔业经济效益为目的，即移殖放流。当前，国内外海洋生物资源增殖放流采取的主要方式为前一类，即将苗种投放于原栖息地海域。

海洋生物资源增殖放流工作兴起于19世纪末期，美国、日本和西欧一些国家尝试通过人工投放种苗方式增加自然水域的野生种群资源量。我国渔业资源增殖放流工作始于20世纪50年代末,较兴起于19世纪末期国际海洋生物资源增殖放流工作来说起步相对较晚,但发展较快。从20世纪70年代后期开始,为了恢复天然水域渔业资源种群数量,我国首先在黄渤海水域开展了中国对虾增殖放流技术的研究,随后在沿海及内陆水域都开展了一定规模的渔业资源增殖放流技术研究,海水增殖品种有中国对虾、长毛对虾、扇贝、梭子蟹、海蜇、海参、菲律宾蛤仔、魁蚶、乌贼等;其中,菲律宾蛤仔、文蛤、虾夷扇贝、毛蚶、魁蚶、鲍鱼和海参等的增殖放流通常称为底播增殖,可根据实际情况采用水上播苗法和水下底播法进行播苗,金乌贼(*Sepia esculenta*)和曼氏无针乌贼(*S.maindroni*)等可采用移植增殖的方式,即待乌贼笼生产结束后,把附着有乌贼卵的乌贼笼收集起来集中投放至安全海区保护孵化,以达到增殖乌贼资源目的。目前,我国的四大海域已全部开展增殖放流工作。据统计,我国"十一五"期间,全国累计投入水生生物增殖放流资金约20亿元,放流各类苗种约1 000亿单位;据不完全统计,截至2016年,中国向海洋投放各种鱼虾蟹贝等经济水生生物种苗早已超过1 200亿尾(粒),投入资金超过30亿元。

二、海洋生物资源增殖放流过程

目前来看,海洋生物资源增殖放流过程(图 II-2-1)包括以下几个方面:查明野生海洋生物资源群体衰退原因、科学制订增殖放流策略、选择增殖放流种类、增殖放流(图 II-2-2)、放流水域生态系统结构和功能的动态监测(放流群体适应性管理)、放流群体回捕、增殖效果评价(图 II-2-3)。下面仅就其中的增殖放流种类选择和标记以及增殖放流效果评价两个方面加以介绍。

增殖放流种类选择是保证增殖效果的重要环节,在查明野生海洋生物资源群体衰退原因的基础上,选择放流海域适宜的生物种类尤为重要。2016年,农业部发布了《关于做好"十三五"水生生物增殖放流工作的指导意见》,确定了全国适宜放流物种共230种,其中海水物种52种。目前我国海洋生物资源增殖放流的主要种类包括中国对虾、海蜇、扇贝、海水鱼类、石珊瑚等,其中,中国明对虾(*Fennerpopenaeus chinensis*)、三疣梭子蟹(*Portunus trituberculatus*)、海蜇(*Rhopilema esculentum*)、大黄鱼(*Larimichthys crocea*)、牙鲆(*Paralichthys olivaceus*)、许氏平鲉(*Sebastes schlegelii*)、真鲷(*Pagrus major*)、黑鲷(*Acanthopagrus schlegelii*)等。增殖放流种类投放海域后,科学区分放流群体和野生群体是最终准确评估增殖放流效果的基础,同时也是目前困扰增殖放流效果评价的主要难题。为进行区分,目前采用的手段主要是对放流种群进行标记。应用于放流的海洋生物标记方法主要包括实物标记、分子标记和生物体标记3大类型,根据具体情况灵活使用。我国海洋生物资源增殖放流实践过程中逐步应用了挂牌、剪鳍、入墨、植入式荧光标记、编码金属线等多种标记手段对海洋生物群体迁移路线和增殖放流回捕率等进行了评估。

增殖放流效果评价是海洋生物资源增殖放流工作中一项十分重要且必不可少的工作环节,评价结果既是考核增殖放流效果的重要依据,又能为指导后续增殖放流规划提供重要参考。如上所述,想要得到准确的增殖放流效果,应进行标记放流。因此,目前评估的主要方法是对放流种类采用标记放流 - 回捕分析技术。具体来讲,应从经济效益、生态效益和社会效益三个方面构建增殖放流的评价体系并进行全面的分析评价(图 II-2-3)。

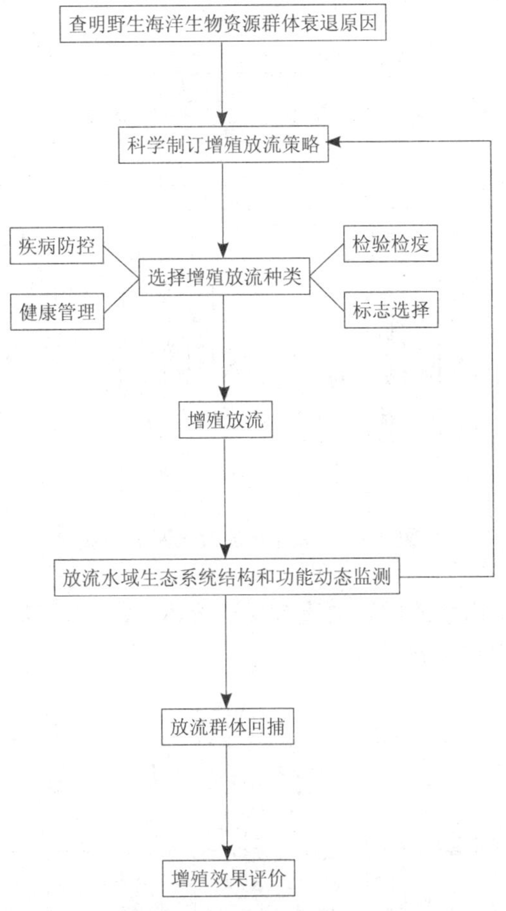

图 II-2-1　增殖放流过程

（安鑫龙绘制，2019）

图 II-2-2　海洋生物资源增殖放流

（引自浙江大学海洋学院，2017）

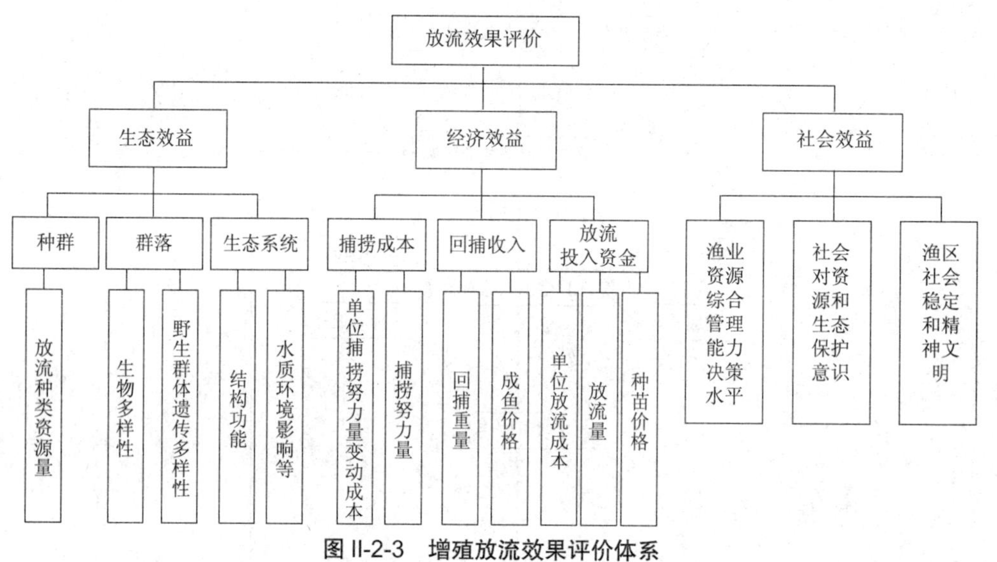

图 II-2-3　增殖放流效果评价体系

（引自李陆嫔，2011）

李陆嫔等（2011）根据构建的增殖放流效果评价体系，建立了基于该体系的增殖放流管理框架（图 II-2-4），以指导增殖放流工作顺利进行。

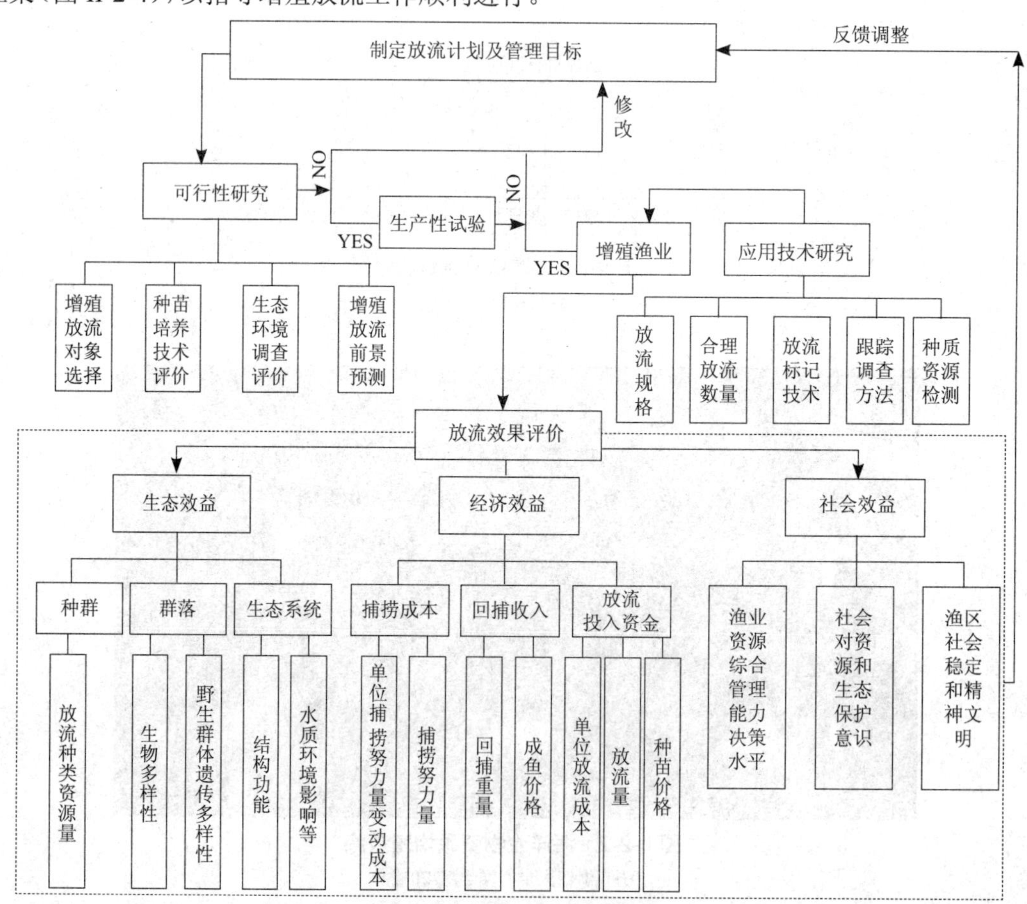

图 II-2-4　增殖放流管理框架

（引自李陆嫔，2011）

三、海洋生物资源增殖放流应注意的事项

纵观海洋生物资源增殖放流历史发现，成功的增殖放流案例相对较少，仅日本对大麻哈鱼（*Oncorhynchus keta*），中国对海蜇（*Rhopilema esculentum*）和中国对虾（*Penaeus chinensis*）等少数种类进行的人工放流取得了显著效果。我们要汲取失败的教训，总结成功的经验，在实践过程中不断探索和完善科学有效、负责任的海洋生物资源增殖放流工作。

（一）查明野生海洋生物资源群体衰退的原因

造成近海生物资源衰退的因素很多，诸如过度捕捞、水体污染、气候变化和生境破坏等，区分并有效控制这些干扰因素的影响是恢复受损生物资源群体的必要前提。在不能有效控制外界干扰的情况下，仅凭增殖放流无法实现资源恢复的预期目标。

（二）合理选择增殖放流种类，科学制订增殖放流策略，配套制订放流技术规程

根据放流水域的生态环境特点，选择合理的增殖放流种类。如河北省每年五至七月份进行增殖放流活动，主要增殖放流品种有中国对虾、三疣梭子蟹、海蜇、牙鲆、梭鱼、半滑舌鳎和滩涂贝类等。在进行规模化增殖放流之前，彻底认清对放流对象成活率影响的各种因素，科学制定增殖放流策略，选择合适的种类和数量、地点和时间、规格和结构进行放流，是取得最佳增殖效果的必要前提。由于不同放流对象在形态和生理特点上存在差异，因此在放流准备过程中和放流方式上，针对不同种类也应相应采取不同的放流过程管理模式，并制订严格的放流技术操作规程，具体包括放流对象的质量控制、运输工具和方法、标记物与标记方法、放流方式方法等内容。

（三）严格实施疾病防控和健康管理，全面加强增殖放流检验检疫工作

海洋生物资源增殖放流苗种从亲鱼培育到苗种孵化及整个养殖期建议采用绿色无公害标准化育苗技术，要求规格整齐、生物学体态特征健康。要从放流苗种的种质质量、数量及规格上层层把关，做到优种优质，这样才能保证放流任务的圆满完成。增殖放流要坚持“先检疫、后放流”的工作原则，未经检验检疫或经检验检疫不合格的海洋生物不得用于增殖放流。要求用于增殖放流的海洋生物生产单位应取得相关的增殖放流苗种管理办法。

（四）对增殖放流种类实施遗传资源管理

遗传资源管理目的是在扩增种群资源数量的同时，避免由于引入人工放流种苗而引发野生种类遗传适合度的降低和遗传多样性的丧失。即开展负责任海洋生物资源增殖放流，不仅要确保增殖对象的资源状况得以恢复，以满足持续开发利用的要求；同时还要确保野生资源群体的环境适应性、遗传资源多样性不会因投放人工繁育种苗而发生退化和降低。目前基因监测是实施遗传资源管理的主要手段，其监测过程应贯穿于实施增殖放流的全过程。

（五）掌握放流种类的生物、生态学特征是实施有效增殖放流的前提条件

某些增殖放流生物苗种在特定的生活史阶段，其对外界环境的要求较为苛刻，仅能生活在特定水域，若放流时苗种投放水域不能满足其特定的局部适应性要求，很难保证放流苗种的成活率。因此，在对放流物种生物、生态学特性了解不够充分的情况下，盲目实施增殖放流，难以达到预期效果。

（六）加强对放流水域生态系统结构和功能的动态监测

海洋生态系统是海洋渔业产业的母体，其结构和功能特征从某种程度上决定了各种群的生存空间，只有了解掌握增殖放流水域生态系统的特点，才能准确制定诸如放流时间、放流规模等增殖放流策略，否则难以取得成效。另一方面，充分考虑增殖水域生态系统的承受能力，

注重其结构和功能的维持与稳定，决不能以破坏水域环境和生态系统平衡为代价，片面追求增殖放流可能产生的经济效益。

（七）有效实施适应性管理

适应性管理是为了改善增殖放流工作质量的一种即时性管理，即放流责任方依据所获经验，可随时对增殖放流计划进行优化，以获取增殖效果最大化。

（八）加强放流群体的标记、回捕和评估技术研究，科学评价增殖效果

科学区分放流群体和野生群体是准确评估增殖放流效果的基础，同时也是困扰增殖放流效果评价的主要难题，准确应用标记手段跟踪放流群体是解决问题的有效手段。目前应用于海洋生物的标志方法主要有实物标记、分子标记和生物体标记3大类型。上述标记方法各有优、缺点，在应用于增殖群体的跟踪时，要根据实际情况以及调查目的和期限，选择合适的标记方法。例如，体外挂牌和剪鳍等方法通常只适合于规格较大的放流个体，若对放流种苗个体进行这些标志时通常易对其行为和生理活动产生负面影响，甚至还会造成炎症反应，从而在一定程度上影响放流个体成活率。合理构筑增殖放流效果评价体系是进行增殖放流效果评价的基础，应从生态效益、经济效益和社会效益多种角度阐述增殖放流效果评价所应包含的内容，放流效果评价应围绕规划预先设定的绩效指标进行量化评估，尽量避免模糊和通过增殖放流改善特定水域的生态环境等定性评价，以增加增殖放流效果评价的说服力。

（九）增殖放流应与其他渔业管理措施并举

就目前而言，造成海洋生物种群衰退的原因往往是多重的，可能来自栖息地丧失、捕捞过度、环境污染和气候变化等诸多因素。在实施增殖放流的同时，如不对这些影响因素加以控制，增殖放流则无法达到其预期的目的。因此，明确种群衰退生态系统破坏原因，加快制定与增殖放流工作相辅佐的配套渔业管理措施，将增殖放流与保护区、人工鱼礁、深水网箱建设等渔业资源养护措施相结合，降低管理成本，有效发挥渔业资源增殖放流的资源增殖和生态修复效果。

（十）建立"政府—企业—高校—科研机构"紧密联系的管理模式

海洋生物资源增殖放流工作涉及多学科和多部门，因此需要政府牵头，联合企业组织有关科研、教学、资源和环境监测等单位共同完成海洋生物增殖放流科学研究和应用技术研究，为增殖放流有效完成提供科学依据和技术指导。增殖放流过程中，增殖放流的政策规划需要政府主管部门负责制定；教学科研单位根据现有科研教学资源，发挥各自技术优势，对增殖放流的核心和关键技术进行多学科联合攻关；企业为增殖放流提供优良可靠的放流生物；环保部门对增殖放流水域进行监测及污染治理。在此基础上，坚持对政府成本和社会资本投入负责，最大限度地实现生态效益、经济效益和社会效益的三丰收。

第二节　人工鱼礁建设

人工鱼礁历史久远，我国是世界上最早开发利用鱼礁的国家。我国大陆地区人工鱼礁投放试验始于20世纪70年代末、80年代初的广西钦州，进入21世纪后，沿海各地人工鱼礁进入了大发展时期。

一、人工鱼礁的概念

人工鱼礁（Artificial reef）是指人们在海域中经过科学选址而设置的构造物，旨在改善海域生态环境，为鱼类等海洋生物的聚集、索饵、繁殖、生长和避敌提供必要且安全的栖息场所，以达到保护、增殖和修复海洋生物资源和改善海洋生态环境的目的。

之所以称为人工鱼礁，是因为最初设置人工鱼礁的目的是诱集鱼类、造成渔场、供人们捕获，而且是以鱼类为对象，所以又称为渔获性鱼礁；由于将鱼礁作为捕捞技术的副渔具用来诱集鱼类，造成渔场，进行捕捞，所以曾使用“渔礁”（Fishing reef）一词。随着人工鱼礁的发展，鱼礁不仅限于诱集鱼类进行捕捞，而且还为鱼类提供良好的生息、繁衍场所，起到保护、培育鱼类资源的作用，因此“鱼礁”（Fish reef）一词被采用。此后，鱼礁诱集对象和用途不断扩大，鱼、虾、蟹、贝、藻等均可被诱集和培育，投礁海域环境得到改善，因而人工鱼礁包括鱼类礁、藻类礁和贝类礁等，至 1988 年在美国召开的第 4 届国际人工鱼礁会议上把“人工鱼礁”正式改名为“Artificial habitat”，即我们所说的人工海洋生物栖息地。因此，人工鱼礁的概念随着人们对其使用、认识和研究的不断深入逐渐得到完善。目前，人们仍习惯于使用传统叫法“人工鱼礁”。

二、鱼礁块

鱼礁块又称为礁体，是人工鱼礁的基本材料。下面从鱼礁块大小、形状和材质等方面进行简要介绍。

（一）鱼礁块大小

鱼礁块大小主要是指高和宽，要根据鱼类等海洋生物的生物学特征和生活习性、投放海域环境（海流、波浪、水深、流速、底质等）、航船情况等进行设置。礁体过小过轻，容易在海流波浪作用下发生滑移或倾覆，过大过重则加大建设成本并可出现沉陷导致礁体失效。如日本多采用直径、高均为 1~1.8 m 的圆筒形和 1.5~4 m 见方正六面体礁块诱集鱼类；诱集底层鱼特别是鲷鱼的鱼礁宽度要大，高度只要 1 m 就够。

（二）鱼礁块形状和结构

根据鱼类等海洋生物喜欢洞穴的特点和投放海域环境，把鱼礁块制成各种各样的形状且尽可能有较多空隙和不同形状开口，如圆筒形、三角柱形、多面体形、箱体形、半球形、台形、漏斗形、平板形、十字形、梯形和星形等（图 II-2-5）。据报道，日本最常用的是空圆柱体（北部海区）和空六面体（其他海区）。空隙要根据鱼类等爱好设计，便于刺激和吸引其进入。对于只逗留在鱼礁周围或鱼礁上面的海洋生物（如鲐、鲹集在鱼礁上部）不在乎鱼礁有无空隙，但是最好留些空隙，因幼鱼喜欢在鱼礁里面生活。李磊等（2018）通过室内模拟试验研究了箱体礁、三角形礁和框架礁这 3 种不同构造的人工鱼礁对黑棘鲷（*Sparus macrocephlus*）的诱集效果，结果表明箱体礁模型对黑棘鲷的诱集效果最佳，但 3 种人工鱼礁模型对黑棘鲷的诱集效果之间不存在显著性差异，指出 3 种鱼礁对黑棘鲷的诱集效果差异可能由礁体模型的构造差异和黑棘鲷的习性共同决定。

（三）鱼礁块材质

人工鱼礁种类非常多样，最早期的鱼礁块材质是石块、木料、树枝，后来出现了钢筋混凝土、管道、玻璃钢材质，近年来废旧轮胎、废旧车辆、废旧军舰、石油平台，甚至是退役的航空母舰也能成为造礁的好材料。因此，鱼礁块材质经历了古老材料至新生材料、天然材料至人造材料的转型，一些废旧材料通过制作鱼礁块进入了循环利用。江艳娥等（2013）研究发现，不同材料类型的人工鱼礁其生物诱集效果存在差异：水泥类人工鱼礁生物诱集效果高于天然礁区的比率为 71.43%，油井类人工鱼礁生物诱集效果高于天然礁区的比率为 50%，舰船类人工鱼礁生物诱集效果高于天然礁区的比率为 100%。

人工鱼礁的选材，除了要综合考虑投放地点的底质、海况、生物种类等情况，还必须符合以下要求：

图 II-2-5 人工鱼礁模型示意图

（引自李磊等，2018；吴子岳等，2003；肖荣等，2015；许柳雄等，2010；于定勇等，2019；张海松，2015）

1. 功能性

功能性是指投放人工鱼礁适宜鱼类等聚集、栖息和繁殖，且与渔具渔法相适应。功能性是投放人工鱼礁的首要要求和根本目的。

2. 安全性

安全性是指礁体在搬运和投放过程中不损坏变形，投放后不因波浪、潮流冲击而移动、倾倒、翻滚或埋没，不因凶猛鱼类捕食礁内幼鱼致损，不能使筑礁材料溶出有毒有害物质而影响生物附着或引起环境污染。安全性是人工鱼礁发挥功能的基本前提和根本保障。

3. 耐久性

耐久性是指投放礁体的结构能长期保持预定的形状，使用年限长，一般来讲其设计使用寿命应不少于 30 年。耐久性是人工鱼礁发挥功能的重要前提和重要保障。

4. 经济性

经济性是指礁体材料价格便宜，礁体制作、组装、运输和投放容易，费用低。经济性是建设人工鱼礁的基础性前提。

5. 供给性

供给性是指礁体材料来源容易，供给稳定且充足，即可获性强。供给性是大规模投礁的物质保障。

三、人工鱼礁分类

人工鱼礁因其形状、材质、功能、投放水域等不同，分类方法多样。

（一）按鱼礁结构和形状划分

按人工鱼礁结构和形状，可划分为箱形鱼礁、十字形鱼礁、米字形鱼礁、回字形鱼礁、三角形鱼礁、圆台形鱼礁、框架形鱼礁、梯形鱼礁、塔形鱼礁、船形鱼礁、半球形鱼礁、星形鱼礁和组合形鱼礁等（图 II-2-5 和图 II-2-6）。

图 II-2-6　人工鱼礁

（安鑫龙拍摄，2016）

（二）按鱼礁材质划分

按人工鱼礁材质，可划分为石料鱼礁、木竹鱼礁、牡蛎壳鱼礁、混凝土鱼礁、钢制鱼礁、塑料鱼礁、汽车和轮胎等废旧材料鱼礁和混合型鱼礁等（图 II-2-7）。

图 II-2-7　人工牡蛎礁和钢筋混凝土人工鱼礁

（郭彪提供）

（三）按投放水域划分

按人工鱼礁投放水域，可划分为生态公益型人工鱼礁和生态开发（开放）型人工鱼礁。前者投放在重点渔业水域，用于保护渔业资源；若投放在重点渔场用于提高渔获质量，则称为准生态公益型人工鱼礁。后者投放在沿岸水域，由公民、法人或其他组织投资建设，以海洋生态环境保护、渔业资源增殖和休闲渔业等生态型开发利用为目的。

（四）按适宜投礁水深划分

按适宜投礁的水深，可划分为浅海养殖鱼礁（图 II-2-8，左侧为山东鲍鱼礁，右侧为广东养蚝礁)、近海增殖鱼礁和外海增殖鱼礁。浅海养殖鱼礁投放在水深 2~9 m 沿岸浅海,是以养殖为主的小型人工鱼礁,如海藻礁、鲍鱼礁、海胆礁、养蚝礁和游钓鱼礁等。近海增殖鱼礁投放在水深 1~30 m 近海,是用以保护幼鱼或渔获为目的的各种鱼礁。外海增殖鱼礁投放在水深 40~99 m 外海水域,是以渔获为目的的各种类型的鱼礁,包括浮式鱼礁。

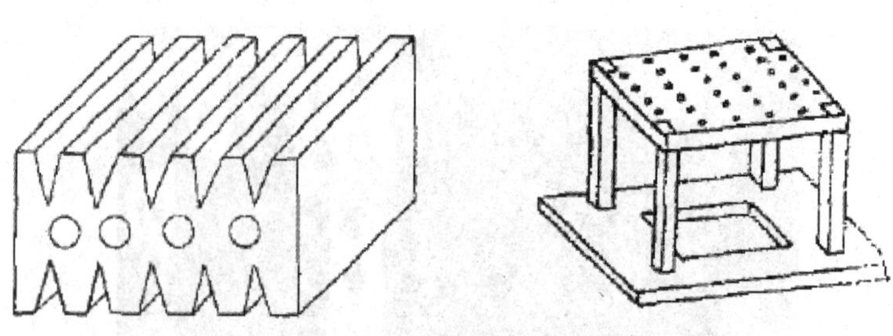

图 II-2-8 浅海养殖人工鱼礁

(引自杨吝等,2005)

(五)按鱼礁所处水层划分

按人工鱼礁所处水层,可划分为表层浮鱼礁、中层浮鱼礁和底层鱼礁。表层浮鱼礁的浮体设置在海面上,用系泊缆绳(呈悬链状)、锚锭固定其位置。中层浮鱼礁的浮体设置在海水中层,用浮体、系泊缆绳、锚锭固定其位置。底层鱼礁是依靠礁体自重或配置一定量重物后沉放海底。

按人工鱼礁所处水层,也可划分为悬浮式鱼礁(图 II-2-9)、沉式鱼礁和沉浮混合鱼礁。

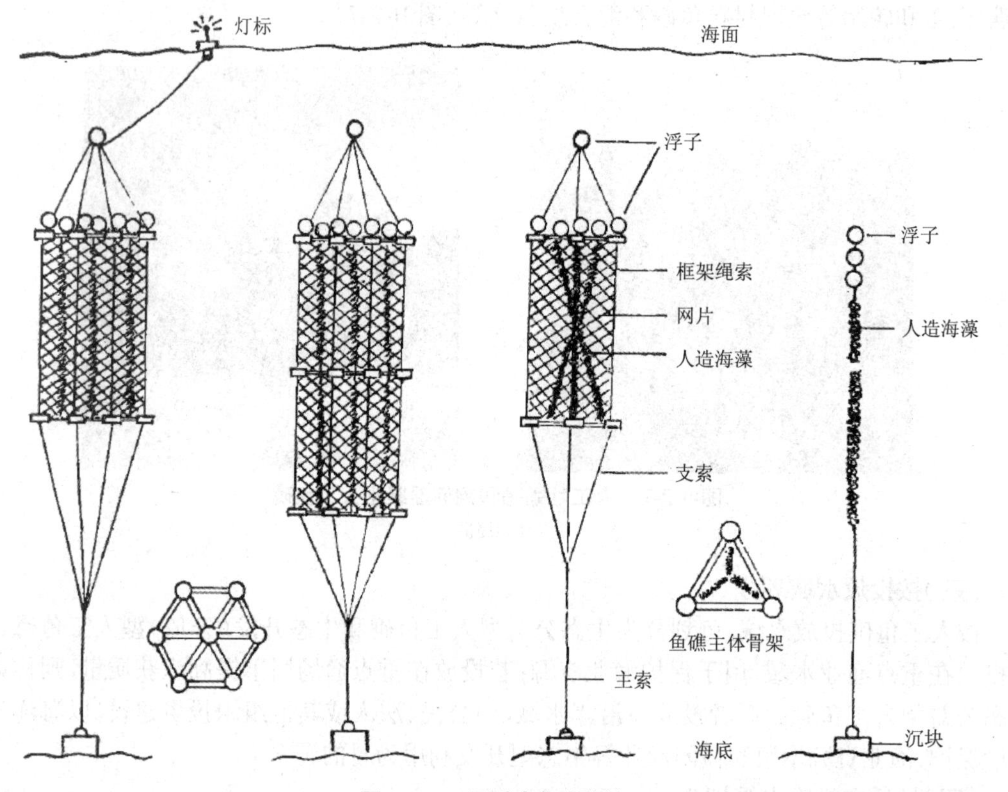

图 II-2-9 悬浮式鱼礁结构

(引自刘同渝,1982;本书有修改)

（六）按建礁目的或鱼礁功能划分

按建礁目的或人工鱼礁功能，可划分为养殖型鱼礁、幼鱼保护型鱼礁、增殖型鱼礁、渔获型鱼礁、避敌礁、产卵礁、游钓型鱼礁、上升流礁、环境改善型鱼礁、防波堤构造型鱼礁等。养殖型鱼礁就是用于养殖，如鲍鱼礁、海参礁（图 II-2-10）和海藻礁等，鲍鱼礁和海参礁等统称为海珍礁。幼鱼保护型鱼礁用于保护幼鱼，鱼礁内部隔墙开孔小于鱼礁外层开孔，避敌害和风浪等。增殖型鱼礁用于增殖海洋水产资源、改善鱼类等种群结构，包括能适应鱼类等产卵的产卵礁。渔获型鱼礁用于提高渔获量，投放于鱼类洄游通道上诱集鱼类形成渔场，大型礁体至少 3 m×3 m×3 m 以利于提高其诱集效果；为诱集上层鱼类，一般可在水深 25~50 m 甚至更深水域、海面下 5~10 m 处设置高 3~10 m 浮式鱼礁。避敌礁用于鱼类等躲避敌害追击捕食，礁体外围小孔较多且不易于敌害进入。产卵礁是专为鱼类等产卵所设，要求表面积大且利于鱼卵等存活。游钓型鱼礁用于休闲旅游垂钓，半球形，外表光滑以免绊住钓钩或钓线。上升流礁通常设置在流速较大的海域及礁群外围用于改变流场，即变水平流为上升流，将海底营养物质涌升至上层海域。环境改善型鱼礁用于种植大型海藻产生海藻场效应，缓解海水富营养化等。防波堤构造型鱼礁用于防波护堤，可在防波堤、渔港或码头等处设置。

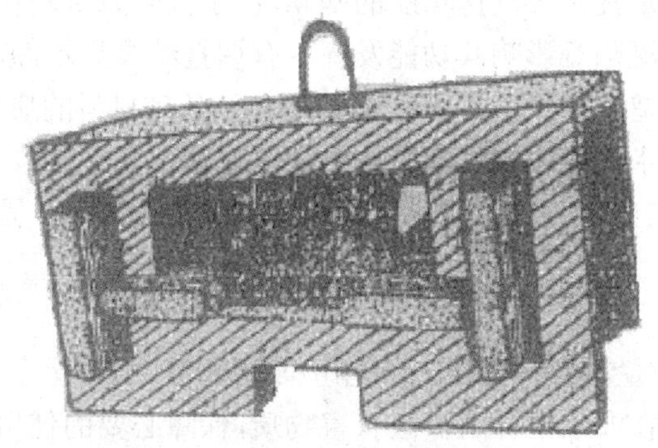

图 II-2-10　山东海参礁

（引自杨吝等，2005）

四、人工鱼礁设计

（一）人工鱼礁礁体结构设计的依据

针对人工鱼礁投放水域状况和诱集鱼类等海洋生物的功能，在鱼礁设计时遵循以下要求：

1. 结合流体力学进行礁体设计

礁体形状对局部流有明显影响，波浪和海流所造成的沉积物冲刷作用等使礁体出现不稳定和沉陷等，直接影响礁体功能和使用年限，甚至造成航道堵塞，因此鱼礁结构设计时要充分考虑波浪和海流的作用。

2. 结合生物因素进行礁体设计

一方面是附着生物状况影响礁体设计：附着生物是人工鱼礁最主要的生物环境因子，同时也是人工鱼礁渔业对象的主要饵料生物，礁体不同部位生物附着状况不同，因此在礁体结构设计时应该考虑附着生物因素。但是，不论是哪种筑礁材料，礁体下水后均会附着生物体，因此认为对礁体结构设计影响较大的还是海洋动物行为。

另一方面是海洋动物行为影响礁体设计：礁体设计要保证主要目标物种的增殖，例如根据鱼群与鱼礁的相对位置，鱼礁内外的鱼类通常分为 3 种类型，栖息于鱼礁内部或鱼礁空隙之中;在鱼礁周围游泳或在海底栖息;需借助投放固形物来定位的鱼类。因此,对于以鱼礁为栖息地的鱼种而言,适合鱼体现状和大小的鱼礁空隙非常重要;对于索饵和海底栖息鱼种则以全潮时为鱼礁的设置条件;对于表、中层鱼种,则要求鱼礁有足够高度和产生流体声音等特征。总之,鱼礁结构设计时要充分考虑鱼类多样化的趋性,根据空间异质性理论,空间异质性程度越高,意味着有更多的小生境,能够维持更多的种类共存。因此,随着礁体的复杂多样化,在一定程度上可提高鱼类的多样性。

3. 结合几何要素进行礁体配置设计

投放人工鱼礁组成鱼礁渔场时,要根据特定海域礁区环境、生物特征、渔具渔法等多方面特征确定礁高水深比和能充分发挥鱼礁功能的礁体配置规模等参数的较适值范围、制定人工鱼礁的优化组合方案和配置规模大小以及礁区的整体布局模式。目前我国的鱼礁配置和鱼礁高度相关,一般是将礁体高度的10~15倍作为鱼礁的间距。

(二)人工鱼礁礁体(鱼礁单体)结构设计的基本原则

根据人工鱼礁礁体设计的依据,提出如下设计原则:

1. 礁体足够稳定

礁体投入海域后,稳定性是其发挥功能的基础,由于投礁海域底质、潮流和波浪等因素导致礁体滑移、倾倒、翻滚、沉陷等影响其功能发挥。有调查结果显示,波浪过大情况下,被放置在5~33 m水深海域的小型鱼礁移动距离可达1~2 km。鱼礁材料的质地和组成也能影响到其稳定性,如鱼礁材料和海水发生化学反应所产生的腐化往往能够导致鱼礁材料的不稳定。当礁体投放后触底时的冲击力过大时可能导致礁体受到结构性损坏。因此,礁体设计时要增强礁体稳定性。

2. 礁体质地优良

一方面要保障礁体质量,使用材料安全、无污染、经济耐久,不至于在搬运、堆积组合、投放等过程中严重受损,不应在海水中释放扩散有害物质,保障必要的使用年限;另一方面要求礁体透水性充分,礁体透水性强度一定程度上决定了礁体表面利用的有效性,透水性强有利于礁体表面固着生物的养分供应。

3. 礁体大小适宜

实际操作中,通常根据投礁海域海况、水深、底质、海上交通、礁体材料资源状况和礁体功能等实际情况综合考虑礁体大小,如国内通常确定礁体高度为水深的1/5~1/10或1/3~1/10左右。

4. 礁体结构合理

一方面要增大礁体有效表面积,有效表面积增大更利于相关生物附着,进而诱集海洋动物趋礁;另一方面要求礁体透空性良好,礁体透空性强度决定了礁体的空间异质性,良好的透空性有利于增加诱集生物的种类和数量。此外,礁体单体结构和组合结构还要满足不易离散、适宜使用特定的渔具或限制使用的渔具等要求。

(三)人工鱼礁礁体设计的发展趋势

随着鱼礁事业的发展,礁体结构和大小发生了很大变化,从简单到组合,从小型到大型。鱼礁大小型号的具体数值界定还没有统一标准,一般大型鱼礁单体的体积约100~400 m^3,重量约15~70 t;小型鱼礁单体的体积约1~30 m^3,重量约0.1~3 t;中型鱼礁单体的体积和重量则位于前两者之间。高效安全耐久型人工鱼礁是人们一直追求的目标。目前,人工鱼礁发展趋势是正向着礁体大型化、材料综合化、结构复杂化、类型多样化、制作标准化（安全无毒、耐久）方向不断发展。

五、人工鱼礁渔场建设的实施步骤

人工鱼礁建设是一项复杂的系统工程，涉及材料科学、海洋动力学、海洋生态学、鱼类行为学、渔业资源学、渔业工程学、水工设计及相关学科。通过前期全面调查和各种模拟试验，设计并制作人工鱼礁后，将其在适当海域投放、配置和布局是人工鱼礁建设的重要环节。

（一）礁址选择

投礁区首先必须符合国家和地方政府的海洋功能区划和建设规划及有关法律和法规等的规定，在此基础上进行科学选址。

赵海涛等（2006）给出了人工鱼礁投放区选址的影响因素和礁区位置确定的原则和方法：

1. 投礁范围确定

投礁范围的确定受鱼礁用途、水深、海洋生物、水质、底质和气象水文等诸多因素的综合影响。上已阐述，人工鱼礁按其用途可分为休闲型、增殖型、诱鱼型、产卵型、幼鱼保护型等鱼礁，根据投礁目的选择适宜海域以发挥礁体功能。礁区水质对于生物的生长和繁殖有重要的影响。海水深度影响海水温度和光照条件，进而影响海洋生物的光合作用和呼吸作用。礁区底质状况影响礁体稳定性、使用寿命和功能的正常发挥。流速越大海底冲淤现象越明显，投礁海域流速一般以不超过 0. 8 m /s 为宜。海洋生物要考虑两个方面，一是不要破坏投礁海域原有海洋生物群落结构，另一方面要充分考虑投礁增殖对象的适宜生活环境条件。除此以外，还要注意避开航道、锚地、海底管道和电缆、军事活动区、排污口、海洋倾倒区等投放人工鱼礁。

2. 礁区位置确定

投礁范围确定后要布置投礁范围内各礁区的具体位置。各礁区布置要遵循均匀分布原则，礁区间隔以 1~2 km 为宜。具体布置时要充分考虑鱼礁用途和投礁范围内海域的生态环境、底栖生物状况、礁区邻近海域构筑物对鱼礁的影响等因素。

各礁区位置确定后，要对其进行有效标识，如说明礁体个数，并确保能容易地从已标识的礁体位置推测出未标识的礁体位置。

（二）礁体投放

礁体投放前要进行礁体安装，即将选定的鱼礁材料作为构件进行恰当的组合连接，使其成为一个整体结构。

船载安装好的礁体到达 GPS 定位的投放位置后开始投礁。为了安全施工，尽量选择小潮和平潮时间段投放礁体，投放时必须慢起轻放，严防礁体碰撞破损，且在 6 级风以上停止作业。为使投放后礁体受到的波流作用力最小，礁体长轴方向要与波流综合流速方向保持平行，该方向也是礁体内部与外界进行水体交换的最有利方向（图 II-2-11）。

（三）鱼礁维护与管理

为确保鱼礁长期有效发挥正常功能，鱼礁使用过程中要配备专门人员对其进行必要的维护和管理。具体内容包括：

1. 定期检查礁体标识物是否完好无损，能否正确标识礁体位置

由于波浪对礁体标识物冲击作用很强，每次较大风浪过后都应对标识物进行检查，一旦发现标识物被毁应及时修补。

图 II-2-11 人工鱼礁投放

（郭彪提供）

2. 定期检查礁体构件连接状况及礁体整体稳定情况，必要时采取纠正或加固措施

礁体在投放过程中可能出现碰撞等造成连接度降低，长期在海流作用下礁体构件连接度出现受损导致整体稳定性减弱。因此，及时采取加固措施进行补救延长其使用寿命。

3. 定期监测礁区水质和生物状况、收集礁区内对海域环境有危害的垃圾废弃物

礁体投放后流态复杂，形成新的礁区流场。为了评价投礁效果，定期对礁区水质和生物状况进行监测。另一方面，礁体作为障碍物，对垃圾废弃物有一定的缠绕作用和滞留作用，因此也要及时收集处理。

4. 建立鱼礁档案

对鱼礁的设计、制作和使用过程中出现的问题及时进行详细记录，为日后投礁效果评价和鱼礁建设提供重要参考依据。

（四）鱼礁建设效果评价

人工鱼礁投入使用后，需要对其实际效果和预期效果进行评估与比较，以便发现鱼礁建设过程中的不足和采取一定措施改善其功效，也为同类项目的建设积累经验、提供技术指导、促进人工鱼礁事业健康发展。为确保效果评价的科学性和有效性，在人工鱼礁建设前必须对礁区的水质、底质和生物等情况进行详细的本底调查；在人工鱼礁投放后定期对礁区的水质、底质和生物等情况进行详细的跟踪调查。效果评价应包括以下指标：

1. 礁体结构的整体稳定性，礁区周围局部的冲淤情况等

通过本底调查和跟踪调查，评价礁体设计和礁址选择的科学性和有效性。

2. 海域生态环境的改善情况和海洋生物的增养殖效果等

通过本底调查和跟踪调查，评价礁体建设对海洋生态环境修复和优化、海洋生物资源培育和增殖的效果。

3. 鱼礁建设的经济效益、生态效益和社会效益

根据海洋调查、社会调查和历史资料，从经济效益、生态效益和社会效益三个方面构建增殖放流的评价体系并进行全面的分析评价。

六、人工鱼礁的生态环境功能

各种人工鱼礁的建设对于保护和增殖海洋生物资源、修复和优化海洋生态环境、维护海洋

生态系统健康等方面具有重要作用。

（一）诱集海洋生物

人工鱼礁投放后，鱼礁堆放改变了原来海水流态，在海流、潮汐、波浪等的作用下形成上升流使水体上下混合或形成涡流，上升流将底层的营养盐带到水体表层，使得表层浮游植物丰度、多样性升高，这样促进了海底营养盐循环和浮游生物繁殖；浮鱼礁和底层鱼礁产生的阴影效应对于鱼类等聚集产生促进作用；鱼礁表面能够附着藻类、贝类、粘性鱼卵和乌贼卵等，岩礁性优质高值鱼类大量聚集鱼礁附近；鱼礁周围生物分泌物和鱼礁材质在水中释放的水溶性物质等可吸引嗅觉敏锐海洋动物趋礁；海水因鱼礁涡动产生的音响为礁外鱼类等趋礁指明了路径。总之，人工鱼礁之所以能诱集大量鱼类等海洋生物，是由于鱼礁所形成的环境有利于海洋生物的生存和繁衍，是由于鱼类等海洋生物的趋性（趋光、趋化、趋流、趋触等）和本能所决定的。

（二）保护海洋生物

人工鱼礁结构复杂，孔隙、洞穴繁多，可为各种鱼类提供栖息场所，成为洄游性或底栖性鱼类摄食、避敌、定居和繁殖的适宜场所。人工鱼礁设置还能起到防止底拖网作业和滥捕行为，能够有效保护海洋生物资源。

（三）修复海洋生态环境

人工鱼礁堆放海底可改变海水流态，受海流、潮汐等影响，礁体周围水体压力场重新分布形成新的流场流态，导致水体上升、涡动、扩散而形成异常活跃的局部环境，使局部区域内表层含氧量高的海水交换到中下层，底层低温而富含营养盐的海水交换到上层，从而使局部区域内海水营养盐和溶解氧含量得到提高；鱼礁上附着的大型海藻可通过吸收海水中的氮和磷等净化水质，能有效缓解海水富营养化和有害藻华发生。

通过国内外多种形式的研究与实践，章守宇等（2010）归纳了基于生态系统的人工鱼礁研究内容（图 II-2-12）。

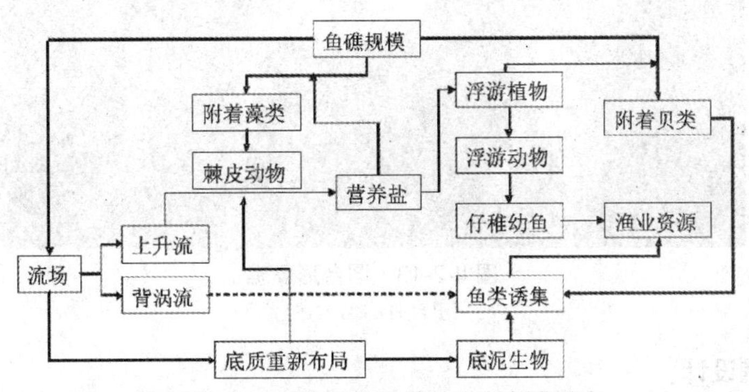

图 II-2-12　基于生态系统的人工鱼礁研究

（引自章守宇等，2010）

第三节　人工藻礁建设

一、人工藻礁的概念

人工藻礁（Artificial algal reef）是指人为设置在海域中，为海洋藻类提供生长繁殖场所，从而吸引鱼、虾、贝类等海洋动物到海藻场（又称海藻床）来索饵繁育，以达到优化海底环境，保护、增殖海洋生物资源和提高渔获物质量为目的的构造物。

在海域中投放人工藻礁可以为大型海藻提供良好的生长环境，从而形成大的人工藻场，为幼鱼、幼虾、幼贝、幼参等提供良好的栖息环境和索饵场所，提高其成活率，有助于鱼、虾、贝和参等海洋生物资源的恢复与增长。

人工藻场是指以人为的方式在浅海或内湾适宜区域，依据不同海洋底质，投放各种适宜海藻附着的藻礁，以人工方式采集海藻孢子令其附着于基质上，萌发形成种苗或人为移栽野生海藻种苗，促使各种大型海藻大量繁殖生长而形成的茂密海藻群落即海底森林。

河北省人工藻场建设与其他海洋渔业资源养护方式相结合已取得良好效果。资料显示，仅在 2010 年上半年，秦皇岛市新建海洋牧场 2100 亩（140 公顷），累计投放构件礁和石块 11.5 万立方，移植马尾藻 200 多万株，放流牙鲆苗、海参苗和各种贝类近 280 万尾（头、粒），有效养护了生态环境，增殖了渔业资源。

二、人工藻礁分类

根据藻礁材料，可将人工藻礁分为石头礁、混凝土礁、木材礁、钢铁礁、粉煤灰礁、硫磺固化体礁、贝壳礁、人工合成材料礁等多种类型。

按人工藻礁形状和结构，可划分为圆台形藻礁（图 II-2-13）和方形藻礁等（图 II-2-14 和图 II-2-15）。

图 II-2-13 圆台形藻礁

（引自曲元凯，2015）

三、人工藻礁设计

针对人工藻礁附着大型海藻的功能，在设计时遵循以下要求：

（一）礁体表面设计为凹凸粗糙面且兼顾防敌害生物

研究结果显示，凹凸粗糙表面比光滑表面更利于藻类的附着，且凸部附着的藻类比凹部要多。礁体表面做成凹凸不平的形状，使之尽量接近自然状态的海岸状态，为大型海藻等海洋植物提供根部更多更大的生长附着面积。为避免海胆等取食大型海藻，田涛等（2008）设计了防海胆食害藻礁（图 II-2-14），侧周面为锯齿形或侧周面缠挂多孔柔性材料的礁型可有效阻止光棘球海胆（*Strongylocentrotus nudus*）和中间球海胆（*S.intermedius*）攀爬，起到防止海胆摄食礁顶藻类的目的。

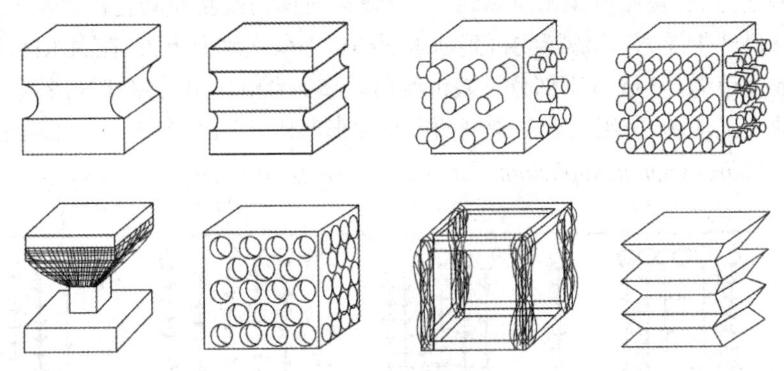

图 II-2-14　防海胆食害藻礁

（引自田涛等，2008）

（二）礁体表面和内部设计为多孔质结构

礁体表面和内部设计为多孔质结构有利于海水自由通过，这样有利于礁体表面附着藻类基部水流循环，为大型海藻提供丰富的营养盐。

（三）礁体材料内添加营养物质

在藻礁材料中添加营养盐，投放海水中后营养盐可以逐渐渗透到藻礁表面供大型海藻利用，有利于大型海藻生长。

四、人工藻场建设的实施步骤

（一）场址选择

应选择近海或半封闭的内湾，水深 2~6 m、透明度较大、营养盐丰富的海区，在选址前应进行本底调查：生物方面，如饵料生物、敌害生物（包括赤潮等生物影响）等；化学方面，包括 DO、盐度、营养盐、pH、有害物质、CO_2 的溶解量、污染物等水化学因素；物理方面，如波浪、潮流、光照、水温、淤泥堆积、海水温度、降雨、底质等。

（二）适宜海藻种群筛选

根据各种大型海藻对氮、磷吸收的动力学实验，各种大型海藻人工栽培的难易程度，综合考虑确定人工藻场最佳海藻种群，海藻种类的选择主要从藻类自身对环境的要求方面和海区的自然条件这两个方面进行考虑，例如此海区的物理因素、化学因素、藻类的敌害生物分别是什么情况，能否满足增殖藻类的生长需要，增殖藻类能否适应此海区的自然条件。

（三）筛选藻礁及礁体设计

通过实验筛选出海藻孢子（受精卵）适宜附着的基质（人工藻礁）。礁体的设计也要考虑藻场的自然条件，例如，设置藻礁时，应该考虑海域波浪大小、海流的急缓以及海区底质的软硬等等。在确定人工礁体的高度时应该考虑海底沙面的垂直变动范围，不能让沙泥把礁体覆盖。为使增殖藻类附着牢固，结合海区流速的大小，礁体的表面要设计适当大小的突起。

（四）人工采苗、驯化及投礁

对选择的基质进行人工采苗，在室内培育至肉眼可见幼苗（或孢子附着牢固后）。一般来讲，室内培育的大型海藻幼苗固着能力较弱，直接将附着基投放于潮间带容易将固着不牢的幼苗冲掉，故需在水质透明度高、污损生物较少的海区驯化培育幼苗。然后，将驯化后的附着基镶嵌在藻礁上或将幼苗用尼龙绳捆绑在带凹槽的藻礁上进行人工投放。王贵给出了图 II-2-15 所示的藻场构建方案：鱼礁框架上绑缚苗绳，苗绳横向匍匐或斜向固定在鱼礁上；垂挂的苗绳上端用漂浮材料产生浮力，该漂浮物可到达水面亦可潜伏在水面下方；在深水区，因光照不足，靠近水面 3 m 为苗绳，3 m 以下部分不栽植海藻只起到系留作用。图 II-2-16 显示的是投放人工藻礁形成的人工藻场，所用圆台藻礁侧面留有圆形凹槽，用于直径为 0.4~0.8 cm 夹有半叶马尾藻中国变种（*Sargassum hemiphyllum* var *chinense*）藻苗苗绳的捆绑。

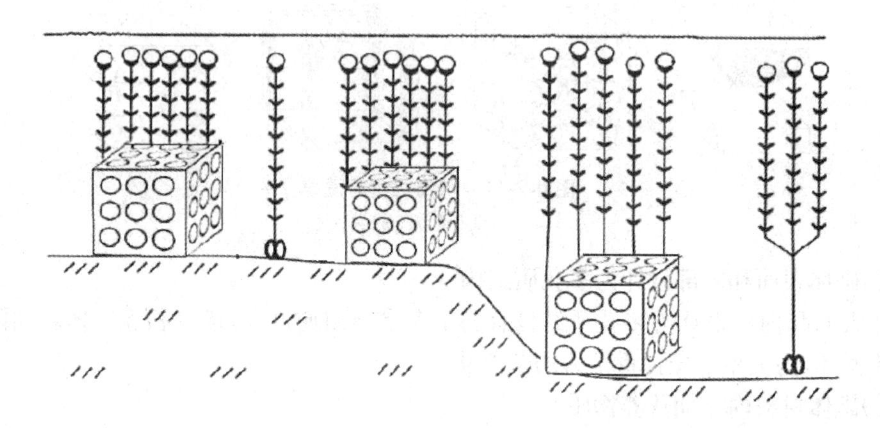

图 II-2-15 人工藻场构建方案示意图

（引自王贵，2013，安鑫龙略修改）

图 II-2-16 人工藻场

（引自贺亮等，2016）

（五）藻场维护

海藻幼苗期需驱逐海胆、贝类和蓝子鱼等敌害生物，对脱落幼苗进行及时补充。

（六）藻场建设效果评价

藻场建造评价的指标包括移植苗种的成活率、生长长度、生长密度、成熟状况。如果监测指标良好，而且移植的藻体开始供给孢子，且孢子萌发产生新的藻体，则说明人工藻场建设成功。

五、人工藻场的生态环境功能

人工藻场与自然海藻场一样，可为各种海洋生物提供栖息空间，形成丰富的生态系统，在沿岸海域中发挥如下多种生态作用：减缓水流，形成多样性的生物生存空间；形成鱼、虾、贝类的生息与产卵场所以及稚鱼的孵化场和栖息隐蔽场；形成饵料场，提高海洋动物的生产力，对开展海底的海参、鲍、贻贝、鱼、虾等动物养殖具有重要作用；与筏式养殖、网箱养殖等形成立体、综合生态养殖系统，充分吸收、固定并利用水产养殖过程中产生的大量粪便、残饵等沉积物，更好地改善底质；吸收氮、磷等营养盐，净化水质；吸收固定 CO_2，进行光合作用增加水中DO；作为一些附着性生物的着生基质等。

第四节　海洋牧场建设

海洋牧场是指基于海洋生态学原理和现代海洋工程技术，充分利用自然生产力，在一定海域内营造健康的生态系统，科学养护和管理生物资源而形成的人工渔场。它先营造一个适合海洋生物生长与繁殖的生境，再由所吸引来的生物与人工放养的生物共同组成一个人工渔场，是一个庞大而复杂的生态平衡系统工程。海洋牧场源于 20 世纪初挪威、美国、英国等工业化国家的海洋牧场（Sea Ranching）运动，20 世纪 80 年代，我国学者提出在海洋中通过人工控制种植或养殖海洋生物，建设“牧场”的理念。进入 21 世纪，随着我国经济的快速发展、资源与环境保护意识的增强和渔业产业结构的不断调整，海洋牧场建设成为沿海渔业发展关注的热点，并且发展迅速。党和国家高度重视海洋牧场建设，2017 年、2018 年和 2019 年中央一号文件连续三年强调建设现代化海洋牧场。

一、海洋牧场的概念

（一）海洋牧场概念的发展

国内外学者就海洋牧场的概念尚未形成统一的定义，目前资料中关于海洋牧场的概念至少有 23 种，其中国外有 11 种，国内至少有 12 种。1971 年，“海洋牧场”一词首次出现在日本水产厅“海洋开发审议会”文件中，其概念为“海洋生物资源中一个能够持续生产食物的系统”，其英文表达为“marine ranching”。1996 年，联合国粮农组织（FAO）召开了题为“海洋牧场：全球视角，重点介绍日本经验”的国际研讨会，会议将“海洋牧场”的概念等同理解为“资源增殖放流”，并赋予了其更多技术内容。此后，欧美国家的许多学者们将“资源增殖放流”视为“海洋牧场”，其中 Bell（贝尔）等人将海洋牧场的英文表达为“sea ranching”。2003 年，韩国《韩国养殖渔业育成法》将海洋牧场定义为“在一定的海域综合设置水产资源养护的设施，人工繁殖和采捕水产资源的场所”，其英文表达为“ocean ranching”。国内关于海洋牧场的最初构想是由曾呈奎院士于 1981 年提出，当时的概念为“海洋农牧化”，即将海洋渔业资源的增殖和管理划分为“农化”和“牧化”两个过程。2000 年，陈永茂等人将傅恩波提出的海洋牧场定义细化，提出海洋牧场的定义为“为使该海区资源增大或引进外来经济鱼种，采用增殖放流和移植放流的手法将生物种苗经过中间育成或人工驯化后放流入海，以该海区中的天然饵料为食物，并营造适于鱼类生存的生态环境的措施（如投放人工鱼礁、建设涌生流构造物），利用声、光、电或其自身的生物学特性，并采用先进的鱼群控制技术和环境监测技术对其进行人为、科学的管理，使资源量增大，改善渔业结构的一种系统工程和未来型渔业模式”。2007 年，海洋科技名词审定委员会将其诠释为“采用科学的人工管理方法，在选定海域进行大面积放养和育肥经济鱼、虾、贝、藻类等的场所”。2017年，杨红生综合性地将海洋牧场概括为：海洋牧场是指基于海洋生态学原理和现代海洋工程技术，充分利用自然生产力，在一定海域内营造健康的生态系统，科学养护和管理生物资源而形成的人工渔场。由此可见，海洋牧场定义的演变，正是学者们对海洋牧场认识的不断深化和完善，也是海洋牧场随着科学技术进步不断发展演变的过程。

综上所述，我们认为海洋牧场发展到今天，其概念可表述为：在特定海域，基于区域海洋生态系统特征，通过生物栖息地养护与优化技术，有机组合增殖与养殖等多种渔业生态要素，形成环境与产业的生态耦合系统；通过科学利用海域空间，提升海域生产力，建立生态化、良种化、工程化、高质化的渔业生产与管理模式，实现集环境保护、资源养护、高效生产和休闲渔业于一体的、陆海统筹、一二三产业融合发展的海洋产业新业态。

（二）海洋牧场与增殖放流、人工鱼礁的关系

增殖放流、人工鱼礁等概念常常与海洋牧场同时出现，有些时候被混用，甚至被等同于海洋牧场。增殖放流，是指采用人工方式向海洋、江河、湖泊、水库等公共水域投放鱼、虾、蟹、贝等亲体、苗种等活体水生生物的活动。人工鱼礁是人为在海中设置的构造物，其目的是改善海域生态环境，营造海洋生物栖息的良好环境，为鱼类等提供繁殖、生长、索饵和庇敌的场所，达到保护、增殖和提高渔获量的目的。根据增殖放流、人工鱼礁和海洋牧场的定义对比来看，现代海洋牧场不仅仅包括增殖放流和人工鱼礁建设，它还包括苗种繁育、初级生产力提升、生境修复、全过程管理等一系列工作。增殖放流仅是海洋牧场活动中的一个重要环节，是将人工繁育的幼体或者亲体释放到水域中的一个过程。人工鱼礁是为海域中生物提供栖息地的人工设施，是海洋牧场中生境修复的一个重要手段。从海洋牧场的发展来看，增殖放流和人工鱼礁在一定时期内被认为是海洋牧场，但是随着海洋牧场的完善和发展，简单地将增殖放流和人工鱼礁建设等同于海洋牧场已经是不符合海洋牧场的发展现状了。海洋牧场是将增殖放流和人工鱼礁等纳入其体系的、海洋牧业发展的高级形态。

（三）海洋牧场的组成要素和核心工作

根据杨红生（2017）的观点，海洋牧场主要包括以下6个要素：（1）以增加渔业资源量为目的，该要素表明海洋牧场建设是追求效益的经济活动，资源量的变化资源量的变化反映海洋牧场的建设成效，强调监测评估的重要性；（2）明确的边界和权属，该要素是投资建设海洋牧场、进行管理并获得收益的法律基础，如果边界和权属不明就会陷入“公地的悲剧”，投资、管理和收益都无法保证；（3）苗种主要来源于人工育苗或驯化，区别于完全采捕野生渔业资源的海洋捕捞业；（4）通过放流或移植进入自然海域，区别于在人工设施形成的有限空间内进行生产的海水养殖业；（5）饵料以天然饵料为主，区别于完全依赖人工投饵的海水养殖业；（6）对资源实施科学管理，区别于单纯增殖放流、投放人工鱼礁等较初级的资源增殖活动。由此衍生出海洋牧场的六大核心工作：绩效评估、（动物）行为管理、繁育驯化、生境修复、饵料增殖和系统管理（图II-2-17）。

二、海洋牧场建设的意义

海洋牧场是养护水生生物资源、修复水域生态环境的重要手段，也是拓展和有效配置渔业发展空间、优化海洋渔业产业布局、加快渔业转方式调结构、促进近海渔业可持续发展的有效举措。

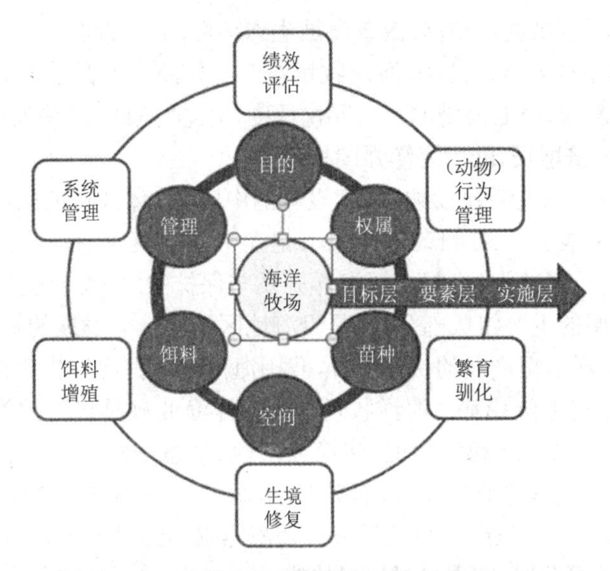

图Ⅱ-2-17 海洋牧场的六要素(引自杨红生,2017)

(一)优化渔业产业结构,加快渔业发展方式转变

当前,资源衰退、环境恶化等问题已成为制约渔业发展的“瓶颈”。一方面,渔业发展受到外部资源环境的制约越来越大,发展空间受到限制;另一方面,过度捕捞和不健康的养殖方式等渔业行为对海洋生态环境造成破坏、渔获物质量下降。秉承绿色和可持续发展理念,坚持产业发展与资源环境保护相协调的原则,实现在保护中开发、在开发中保护,是现代渔业发展的唯一途径。海洋牧场改变以往单纯的“捞海”的渔业生产方式,向“耕海”“养海”的渔业生产方式转型升级,摆脱传统的资源掠夺型作业方式,建设渔养结合的新业态,是发展现代化渔业的有效措施。海洋牧场不仅能够降低海洋捕捞强度,减少海水养殖密度,还可以推动养殖升级、捕捞转型、加工提升,促进休闲渔业发展,有效延伸产业链条,提升海洋渔业的附加值;实现渔业从传统的“规模数量型”向“质量效益型”转变,促进我国海洋渔业转型升级和持续健康发展。

(二)丰富优质动物蛋白来源,改善居民膳食结构

据世界银行预计,到 2025 年将有 36 个国家的 14 亿人陷入食物短缺的危机中,到 2030 年全球范围内对粮食的需求将增长 50% 以上。水产品是国际公认的优质动物蛋白来源,也是我国食物供应的重要组成部分,海洋水产品的年产量相当于全国肉类和禽蛋类年总产量的 30%,为我国城乡居民膳食营养提供了近 1/3 的优质动物蛋白,已经成为我国食物供给的重要来源,也是维护我国粮食安全的新途径。在当前耕地减少、粮食供需失衡和世界粮食价格波动运行的形势下,发展海洋牧场,推动“蓝色粮仓”建设,有助于满足城乡居民对改善膳食结构、获取优质蛋白的迫切需求,也有助于满足国家粮食安全对海洋渔业发展的需要。

(三)养护海洋生物资源,改善海域生态环境

目前,海洋生物资源衰退、生态环境恶化的状况并没有得到根本性的改变,海洋生态保护的形势依然十分严峻。维护海洋生态安全,是国家生态安全战略的重要组成部分,需要从保护和修复两方面同时推进。海洋牧场主要是利用工程手段,基于生物与环境相互作用的海洋生态系统原理,营造适合水生生物繁衍、栖息和生长的渔场环境,进而实现水生生物资源的自然繁殖和补充,促进海洋生态系统的改善和修复。通过科学投放人工鱼礁、移植和种植海草和藻类、增殖水生生物等系统措施，可有效改善海域生态环境，养护近海生物资源，提高海洋生物多样性，维护海洋生态系统安全。此外，海洋牧场在产出优质水产品的同时，还能起到固碳除氮的作用，有助于净化水质、降低海域的富营养化程度，促进“蓝碳”经济发展。

（四）推动海洋经济增长，助力海洋强国战略

党的十九大在将生态文明建设纳入“建设美丽中国”总体战略的同时，作出了建设海洋强国的重大部署。2013 年 7 月 30 日习近平总书记在中共中央政治局第八次集体学习时强调，要关心海洋、认识海洋、经略海洋，提出了海洋开发与保护的“四个转变”。渔业是发展海洋经济、建设海洋生态文明的重要组成部分，也是沿海地区经济社会发展的重要一环。随着海洋经济的发展以及其他海洋新型产业的快速上升，我国海洋渔业占海洋生产总值的比重相对偏低，对海洋经济贡献度呈现下降趋势。海洋牧场作为海洋渔业极具优势的领域，在促进传统海洋渔业发展的同时，还可以拓展渔业功能，将渔业增殖、生态修复、休闲娱乐、观光旅游、文化传承、科普宣传以及餐饮美食等有机结合，有效带动海洋二三产业的发展，形成海洋渔业经济新的增长点，为海洋经济整体健康、可持续发展以及海洋强国建设做出新的贡献。

（五）促进陆海统筹发展，实现乡村振兴战略

践行习近平总书记“坚定走人海和谐、合作共赢的发展道路，提高海洋资源开发能力”的指示精神，海洋牧场可充分利用海域空间、统筹陆地科研研究、苗种繁育、产品加工企业和海域增殖、观光旅游、渔事体验等海洋牧场相关产业协调发展，有效减少陆基海水养殖业所占用的环境空间，在一定程度上缓解我国用海、用地需求矛盾。我国有大约 2 亿渔民，由于海洋渔业资源衰退加剧，“靠海吃海”的渔民失业严重，海洋牧场建设引导渔民参与海洋牧场建设、运行和管理工作，发展休闲旅游业，推动渔民转产转业，带动第三产业发展，促进渔区经济平稳发展，维护社会安定和谐，实现乡村振兴战略。

三、海洋牧场的分类

关于海洋牧场的分类，目前相关报道的资料有限。日本仅从增殖技术角度方面划分为四种类型：繁殖保护型（以限制捕捞为主）、放流增殖型（以投放种苗为主）、生境修复型（以修复资源生物生息场为主）和多种技术复合型。韩国针对近海不同自然环境特点和建设目的、性质、规模等进行了细致分类，具体见表 II-2-1。

表 II-2-1　韩国海洋牧场分类（引自杨宝瑞和陈勇，2014）

分类依据	区分类型
海域位置	沿岸型、近海型
海域特点	东海型、南海型、西海型、济州型
海域形态	多岛海型、滩涂型、内湾型、开放型
建设目的	捕捞型、观光型、捕捞观光型
建设性质	示范区建设、开发事业、一般事业
建设规模	大规模、中规模、小规模
牧场位置	沿岸渔村型、城市近郊型、城市型
目标资源	鱼类型、贝类型、鱼贝型、观光资源型

山东省根据前期海洋牧场的建设实践，于2016年按照建设手段、方式和功能的核心特色，划分为五种类型：一是游钓型海洋牧场，主要是休闲海钓示范基地；二是投礁型海洋牧场，主要是经济型人工鱼礁建设；三是底播型海洋牧场，主要是黄河三角洲浅海贝类和胶东半岛优质海珍品增殖；四是装备型海洋牧场，主要是深海养殖工船和大型智能网箱；五是田园型海洋牧场，主要是以筏式养殖为标志的立体生态方。

杨红生（2017）依据海洋牧场设置区域、建设目标和建设水平，对海洋牧场进行了细致的分类，具体分类见表II-2-2。

表II-2-2　海洋牧场分类（引自杨红生，2017）

分类依据	区分类型
设置区域	近岸海湾型、滩涂河口型、远岸岛礁型、离岸深水型
建设目标	海珍品增殖型、渔业资源养护型、休闲游钓型
建设水平	初级、中级、高级

2017年9月1日中华人民共和国农业部发布的《海洋牧场分类》（SC/T 9111—2017）水产行业标准开始施行，本文主要以该标准详细介绍我国海洋牧场的分类。该标准综合考虑海洋牧场的主要功能和目的、所在海域、主要增养殖对象和主要开发利用方式，将海洋牧场划分为2级。1级按功能分异原则分类，分为养护型海洋牧场、增殖型海洋牧场和休闲型海洋牧场3类。其中养护型海洋牧场按照区域分异原则分为4类、增殖型海洋牧场按照物种分异原则分为6类、休闲型海洋牧场按照利用分析原则分为2类。

（一）养护型海洋牧场

养护型海洋牧场是以保护和修复生态环境、养护渔业资源或珍稀濒危物种为主要目的的海洋牧场。该类型海洋牧场区域以人工鱼礁建设和资源增殖放流为核心，通过建设人工鱼礁区开展增殖放流、建设面积广阔的海洋生物资源养护与增殖区，可有效恢复野生鱼类、贝类、虾蟹等资源。部分海域可根据实际需要配套开展海藻场或海草床建设，以提升资源养护水平。

1. 河口养护型海洋牧场

河口养护型海洋牧场是建设于河口海域的养护型海洋牧场。上海市长江口海域示范区是其典型代表之一，该海洋牧场以建立一块具有治理长江口水域荒漠化、修复改善长江口中华鲟的栖息环境、保护中华鲟等珍稀濒危水生生物资源、养护刀鲚、鳗苗、蟹苗等长江口特有经济渔业资源、提高河口生物多样性为目的，采取人工鱼礁建设、海草移植和底栖生物底播措施，有效地治理了长江口水域荒漠化、提高水域的初级生产力，优化和保护中华鲟等珍稀濒危水生生物及刀鲚、凤鲚、大银鱼和银鲳等重要经济种类的栖息地、产卵场和索饵场，提高中华鲟等水生生物数量及资源补充量，促进渔业资源的养护与恢复。

2. 海湾养护型海洋牧场

海湾养护型海洋牧场是建设于海湾的养护型海洋牧场。天津市大神堂海域国家级海洋牧场示范区是其典型代表之一，该海洋牧场以修复渤海湾受损海洋生态环境、保护小黄鱼、银鲳、牡蛎和天然牡蛎礁为目的，采取以人工鱼礁和人工牡蛎礁建设为主、辅助以增殖放流和海藻移植的措施，有效地恢复了该海域的牡蛎等渔业生物资源、保护了我国北方地区现存的最大天然牡蛎礁资源。

3. 岛礁养护型海洋牧场

岛礁养护型海洋牧场是建设于海岛、礁周边或珊瑚礁内外海域、距离海岛、礁或珊瑚礁6 km以内的养护型海洋牧场。浙江省中街山列岛海域国家级海洋牧场示范区是其典型代表之一，该海洋牧场以保护大黄鱼、曼氏无针乌贼等鱼类产卵场为主要目的，采取人工礁体建设、人工增殖放流、藻场建设等措施，有效地保护了该海域渔业资源，曾消逝了数十年的曼氏无针乌贼，经过多年努力，它们终于高调地"亮相"在舟山渔民面前。

4. 近海养护型海洋牧场

近海养护型海洋牧场是建设于近海但不包括河口型、海湾型、岛礁型的养护型海洋牧场。辽宁省锦州市海域国家级海洋牧场示范区是其典型代表之一，该海洋牧场以修复海洋生态环境、保护海洋生物资源为主要目的，采取人工礁体建设、人工增殖放流等措施，有效地改善了锦州海域初级生产力、增加了浮游生物种群数量、强化了群落结构、提高了生物量。

（二）增殖型海洋牧场

增殖型海洋牧场是以增殖渔业资源和产出渔获物为主要目的的海洋牧场。海洋牧场建设采用轮播轮种模式，结合人工鱼礁建设，丰富渔场资源。通常在海藻床建设、工鱼礁投放、大型网箱建设的基础上，增殖渔业资源，但其增殖生物需结合其海域资源状况进行选择，其增殖种类可能是多样的，其2级分类是多有重叠的。如大连市獐子岛海域国家级海洋牧场示范区，其增殖的品种涉及牙鲆、舌鳎、真鲷、中国对虾、三疣梭子蟹、扇贝、鲍鱼等多个品种。

1. 鱼类增殖型海洋牧场

以鱼类为主要增殖对象的增殖型海洋牧场。

2. 甲壳类增殖型海洋牧场

以甲壳类为主要增殖对象的增殖型海洋牧场。

3. 贝类增殖型海洋牧场

以贝类为主要增殖对象的增殖型海洋牧场。

4. 海藻增殖型海洋牧场

以海藻为主要增殖对象的增殖型海洋牧场。

5. 海珍品类增殖型海洋牧场

以海珍品为主要增殖对象的增殖型海洋牧场。

6. 其他物种增殖型海洋牧场

以除鱼类、甲壳类、贝类、海藻、海珍品以外的海洋生物为主要增殖对象的增殖型海洋牧场。

（三）休闲型海洋牧场

休闲型海洋牧场是以休闲垂钓和渔业观光等为主要目的的海洋牧场。随着人们生活水平的提高和休闲渔业的快速发展，该类型的海洋牧场应运而生。该类型海洋牧场的功能主要结合海上旅游开发而不是收获海产品。海洋牧场建设有完善的休闲娱乐和餐饮食宿等配套设施，为游客提供舒适的旅游环境。

1. 休闲垂钓型海洋牧场

休闲垂钓型海洋牧场是以休闲垂钓为主要目的的海洋牧场。该类型海洋牧场通过生境修复、投放资源养护型人工鱼礁、增殖放流恋礁型鱼类等手段，形成拥有丰度经济鱼类资源的游钓场，吸引游客进行休闲垂钓。如大连市獐子岛海洋牧场和山东的大部分海洋牧场推出休闲垂钓、海上观光等旅游项目。

2. 渔业观光型海洋牧场

渔业观光型海洋牧场是以渔业观光为主要目的的海洋牧场。该类型海洋牧场通过生境修复、投放一些造型别致的礁体、增殖恋礁型经济鱼类和具有观赏价值的鱼类，开发潜水等水下观光等极具特色的项目，吸引游客前来观光旅游。目前，该种类型的海洋牧场在海南等旅游海域正在兴起。

四、海洋牧场的选址和布局

我们建设海洋牧场的目的是在维持海洋生态系统健康的前提下，实现资源的增殖，从而获得可观的经济效益和社会效益。因此在开展海洋牧场建设中必须要坚持生态优先、陆海统筹、三产融合、四化同步。

（一）海洋牧场的选址

海洋牧场的选址需要充分考虑海域原有的资源环境状况，遵循“生态优先”的原则，依托于天然海域的特征，因地制宜进行设计。

1. 选址的基本原则

杨红生（2017）将海洋牧场选址需遵循的基本原则总结如下：

（1）海域选择应符合有关涉海法律（规）的规定，拟设立海域应符合国家和地方的海域（或水域）使用总体规划与渔业发展规划。

（2）建设区域不与水利、海上开采、航道、港区、锚地、通航密集、倾废区、海底管线及其他海洋工程设施和国防用海等功能区划相冲突。

（3）建设海域应无污染源、水质良好，适宜对象生物栖息、繁育和生长。牧场建成后能保持较好的稳定性与安全性，建立后不发生生物入侵、超出环境容量、引入病原微生物及寄生虫等不良现象。

为保护原有生物多样性丰富或者脆弱的生态系统，选址前应首先确定拟建海域的生态系统类型、生物多样性状况和拟恢复的资源生物种类，同时获得海区生物、物理、化学等方面的相关数据。以下几类区域不能进行以人工鱼礁为核心的海洋牧场建设：珊瑚礁区域；水生植被覆盖区（如海草床、海藻床）；牡蛎礁区域（为了恢复自然牡蛎资源除外）；贝床（如扇贝、贻贝、蛤类）；现有底栖生物丰富的区域；大洋航线上及重要港口锚地；涉及军事演习的海域；水质较差的海域（如低氧区、疏浚区等）；规定的拖网作业区；底质不稳定区及有其他工程设施的区域（如输油 / 气管道，通信光缆等）。

2. 选址过程中需要开展的工作

（1）海域初选：根据海洋牧场选址原则第一条和第二条进行海域的初选。

（2）海底地形测绘：通过多波速水下扫描勘测、地质勘探等手段，对初选海域海底的地形地貌以及底质结构进行调查，根据计划建设海洋牧场的类型（主要是是否进行礁体投放），评估初选海域地质地形是否适宜进行海洋牧场建设、适宜何种类型海洋牧场建设。如评估后，该海域不适合进行海洋牧场建设，需重新进行选择海域。

（3）水文条件调查：包括水深、浪高、海流、潮汐等水动力条件。由于海洋牧场通常需要建设一些生境修复工程或投放一定数量的增养殖设施，所以水深是需要优先考虑的问题，要保障修复工程或增养殖设施上方有足够的空间保证船只的安全航行，另外水深还会影响设施的稳定性、礁区生物的聚集和生长。规划海域水动力条件需要有一定的要求，如流速若过小可能导致过大的沉积以及礁体附着生物的窒息；若流速过大，易引起海底的冲淤，造成鱼礁的倾覆、移位和掩埋，影响网箱等增养殖（或暂养）设施的有效容积和安全，造成增殖鱼类过多的体能消耗。因此，海洋牧场选址也不宜在流速过大的海域，鱼礁投放海域的底层流速一般以不超过0.8 m/s 为宜。

（4）水质条件调查：海洋牧场构建海域的水环境条件应满足国家和水产养殖行业发布的基本水质标准要求，如《海水水质标准》（GB3097—1997）和《渔业水质标准》（GB11607—89）。但以修复海洋生态环境、养护渔业资源的养护型海洋牧场可以通过查阅历史材料，对比海域受损前的水质条件，选择性开展海洋牧场建设。

（5）生物资源调查：海洋牧场建设前对海区生物资源的调查和了解，可以为制定养护或增殖的生物种类提供数据参考，同时也为建设后期的效果评估积累基础数据。

（6）工程可行性研究和海洋环境影响评价：委托有相关资质的单位进行工程可行性研究和海洋环境评价，只有工程可行性研究报告和海洋环境评价报告通过相关部门的审核，方可进行海洋牧场建设，同时这两项工作也是取得海域使用权的基础。

（二）海洋牧场的布局

海洋牧场建设必须有科学合理的规划设计，其首要原则是依托牧场区域自然环境条件顺势而建。不同建设目标的海洋牧场类型，其布局理念也应该有所不同。基于生态系统理论、综合海区资源环境调查数据对海基部分进行科学布局；基于海洋牧场功能定位进行场区和保障配套设施等陆基部分进行合理布局（图 II-2-18）。

图 II-2-18 海洋牧场布局示意图

（引自杨红生，2017）

1. 海基部分布局

海基部分可以根据水深设置不同的功能区域。近岸 6 m 以浅区域离岸近、水浅、光照充足，可移植或养护现有的大型藻类和海草等底栖植物，以提升海区的初级生产力，同时可开展底播贝类、虾蟹类和海珍品增殖，可投放小型的礁体，以便养护海藻、增殖海洋生物。6-15 m 区域水深增大、水体空间宽阔，其上层水体可设置筏式贝藻生态调控区，通过贝类和藻类养殖调控牧场水质；中下层可投放人工鱼礁，开展相应的海洋生物增殖；构建多营养层次生态系统，实现物质循环利用的良好模式，实现资源增殖与环境保护的双重效果。15-50 m 区域一般远离海岸、远离陆源污染、水流交换通畅、可利用空间大，但该海域存在海况复杂、浪大流急等缺点，在该海域可设置大型人工鱼礁、深海网箱、养殖工船等设施，为洄游型鱼类提供庇护、增养殖经济鱼类。海基部分除不同水深的功能区设置外，资源环境监测系统也是不可或缺的一部分，需设置监测浮标（图 II-2-19）或建设海洋监测平台（图 II-2-20）。

图 II-2-19　海洋监测浮标

（郭彪拍摄）

图 II-2-20　海洋监测平台 [366]

2. 陆基部分布局

陆基配套部分以保障海基部分正常运营为原则，包括由原良种场、育苗场、苗种中间培育池塘或车间形成的种苗供应单元，由加工车间、冷藏厂、物流中心等组成的加工运输单元，由资源环境监测站、数据处理与预警中心、应急处置基地等组成的生态安全与环境保障单元，由工程技术实验室、环境与生物实验室、物联网控制中心等组成的技术研发和支撑单元，由船舶调度与维护中心、休闲旅游服务中心、海洋牧场展厅、餐厅、办公楼、宿舍楼等组成的后勤保障服务单元。

各个部门和单位的布局应科学规划，保证生产、经营、管理等各个环节联动运行的便利性。同时，陆基园区的建设应注重整体美观和车辆出入停放的便捷。上述几个单元还应根据海洋牧场的类型进行适当的调整和删减，如以养护型海洋牧场建设可以不考虑加工运输单元和休闲旅游服务中心的设置。

五、海洋牧场建设的关键技术

（一）海藻（海草）场生境构建技术

海藻（海草）场具有食物供给、提供栖息地（包括产卵场、育幼场和庇护场所）、调控营养盐、气候调节（固碳）等生态功能，因此其在海洋牧场建设中具有极其重要的作用。

1. 海藻场生境构建技术

杨红生（2017）给出了海藻场构建技术主要包括的几个要素：（1）增加新的着生面，构建藻类能够着床的海底基质；（2）海藻幼苗的培育和移植；（3）清除食藻生物的摄食压力；（4）增加营养盐浓度促进海藻床的生长。

海藻场构建并非所有的海洋牧场都适宜进行，这需要进行详细的现场勘查和历史数据收集工作，对海藻场构建的各个组成要素进行综合考量才能保证海藻场构建的成功。章守宇等（2007）认为海藻场构建过程中包括以下几个实施步骤：

（1）现场调查与评估

通过在不同季节进行野外采样调查和潜水调查，明确目标海域的基本水文水质状况、底质状况、海洋生物的物种多样性与丰富度等。对于重建或修复型海藻场生态工程而言，还要对原海藻场的文献资料进行彻底调查，结合现场调查，确定海藻的种类、分布、面积、覆盖率、空间藻类密度、生命周期、理想生长条件及引起海藻场衰退或消失的特定原因等，然后通过有效的评估手段来确定海藻场生态工程的具体方案。

（2）适宜的藻种选择

对于重建或修复型海藻场生态工程，一般以原种类的海藻作为目标种类；对于营造型海藻场生态工程，要根据目标海域的荒漠化状况与上述现场调查资料及海藻本身的生长需求确定适合的海藻种类。需要注意的是，在引进外来物种时要经过审慎的论证，充分考虑其对现有生态系统的影响程度，避免造成生物入侵。

（3）基底整备

基底整备主要是为目标移植藻种提供适宜的附着底质，包括沙泥岩比例的调整、底质酸碱度的调节、基底坡度的整备等。一般来说，多数海藻都需要坡度较缓、水深较浅的硬质底，以满足其生存的空间、能量和营养需求。

（4）藻类培育

对于通过移植母藻的方法来进行的海藻场生态工程，培育工作主要是指母藻的保土保活及室内培育。对于通过人工撒播藻液或藻胶进行“播种”的方法来实现的海藻场生态工程，培育工作主要是指藻液或藻胶的制备；对于通过投放人工藻礁来实现的海藻场生态工程，培育工作主要是指含有营养盐和苗种的礁体的制备。

（5）移植或播种

对于通过移植母藻的方法来进行的海藻场生态工程，可以在退潮时在潮间带直接将移植的母藻植入底质，也可以通过潜水作业在目标海域直接沉放。对于移植母藻的方式，移植工作还包括母藻在原生存海域的采集。对于通过人工撒播藻液或藻胶进行“播种”的方法来实现的海藻场生态工程，可以将藻胶或藻液通过潜水作业直接均匀洒播于目标底质；对于通过投放人工藻礁来实现的海藻场生态工程，移植与播种工作主要是指含有营养盐和苗种的礁体在陆基工厂的制备及适应性培养、运输、投放等。

（6）养护

养护工作包括对未成熟的海藻场生态系统进行定期的监测，及时补充营养盐等无机物，修整生态系统的各级生产力，人工、半人工生态系统的生物病害防治工作，生物种质的改良工作等，同时包括在近岸底播所形成的生态系统的完善工作，借助生态系统本身或人工方式逐步增加该生态系统的生物多样性。在海藻场构建初期的前三年，应禁止在藻场区域底播殖食性生物，或设置保护型围网。

2. 海草场生境构建技术

范航清等（2009）报道，已发现的在中国分布的海草有大叶藻科的大叶藻属（*Zostera*）、虾形藻属（*Phyllospadix*），海神草科的海神草（丝粉藻）属（*Cymodocea*）、二药藻属（*Halodule*）、全楔草属（*Thalassodendron*）、针叶藻属（*Syringodium*），水鳖科的海菖蒲属（*Enhalus*）、泰来草属（*Thalassia*）和喜盐草属（*Halophila*），聚伞藻科的聚伞藻属（*Posidonia*）共4科10属20种。海草有无性繁殖和有性繁殖两种繁殖方式。无性繁殖为走茎式克隆繁殖，由母株长出的一条横走茎，有分节，几乎每个节上都可能生根，然后再长出新植株。横走茎不仅可以无限生长，且新植株也可长出新的横走茎。有性繁殖包括四个过程，分别为开花、传粉、受精和发育过程。以鳗草为例，为适应沉水环境进化出丝状花粉结构，当花药裂开后，花粉会在花序上保持如棉絮的块状，在水体流动的状态下进行授粉。由于鳗草为雌雄同株植物，因此基因交换可能发生在个体的分株之中也可能发生在群落中或者群落间。

我国的海草研究起步较晚，系统有效的海草修复研究不多。目前关于海草场构建的方法主要有三种：

（1）生境恢复法

通过保护、改善或模拟生境的方法，使海草通过自然繁衍而逐步恢复。自然恢复海草场需要较长的时间，虽然该方法可以节约大量的人力和财力，但是海草衰退的速度远远超过自然恢复的速度，因此该方法在海洋牧场中构建海草场的可行性不大。

（2）移植法

将移植单元通过锚定的方法稳定在移植区域的底质上，即在适宜海草生长的海域直接移植海草苗或者成熟的植株，甚至直接移植海草草皮。研究人员尝试了很多海草移植方法，如草皮法、草块法、根状茎法等。其中草皮法需要的海草资源量较大，同时采集海草对原来海草床的影响较大且无法评估，因此该方法不太可取。根状茎法需要的海草资源量较少，是一种有效且合理的构建方法，移植后具有较高的成活率，目前有插管法、枚钉法、框架移植法等。适合的移植植株必须具备以下条件：能够适应当地的自然环境，具有在移植地区生存和扩张的能力；供体有足够的基因多样性并且避免近亲繁殖。

（3）种子法

利用种子来恢复和重建海草床，不但可以提高海草床的遗传多样性，同时海草种子具有体积小易于运输，而且收集种子对原海草场造成的危害较小。但如何收集培养种子、寻找适合的播种方法和适宜的播种时间，是该方法目前面临的难题。

目前，我国对海草场构建的科学研究还不够，需要开展更多的试验研究和实践工作，为海草保护和海草场构建提供更坚实的理论基础。

（二）人工鱼礁构建技术

人工鱼礁是人为设置在海中的构造物，用于改善海洋生态环境，营造适宜鱼类等海洋生物栖息、生长、繁育的良好场所，养护和增殖渔业资源。人工鱼礁按照其功能、养护对象、构建材料、形状、设置水层等可划分为不同类型，由于本书中前面章节已进行详细介绍，本节中不再重复，主要从人工鱼礁构建过程中工程设计和结构优化研究、人工鱼礁礁体生物附着技术研究和人工鱼礁对海洋生物的诱集效果研究等方面加以简单介绍。

1. 人工鱼礁物理环境功能造成技术研究

人工鱼礁产生的上升流、背涡流可促进上下层海水交换、加快营养物质循环、提高海域初级生产力水平，进一步改善海域生态环境乃至养护渔业资源。表层水拥有较好的光照条件，随上升流上涌的营养盐可以提高海域的初级生产力，从而诱集鱼类前来索饵；背涡流域流速缓，涡心处速度最小，多数鱼类喜栖息于流速缓慢的涡流区，特别是在躲避强潮流时，涡流还可造成浮游生物、甲壳类和鱼类的物理性聚集。因此，上升流和背涡流的规模可作为鱼礁流场效应的衡量指标，并且对人工鱼礁物理环境功能造成技术的研究具有重要意义。

目前，关于人工鱼礁物理环境功能造成技术研究采用的手段主要包括数值模拟研究、大型水槽模拟研究和风洞模拟研究。无论是哪种方法都需要考虑以下两点：人工鱼礁受水流作用时受力的情况和人工鱼礁内部及其周围流场的实际分布情况。

因此，在研究过程中需要在模拟研究海域的潮流情况下比较不同人工鱼礁的构型和人工鱼礁的布放（礁体开口方向等）方式下其流场效应。下面以天津渤海水产研究所关于大窗型人工鱼礁流场效应数值模拟研究为例，简单介绍一下人工鱼礁物理环境功能造成技术研究的方法和步骤。

（1）鱼礁投放区的潮流场特征计算：取示范区的地形条件，利用验证后的模型，模拟渤海湾的流场，得到其典型时刻的流场、人工鱼礁示范区周围的高潮位和低潮位、涨急和落急时刻的流场，估算示范区的涨急和落急流速约为 0.5 m/s（图 II-2-21）。

（2）计算条件设置：计算区域（图 II-2-22）布置为长 30 m、宽 10 m、高 7.5 m，鱼礁中心布置在计算区域的原点位置处（原点位置处于 x 轴的 1/4 处，即距离入口边界为 7.5 m）。

分析流场效应时，来流方向与礁体开口方向一致，在计算上升流区域的体积时，取该区域的垂向流速大于来流速度的 5%，在计算背涡流区域的体积时，取该区域流速小于来流速度的 80% 为判据。

（3）计算模拟及结果：采用 Fluent（流体动力学）软件，通过物理建模、网格划分、数值计算得到模拟结果；并采用 Tecplot（数据分析和可视化处理）软件对模拟结果进行处理分析。主要的模拟结果如图 II-2-23 至图 II-2-30。

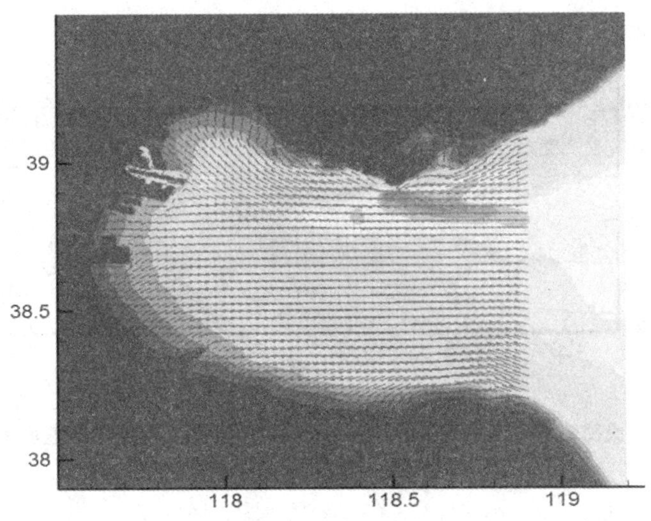

图 II-2-21　渤海湾流场

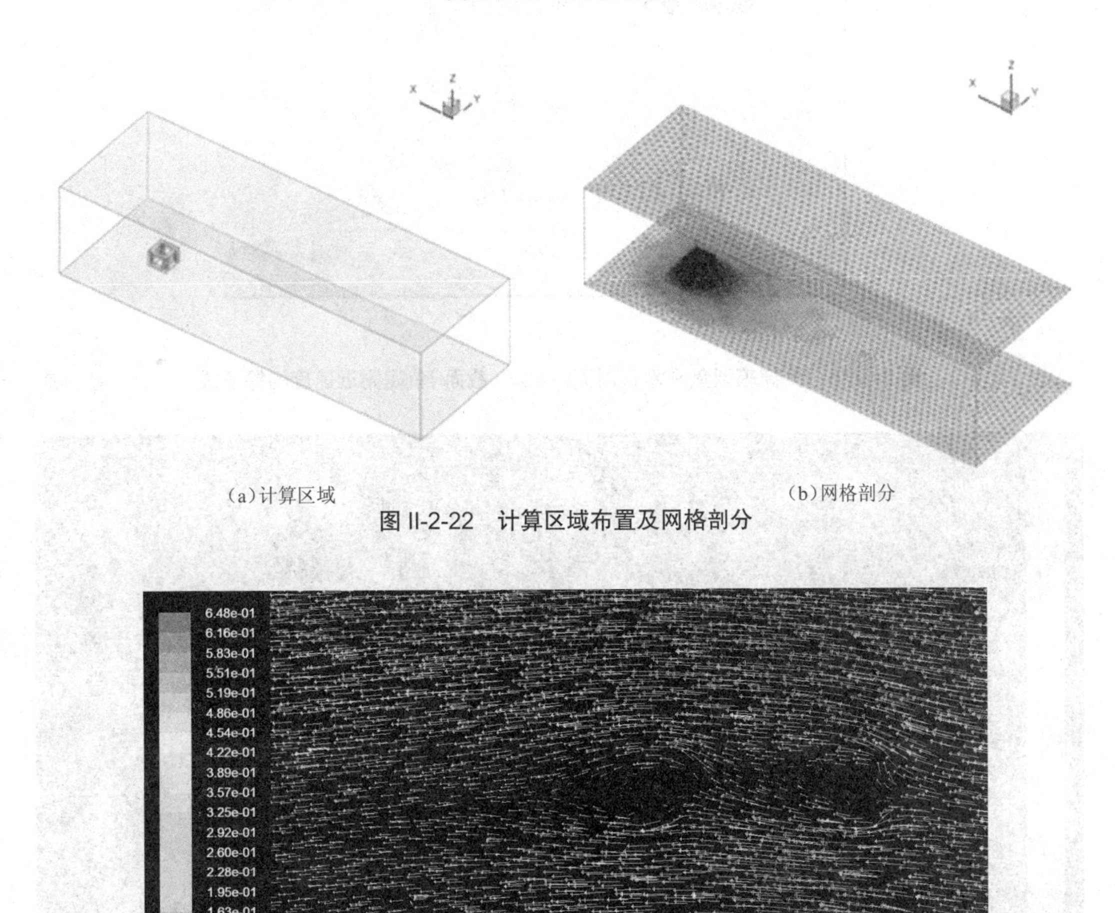

(a)计算区域　(b)网格剖分

图 II-2-22　计算区域布置及网格剖分

图 II-2-23　大窗箱型鱼礁垂直剖面(y=0 m 截面)流场速度

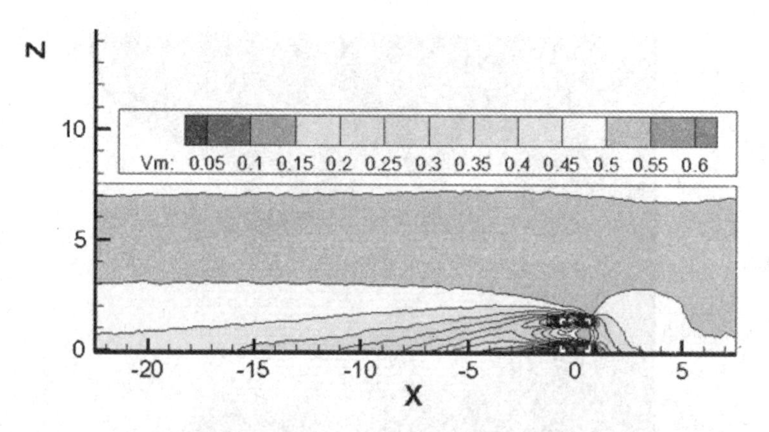

图 II-2-24 大窗箱型鱼礁垂直剖面(y=0 m 截面)整个计算区域流场速度大小等值线

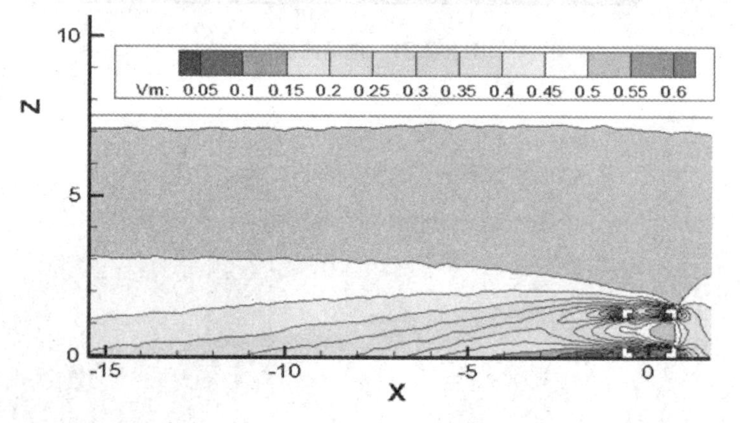

图 II-2-25 大窗箱型鱼礁垂直剖面(y=0 m 截面)鱼礁附近速度的等值线

图 II-2-26 大窗箱型鱼礁水平剖面(z=0.75 m 截面)流场速度

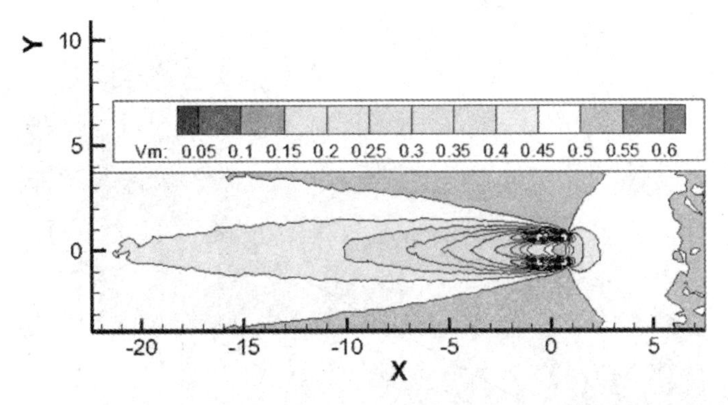

图 II-2-27　大窗箱型鱼礁水平剖面(z=0.75 m 截面)整个计算区域流场速度等值线

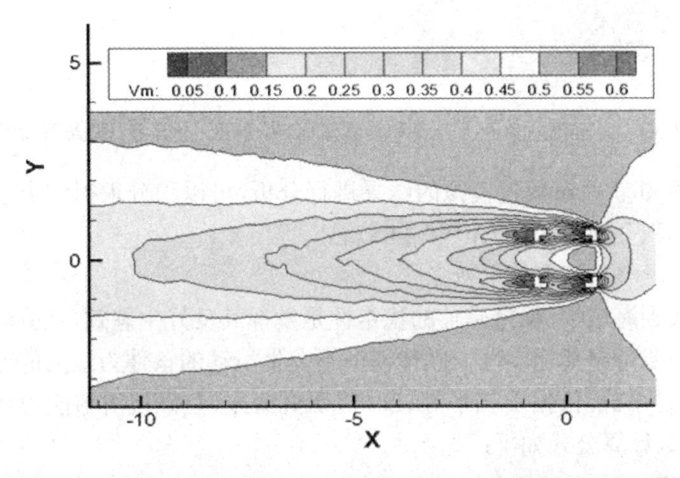

图 II-2-28　大窗箱型鱼礁水平剖面(z=0.75 m 截面)鱼礁附近流场速度等值线

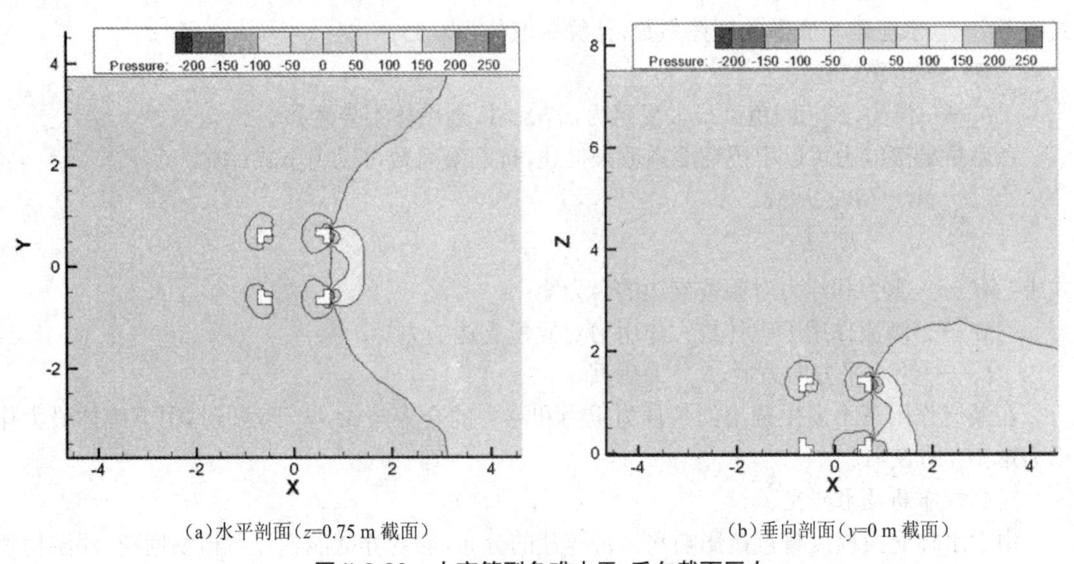

(a)水平剖面(z=0.75 m 截面)　(b)垂向剖面(y=0 m 截面)

图 II-2-29　大窗箱型鱼礁水平、垂向截面压力

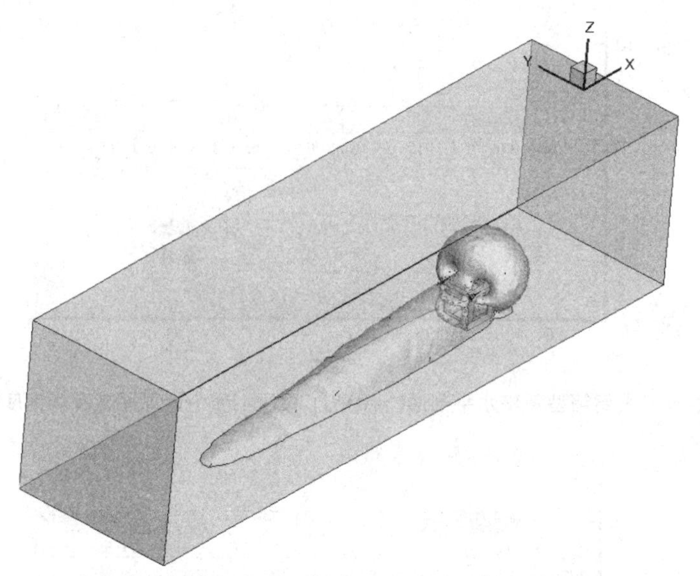

图 II-2-30 大窗箱型鱼礁上升流和背涡流区域(球形:上升流;长条形:背涡流)

运用 Tecplot 360 软件对数值模拟的结果进行分析,可以积分求得大窗型鱼礁背涡流区域和上升流区域的体积分别为 69.69 m^3 和 44.57 m^3。

2. 人工鱼礁抗滑移抗倾覆技术研究

人工鱼礁投放到海域中,保持礁体的稳定性是发挥其良好生态效益的前提,因此在人工鱼礁设计过程中必须要考虑其稳定性。礁体模型不发生滑动的条件为最大静摩擦力大于波流的作用力,即必须满足下式,依据贾晓平等(2011)研究成果,鱼礁抗滑移能力可以用抗滑移系数来描述,抗滑移系数计算公式如下:

$$S_1=\frac{(Wg-F_0)\mu}{F_{max}}$$

式中 μ——水泥礁与底部的摩擦系数,计算中取值为 0.55;

W——鱼礁自重;

F_0——浮力,F_{max} 即鱼礁最大受阻力,若 $S_1>1$,则礁体不会滑移。

鱼礁抗翻滚能力可以用抗翻滚系数来描述,抗翻滚系数可以用下式计算:

$$S_2=\frac{M_1}{M_2}=\frac{(Wg-F_0)L_1}{F_{max}L_{max}}$$

式中 M_1——重力和浮力对倾覆支边的合力矩;

M_2——潮流作用下礁体最大作用力对倾覆支边的力矩;

L_1——为水平方向力臂,L_{max} 为礁高。

在潮流作用下不发生翻滚的条件为重力和浮力的合力矩 M_1 大于潮流作用下礁体最大作用力矩 M_2,即 $S_2>1$。

3. 礁群布局技术研究

由于水体交换程度将直接影响水体营养盐的分布,而营养盐能使浮游植物增殖,浮游植物是海洋中食物链之源,是浮游动物生长的基础饵料,亦是鱼类的间接饵料。因此,人工鱼礁区水体交换能力的强弱直接影响其礁区水体的环境质量和营养盐分布情况,成为人工鱼礁区物理学变动与生物学变动的联系纽带，是研究人工鱼礁生态系统变动机制的关键。

由于礁区规模的尺度不适于模型试验，因此需要根据人工鱼礁建设海域的实际海流状况，引入计算流体力学（CFD）应用软件 Fluent，模拟人工鱼礁区海域的海流特性，并对人工鱼礁区的水体交换特征进行研究探讨，进而给出适合某一特定海域人工鱼礁区科学合理的礁群（区）配置模式。

贾晓平等（2011）研究成果表明：（1）礁区布局应尽量与拟建礁海域的主流轴平行；（2）当单位礁群间距与单位礁群边长之比为 2.0 倍时，水体交换能力与单位礁群空间的利用效率均可得到较好的体现，是较为合理的礁群布局方式，能最大限度地发挥礁区的物理环境造成功能。

布局时除了考虑礁群的布局方向和单位礁群间距外，不同的布局形状其礁区的物理环境造成功能也有较大差异。天津渤海水产研究所专业技术人员采用计算流体力学（CFD）应用软件 Fluent，来模拟渤海湾四种人工鱼礁区礁群布局形状的流场效应（表 II-2-3），选择流场效应最大的礁群布局方式进行人工鱼礁礁区建设。

表 II-2-3　四种人工鱼礁区礁群布局形状的流场效应

类型	上升流区域总体积（m^3）	背涡流区域总体积（m^3）	域内礁群数（个）	平均单个礁群上升流体积（m^3）	平均单个礁群背涡流体积（m^3）
长方形（3×4）布局	3 151.02	12 978.40	6	525.17	2 163.07
扁平八边形布局	3 487.92	17 009.72	7	498.27	2 429.96
正三角形布局	3 944.90	13 284.71	7.5	525.99	1 771.29
正六边形布局	5 007.52	16 988.68	9.5	527.11	1 788.28

4. 人工鱼礁礁体生物附着技术研究

附着生物是人工鱼礁集鱼、诱鱼最主要的生物环境因子，又是礁区渔业对象的主要饵料生物，而海洋附着生物群落的种类组成、附着季节以及数量变动受到海域水温、水深、盐度、海流、气候特征等各种环境因子以及投放时间、礁体材料等因素的影响。因此，开展人工鱼礁附着生物的生态研究，对于提高人工鱼礁的生态效应具有重要的理论和现实意义。

人工鱼礁礁体附着生物的研究可以为人工鱼礁构建中材料的选择提供数据参考，人工鱼礁投放后结合海洋环境因子对礁体的附着生物进行跟踪调查，从而对人工鱼礁的生态效益和经济效益进行评估，为人工鱼礁的建设和管理提供科学依据。其评估方法除了分析附着生物的种类组成、栖息密度、优势种、种群多样性指数的外，还可以采用对应分析（DCA）、典范对应分析（CCA）等方式研究礁体生物对环境、生物因子的响应规律，探讨附着生物与环境因子间的关系。

另外，随着生态学研究方法的创新，更多的新方法被应用于评估人工鱼礁附着生物生态效益，如熵值法、“埃三极能值”等等。

5. 人工鱼礁对海洋生物的诱集效果研究

人工鱼礁是人们为了诱集并捕捞鱼类、保护增殖水产资源、改善水域环境、进行休闲渔业等活动而有意识地设置于预定水域的构造物，不但可以吸引和聚集鱼类，形成良好渔场，提高渔获量，且能保护产卵场，防止敌害对稚幼鱼的侵袭，同时可放养各种海珍品或放流优质鱼类而直接发挥增殖效果。鱼类与人工鱼礁的关系有各种不同说法，不同种类的鱼类对鱼礁的依赖性不同，不同类型人工鱼礁对同一种鱼类的生态诱集作用也有所差异。所有趋礁型鱼类根据其栖息于礁体内部周边与外围的相对位置大致可划分为 I 型、II 型和 III 型 3 种鱼类。鱼类对应于礁体所表现出的不同行为特征是人工鱼礁的饵料效应、流场效应以及声响效应等在不同鱼种间的相应差异的表现。但实际鱼礁海域使用的礁体形状多种多样，不同鱼类对应它们的栖息位置都是相对的，这是由于不同结构的鱼礁所产生的各种效应之差异所致。

对人工鱼礁集鱼效果的研究，主要是通过海上资源调查、潜水观察和模型试验等方式进行。

（三）关键设施设计与研制

海洋牧场建设需要以海水增养殖工程设施为技术手段和支撑，同时现代化的监测管理和安全保障设施都是构建现代化海洋牧场必不可少的组成部分。其主要设施包括资源关键中的工厂化苗种扩繁与养殖设施、池塘苗种扩繁与养殖设施、浮筏礁体设施、海底人工设施、海洋生物驯化设施、水质环境和海洋生物监测设施、信息化管理设施等等。由于篇幅有限，本节重点介绍一下海洋监测设施。

海洋牧场监测是了解和研究海洋牧场的基础，是用科学的方法监测代表海洋环境和资源质量及其发展变化趋势的各种数据的全过程，具有及时、准确、可靠、全面等鲜明特征，能够提供牧场环境、生物和生态质量信息，为牧场的保护、管理提供科学依据。海洋牧场的监测设施有浮标、潜标和海床基、高频地波雷达、无人机、无人船、多功能海洋牧场平台等。

1. 浮标

海洋浮标系统通常由浮体、锚系、在线监测设备和岸站接收装置四部分组成。浮体主要是承载供电系统、各类在线监测仪器和信息传输设备；锚系主要用于固定浮标；岸站接收装置由数据采集与传输系统组成，用于接收数据信息；在线监测设备根据需要搭建，可监测指标有降水、风速、风向、气温、水温、海流、波浪、叶绿素、磷酸盐、硝酸盐、亚硝酸盐、氨氮、盐度、 pH、溶解氧、水温、电导率等。

2. 潜标和海床基

潜标和海床基能够长期自动测量海底水环境参数，从而能够与海面上的浮标观测系统形成互补，实现对海底和表层环境的立体观测。海洋潜标具有稳定、隐蔽和机动性好的特点，能够长期记录海底剖面的温度、盐度、 pH、溶解氧、叶绿素、流速、流向等海洋环境数据。海床基观测系统是坐落在海底，对海流、温度、盐度、 pH 和溶解氧等参数进行定点、长期、连续测量的自动观测装置。目前其可搭载水下机器人，实现海底画面的实时监视，也可以通过添加通信模块，将近海海域海床基的数据实时传输到地面信息接收系统，进一步提高了海床基的监测效率。

3. 高频地波雷达

高频地波雷达作为一种新兴的海洋监测技术，具有超视距、大范围、全天候以及低成本等优点，其机制是利用海洋表面对高频电磁波的一阶散射和二阶散射原理，从返回的雷达波中提取波浪、风场和流场等海洋水文信息，对海洋水文环境等指标进行实时监测。因此，可在海洋牧场岸上无线电干扰较少的地点布设地波雷达，从而能够有效地监测牧场海洋环境。

4. 无人机

无人机（图 II-2-31）利用无线电遥控设备和自备的程序控制装置操纵，其可搭载高清摄像装置、遥感装置等，广泛用于空中侦察、监视、通信、反潜、电子干扰等。无人机可为全面了解海洋牧场的海域使用状况、赤潮等生态灾害监测提供影像数据支持，从而提高海洋牧场管理的效率与机动性；无人机还可用于海洋牧场生态灾害预警、预报和应急管理。在赤潮、浒苔、海冰、风暴潮等海洋灾害频发时段利用无人机加强对牧场海域的巡检，调查上述海洋灾害的分布范围和程度，进一步预测海洋灾害的走向并及时发布灾害预警。另外，还可以利用无人机获取的海洋牧场实时遥感影像，指挥赤潮和绿潮等消灾减灾任务。

图 II-2-31　无人机
（郭彪拍摄）

5. 无人船

无人船（图 II-2-32）与无人机相似，利用无线电遥控设备和自备的程序控制装置操纵，其可搭载多波速、侧扫声呐、水质监测等设备，可在浅滩等不便船舶航行的水域实现监测。在海洋牧场中，其可以应用于人工鱼礁区海底地形地貌勘查、浅滩水环境监测等工作。

图 II-2-32　无人船 [360]

6. 多功能海洋牧场平台

多功能海洋牧场平台可搭载各种化学传感器、声学探测、视频监测设备，实现对牧场水质环境的实时在线监测。通过联合无人机和卫星遥感监测，可以构建“天－空－海－地”等多源观测体系，以及海洋生态牧场大数据采集和分析平台，实现对海洋牧场环境的实时预警、预报，完善海洋生态牧场可持续发展决策支持系统，为海洋生态牧场的理论构建提供实践基础。此外，可以通过开发平台在监测、管护、补给、安全、旅游、环保等方面的功能，将其应用于海上水质观测科研、海上养殖、海上旅游休闲、海上观光酒店、海上垂钓娱乐等各种领域。目前国内多功能海洋牧场平台主要有三种:"来福士"钢制平台(图 II-2-33)、伐架式平台、钢筋混泥土平台。伐架式平台造价低、可移动,但其功能受到一定程度限制,其在海域中稳定性较差;"来福士"钢制平台造价高、维修成本高,但其功能多、稳定性高、可移动;钢筋混泥土平台造价高、不可移动,但功能多、稳定性高、维修成本相对较低。

图 II-2-33 "来福士"钢制平台[359]

六、智慧型海洋牧场

智慧海洋牧场(Intelligent marine ranching)是指在海洋牧场建设中引入物联网、传感器、云计算等新技术,在运行中高度智能化、数字化、网络化和可视化,从而具有更高生产效率、环境亲和度和抗风险能力的新型海洋牧场。工程化、信息化、自动化的养殖生产设施与技术,自动投喂、采捕、加工设备,水下监控与实时传输、控制系统等的出现,使得海洋牧场运营管理更加高效、科学、规范。

可视化:通过遍布海洋牧场各处及各生产环节的传感器和可视化界面或终端设备组成"物联网",综合利用射频识别技术(Radio Frequency Identification, RFID)、传感器、二维码等技术手段,实现对海洋牧场的全面感知。

网络化:将多个分散的海洋牧场和各牧场内部相对独立的人工鱼礁及其相关的传感器整合为一个具有良好协同处理能力的有机体,融合海洋牧场基础数据、时空数据等,为海洋牧场运营提供智慧化的基础设施。

数字化:将海洋牧场运行期间的所有数据精确量化,并汇总、积聚在统一的数字化存储设备中,从而更精确地记录、考核海洋牧场的运营状态,为实现智能化提供数据积累。

智能化:依托数字化积累的海洋牧场历史数据,构建数学模型,对海洋牧场运行状态进行科学的评估、模拟和预测,从而更好地修复海洋生态环境,防控生态风险,提高牧场生态效益和渔业产品质量。智能化是智慧海洋牧场的根本特征。

七、我国海洋牧场建设的现状及规划

(一)我国海洋牧场建设的现状

经过 30 余年的发展,我国沿海从北到南已建设了一系列以投放人工鱼礁、移植种植海草和海藻、底播海珍品、增殖放流鱼虾蟹和头足类等为主要内容的海洋牧场。据不完全统计，截至2016年，全国已投入海洋牧场建设资金55.8亿元，建成海洋牧场200多个，其中国家级海洋牧场示范区42个，涉及海域面积超过850平方千米，投放鱼礁超过6 000万空立方米。目前，全国海洋牧场建设已初具规模，经济效益、生态效益和社会效益日益显著。据测算，已建成的海洋牧场年可产生直接经济效益319亿元、生态效益604亿元，年度固碳量19万吨，消减氮16 844吨、磷1 684吨。另外，据统计，通过海洋牧场与海上观光旅游、休闲海钓等相结合，年可接纳游客超过1 600万人次。在我国沿海很多地区，海洋牧场已经成为海洋经济新的增长点，成为一二三产业相融合的重要依托，成为沿海地区养护海洋生物资源、修复海域生态环境、实现渔业转型升级的重要抓手。

1. 黄渤海区建设现状

据不完全统计，截至2016年，黄渤海区投入海洋牧场建设资金44.52亿元，建设海洋牧场148个，涉及海域面积346.7 km^2，投放人工鱼礁1805.4万空立方米，建成人工鱼礁区面积157.1 km^2，形成海珍品增殖型人工鱼礁、鱼类养护礁、藻礁、海藻场以及鲍、海参、海胆、贝、鱼和休闲渔业为一体的复合模式，具有物质循环型－多营养层次－综合增殖开发等特征，产出多以海珍品为主，兼具休闲垂钓功能，主要属于增殖型和休闲型海洋牧场。

2. 东海区建设现状

据不完全统计，截至2016年，东海区投入海洋牧场建设资金3.83亿元，建设海洋牧场23个，涉及海域面积235.7 km^2，投放人工鱼礁70万空立方米，建成人工鱼礁区面积206.2 km^2，形成了以功能型人工鱼礁、海藻床（海草场）以及近岸岛礁鱼类、甲壳类和休闲渔业为一体的立体复合型增殖开发的海洋牧场模式，主要属于养护型和休闲型海洋牧场。

3. 南海区建设现状

据不完全统计，截至2016年，南海区投入海洋牧场建设资金7.45亿元，建设海洋牧场74个，涉及海域面积270.2 km^2，投放人工鱼礁4219.1万空立方米，建成人工鱼礁区面积256.6 km^2，形成了以生态型人工鱼礁、海藻场和经济贝类、热带亚热带优质鱼类以及休闲旅游为一体的海洋生态改良和增殖开发的海洋牧场模式，以生态保护以及鱼类、甲壳类和贝类产出为主，兼具休闲观光功能，主要属于养护型海洋牧场。

（二）我国海洋牧场建设的规划

根据国家农业农村部印发的《国家级海洋牧场示范区建设规划（2017—2025）》，我国计划到2025年，在全国创建区域代表性强、生态功能突出、具有典型示范和辐射带动作用的国家级海洋牧场示范区178个，以推动全国海洋牧场建设和管理科学化、规范化；全国计划累计投放人工鱼礁超过5 000万空立方米，海藻场、海草床面积达到330 km^2，形成近海“一带三区”（一带：沿海一带；三区：黄渤海区、东海区、南海区）的海洋牧场新格局；构建全国海洋牧场监测网，完善海洋牧场信息监测和管理系统，实现海洋牧场建设和管理的现代化、标准化、信息化；建立起较为完善的海洋牧场建设管理制度和科技支撑体系，形成资源节约、环境友好、运行高效、产出持续的海洋牧场发展新局面。

八、我国海洋牧场建设存在的问题

我国海洋牧场建设虽然取得了一定成绩，但与海洋生态文明建设和海洋渔业转型升级要求还存在较大差距。

（一）缺乏统筹规划，科学布局有待加强

海洋牧场是一项科学的系统工程，建设前需要开展认真深入的调查，并在此基础上做出科学规划。一些海洋牧场的规划布局、礁区选址、建设规模及人工鱼礁工程设计等方面缺乏科学论证和统筹规划，建设布局不够合理；一些海洋牧场缺少明确的功能定位，过于强调经济效益而忽视了生态效益，这些都制约了海洋牧场整体功能和效益的发挥。

（二）区域发展不平衡，资金投入总体不足

由于各地区重视程度和资金支持存在较大差异，目前全国海洋牧场发展并不平衡。海洋牧场建设财政资金投入普遍不足，难以形成有效规模，导致我国海洋牧场建设虽然数量多但规模偏小，特别是以生态保护为主要目标的养护型海洋牧场发展受到制约；加上海洋牧场运行和管理缺乏配套资金，导致海洋牧场的综合效益难以充分、持续发挥，严重影响了海洋牧场的实际效果。

（三）法律法规不完善，体制机制不健全

海洋牧场的建设和运营涉及政府、企业、渔民等多方利益主体，需要全面统筹、综合管理。由于缺少专门的规章制度，一些海洋牧场建设、经营和监管责任主体不明确，海洋牧场产权不清晰，导致管理混乱；一些地区对海洋牧场征收海域使用金标准过高，忽视其资源增殖和养护功能，加之海域批准使用年限过短，都在一定程度上挫伤了海洋牧场建设的积极性；一些地区还存在重建设、轻管理现象，后续监测和管理监督不到位，管理目标发生偏差，片面追求经济效益与短期利益，一定程度上也制约了海洋牧场综合效益的发挥。

（四）科研基础薄弱，科技支撑落后于发展需求

海洋牧场建设是一个系统工程，涉及海洋物理、海洋化学、海洋地质、海洋生物及建筑工程等多个学科。目前，我国从事海洋牧场研究的机构和专业人才缺乏，对海洋牧场缺乏系统性的研究；海洋牧场配套技术、环境优化技术研究的力度明显不够；海底构造、海湾环境、鱼类洄游行为观测等方面的研究亟待加强，海洋牧场基础研究进度的滞后在很大程度上制约了海洋牧场的科学发展。

【思考题】

1. 名词解释：海洋生物资源养护、海洋生物资源增殖、海洋生物资源增殖放流、人工鱼礁、人工藻礁、人工藻场、海洋牧场。

2. 海洋生物资源增殖放流过程包括哪些？海洋生物资源增殖放流应注意哪些事项？

3. 人工鱼礁的选材要求有哪些？人工鱼礁分类方法包括哪些？人工鱼礁礁体结构设计的依据是什么？人工鱼礁礁体（鱼礁单体）结构设计的基本原则有哪些？人工鱼礁渔场建设的实施步骤包括哪些？人工鱼礁的生态环境功能包括哪些？

4. 人工藻礁设计遵循的要求是什么？人工藻场建设的实施步骤有哪些？人工藻场的生态环境功能包括哪些？

5. 简述海洋牧场与增殖放流、人工鱼礁的关系？海洋牧场的组成要素有哪些？海洋牧场建设的意义有哪些？海洋牧场的分类有哪些？海洋牧场选址的基本原则是什么？海洋牧场选址过程中需要开展的工作有哪些？海洋牧场的监测设施包括哪些？我国海洋牧场建设存在的问题有哪些？

第三章　海洋生态系统修复

海洋生态系统是最具价值的人类资源之一，为人类和其他物种提供多样的服务。海洋生态系统受到污染或破坏后，生态系统的结构和功能发生改变，甚至出现严重退化现象，如因滥砍滥伐、围海造地、围海养殖等致使红树林面积锐减；由于酷渔滥捕、管理无序、开发无度和海洋污染范围扩大，导致渔业资源减少、赤潮等海洋生态灾害不断，海洋出现荒漠化现象。为了有效改善受损海洋生态系统的结构和功能，必须采取适当措施对其进行修复。海洋生态系统修复的两条途径即海洋生境修复和海洋生物资源养护。本章主要讲授大家关注的海草场、海藻场、红树林和珊瑚礁等典型海洋生态系统修复技术，由于上述典型海洋生态系统是滨海湿地生态系统的重要组成部分，故本章不再单列滨海湿地生态系统修复内容。

第一节　海草场生态系统修复

一、海草和海草场

（一）海草

海草植物是指生活于热带至温带海域浅水中的海洋单子叶沉水被子植物，可以在水中完成光合作用，一般分布于低潮带和潮下带浅水 6 m 以上（少数可深达 50 m）的软质底（泥质或沙质海底）生境（图 II-3-1），包括眼子菜科和水鳖科的海生种类。

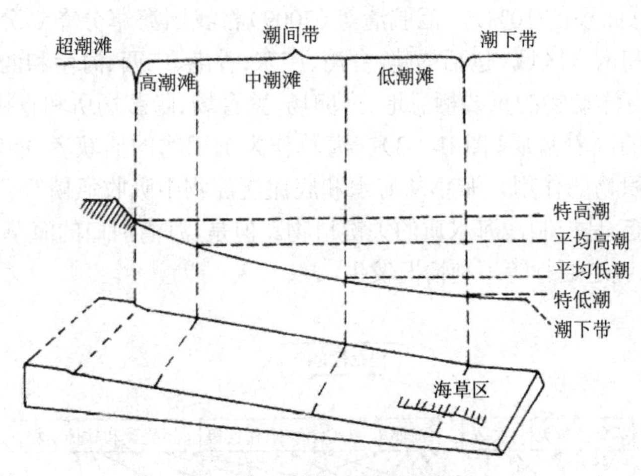

图 II-3-1　海草在潮区的分布

（安鑫龙修改自林鹏，2006）

海草植物耐盐性强，能完全生长于沉水环境，有很发达的根状茎且能通过根状茎进行无性繁殖、水媒传粉、种子散布和繁殖。因此，海草适应海洋环境能力极强，是只适应于海洋环境生活、在淡水区完全不存在的种子植物。

(二)海草场

海草场又称海草床,是一类遍布世界、具有极高生产力的浅海生态系统(图II-3-2),其主要结构成分是海草。

图II-3-2 海草场[362]

目前学术界认为全球海草场面积约为300 000~600 000 km^2,不到全球海洋总面积的0.2%。郑凤英等(2013)报道,我国现有海草场总面积约88 km^2,分布在海南、广西、广东、香港、台湾、福建、山东、河北和辽宁9个省区,其中海南是中国海草场分布面积最大的省份,合计56 km^2,占我国海草总面积的64%,其次是广东海草场(占全国海草总面积的11%)和广西海草场(占全国海草总面积的10%)。范航清等(2009)将我国海草分布划分为北方区域(包括辽宁、河北和山东)和南方区域(包括福建、台湾、广东、香港、广西、海南和西沙群岛)。

海草场是许多海洋动物的重要栖息地、产卵场、繁育场、隐蔽场所和直接的食物来源,为附动植物提供了理想的固着基质(图II-3-3)。海草作为沉积物的捕获者,能够改善海水透明度并具有稳定底泥沉积物的作用。海草从海水和底泥沉淀物中吸收氮磷等营养物质和重金属,具有净化海水的功能,是控制浅海水质的关键植物。但是,海湾河口的海草场过度生长时也会造成河道堵塞、影响航道通行等不利情况发生。

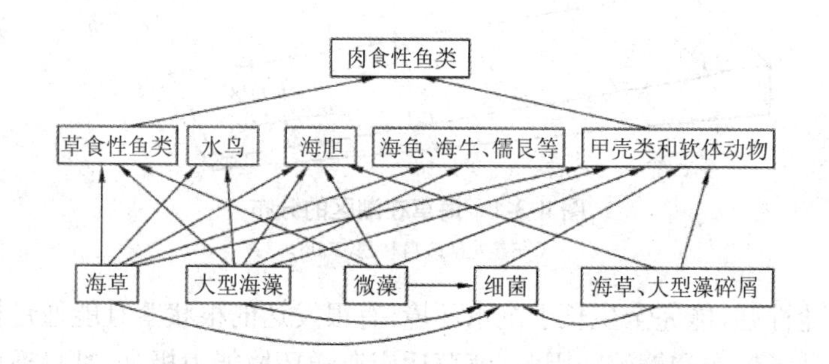

图II-3-3 典型海草场生态系统食物网示意图

(引自李文涛等,2009)

二、海草场破坏

受自然因素和人类活动干扰的影响，世界范围内海草场生长环境日益恶化、覆盖面积迅速缩减。据统计，自 1980 年以来，海草场面积正在以每年 110 km^2 的速度减少，至今已经有超过的 170 000 km^2 的海草区消失，已威胁到其他海洋生物的生存。同样，我国海草场面积的急剧萎缩已严重威胁到海草物种多样性，导致海草多样性严重丧失。造成海草场破坏的自然因素不可控，但发生频率相对较低，人为因素成为当前海草面临的最主要威胁。

（一）导致海草场生态系统受损的自然因素

1. 全球气候变化

全球变暖直接导致海水温度升高，某些海草场因不适应升高的海水温度而大量退化，另一方面影响了海草的新陈代谢和碳平衡。海平面上升直接导致海草场生境水深变化，光照辐射强度减弱影响了海草光合作用进而导致其死亡，

2. 自然灾害

海底火山喷发和地震等造成海草场生存底质破坏，热带风暴、飓风和台风等造成的大型风浪会对海草场这种浅水生态系统造成毁灭性的破坏，这些自然灾害发生时会引起海草场急剧衰退甚至消失。

3. 敌害生物

食海草动物大量摄食、海草病害大面积发生、外来物种入侵等等会对海草场生态系统造成一定的负面影响甚至引起海草场急剧衰退。

（二）导致海草场生态系统受损的人为因素

1. 人类活动等导致海草场接受光线严重不足

人类生产生活引起大量营养盐排放入海造成水体富营养化、赤潮频发，入海河流携带泥沙等入海、海上油田和轮船溢油、船舶活动等导致海水透明度降低，海草表面附生生物大量繁殖等等均可降低海草可利用的光照强度，导致海草场接受光线严重不足而大量衰退。

2. 人类活动直接导致海草场覆盖面锐减

有毒有害污染物排放入海、填海造地、城市化扩展、采挖滩涂和浅海底生物资源、围海养殖、底拖网作业、开挖疏通航道、建造海堤等人类活动通过影响水体和底质引起海草床的退化直至消失。

三、海草场生态系统保护和修复方法

海草场与珊瑚礁、红树林是三大典型海洋生态系统。全球气候变化和海洋过度开发等导致海草场生态系统受损严重，已在全球范围内越来越多地引起各国政府、研究机构和科研院校的关注。至今全球海草保护和修复工程还处于起步阶段，大多数尝试和成果还主要集中在美国、澳大利亚以及欧洲发达国家等少数区域。潘金华等（2012）提出我国海草场生态系统的保护和修复建议：坚持海草场生态保护和生态修复相结合，以保护为主，以修复为辅，促进海草场生态系统自然恢复和可持续发展。

（一）海草场生态系统保护

目前来看，欧美、澳大利亚、日本和韩国等国家海草保护研究进展很快。我国仅南海区的海草种类、分布调查、监测及保护工作初具规模，黄渤海区相关研究很少。因此，根据我国实际情况，在郑凤英等（2013）和其他前人研究成果基础上提出以下建议：

1. 加强宣传教育工作

在我国海草场分布沿海地区各级政府相关部门和社会团体等要充分利用电视、广播、报纸和新媒体等多种媒体开展海草场保护宣传教育专题工作，倡导清洁生产、减少污水入海排放、禁止破坏性捕捞方式等，提高公众对海草场破坏成因和危害的认知水平。积极组织海洋和环境等专业人员成立志愿服务团队，参加各项社会活动和志愿者活动，如在滨海旅游区和海滨浴场向民众和旅游者发放相关材料、设立海草场保护温馨提示牌、播放海草场保护广播等。通过各种形式的宣传教育工作，可以有效提高人们保护海草场意识并付诸实际行动。

2. 全面启动我国海草资源种类和海草场分布的普查行动

海草保护工作的基础是掌握海草及海草场生态系统基础生物学知识、摸清海草资源种类和海草场分布状况，为海草保护提供基础数据。

3. 查明海草场生境特征和海草场生态系统受损原因

适宜的海草场生境是海草健康生长的基础，在进行海草资源种类和海草场分布调查的同时进行水质、底质和其他生物等生境特征调查，摸清海草场污染源、污染物种类及其排放特征和相关海域采挖滩涂和浅海底栖生物资源、底拖网作业等海草场生态系统受损原因，减轻人类活动对海草场栖息地造成的压力，为海草场的保护和生态修复提供基础数据。

4. 加强海草场动态监测，建立国家海草监测网

我国仅在广西北海市设立了海草科学监测站，因此为了全面监测我国海草场的动态、了解我国海草场生态系统的演化状态和揭示其演化的过程和机理，建立国家海草监测网是十分必要的。

5. 建立各级海草自然保护区

建立海草保护区是海草场生态系统保护与恢复的重要保障。南海海草分布区设立了广西合浦国家级儒艮自然保护区、广东湛江雷州海草县级保护区和海南陵水新村港与黎安港海草特别保护区等少数几个海草相关的保护区。因此，鉴于当前我国海草保护区明显偏少且缺乏国家级海草保护区的现状，应在调查基础上根据保护需求建立国家级、省级、市级等各级海草保护区，以便于保护我国的海草资源。

6. 加强海草种质资源保护和海草场修复研究

海草种质资源是研究和利用海草的基础，对一些濒危物种进行保护意义重大。面对日益退化的海草场，加强海草场修复研究对于保护海草场是十分必要的。

（二）海草场生态系统修复方法

自 20 世纪 40 年代开始，人们已开始尝试采用生境修复法对海草场进行修复，1960 年美国佛罗里达湾开始尝试采用移植的方法修复海草场。直到 20 世纪末，海草场生态系统修复才在世界范围内（主要在发达国家）相继开展。近年来，我国海草场生态系统修复工作进展很快，中国海洋大学张沛东教授团队取得了骄人成绩。目前来看，常见的海草场生态系统修复方法包括生境修复法、种子播种法、植株移植法。

1. 生境修复法

人类活动造成的水质下降是海草退化的本质原因。生境修复法是海草场修复最早尝试使用的方法，即通过保护、改善或者模拟海草生境，借助海草的自然繁衍来达到逐步恢复的目的，如通过截留污染物入海、防止底拖网作业、禁止挖捕、退养还草、提高海水透明度、净化水质、改善底质、驱逐海胆和水鸟等敌害生物等方法为海草生长繁殖提供良好生境。目前认为生境修

复是最佳的海草场修复策略，但这是一项长期工程，开展起来难度较大。

2. 种子播种法

种子是海草的重要繁殖器官，在海草的生长、繁殖中起重要作用。将采集到的种子直接散播在海滩上或埋种于适宜深度底质中是最为简单的播种方法。海草种子萌发率低（一般不超过 10%），为确保种子发芽率，可将种子放在漂浮的网箱中或者在实验室内暂养发芽后再行移栽；还有人将种子放入具有小于种子直径孔径的麻袋中，然后将麻袋平铺埋入海底进行种子保护播种。也有将种子制成泥块形式进行播种（图 II-3-4）或采用播种机播种。利用海草种子进行海草床修复具有对供区海草床破坏小、受空间限制小等诸多优点，具有较大的应用潜力。但目前认为多数海草有性繁殖率非常低、种子采集困难、播种后易流失、采种受季节限制大、海草场修复需要大量种子，再加上种子保存、播种后的萌发率以及幼苗存活和生长等各种问题存在，还没有成为常用的海草场修复方法。

图 II-3-4　鳗草规模化增殖作业现场

（中国海洋大学张沛东教授提供）

3. 植株移植法

植株移植法（图 II-3-5）是目前最常用、最成熟、全球最有效的退化海草场修复方法，即将采自天然海草床的海草苗或成熟植株或培育的幼苗或成熟根状茎（包括其上的根和枝）移栽到适宜海草生长的海域移植地。移植地的选址是海草移植成功与否的最关键因素，有人提出海草场依旧存在或者海草场刚消失不久的海域进行人工移植的效果最好，尽量选择与海草来源地立地条件相似的移植地，如移植到与海草来源地有相似高程的滩涂上，所处高程太低可利用的光照比较少，所处高程太高则海草暴露时间过长容易失水死亡。富营养化较严重或海水透明度较低的海区不宜作为移植地。移植前需要对移植区进行清理，如清除较大的牡蛎壳、垃圾、大型海藻等，整平凹凸不同处。在移植过程中移植植株因受机械作用损伤或移植栽种后因移植地环境条件和原生地存在差异，海草植株将受到不同程度胁迫。田璐等（2014）研究发现，移植操作过程对鳗草（图 II-3-6）植株的地上部分产生了严重的胁迫作用且胁迫时间较长；移植植株的地下部分及叶片叶绿素和类胡萝卜素在经过短期胁迫后，能够通过自身补偿机制分别实现快速生长和显著增加，从而有利于植株的扎根、固着和提高植株的光合作用能力。植株移植时，根据移植地所处区域不同可采取不同形式进行作业，若在潮下带开展移植，根据水深不同可采用潜水或直接作业，若在潮间带开展则可选择在低潮时进行而无须潜水作业。

图 II-3-5 鳗草规模化增殖作业现场

（中国海洋大学张沛东教授提供）

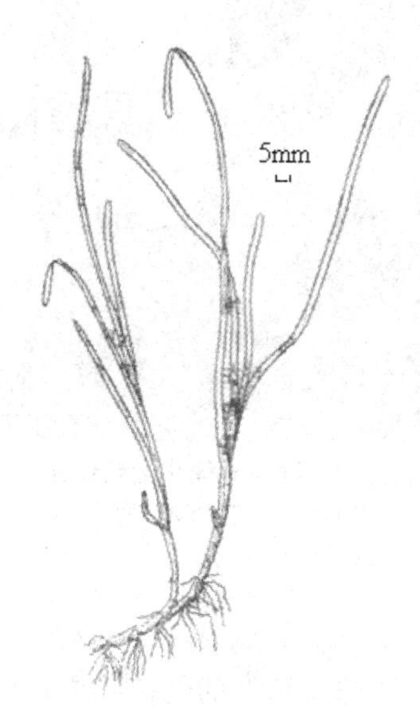

图 II-3-6 鳗草植株

（引自林鹏，2006）

图 II-3-7 显示了海草场规模化移植修复效果。移植的基本单位称为移植单元（Planting Unit，PU），目前移植单元主要有草皮、草块和根状茎 3 类，与之对应的移植方法分别为草皮法、草块法和根状茎法。

（1）草皮法

草皮法与陆上移植草皮类似，就是直接将草皮平铺在移植地，通过沉积作用和潮涨潮落等使其与海底融为一体，不可避免受到海水冲刷作用影响。

（2）草块法

草块法与陆上移植高等植物类似，就是将带有底质的植株移栽到移植地，草块与移植地直接融为一体，可明显减少海水冲刷作用。

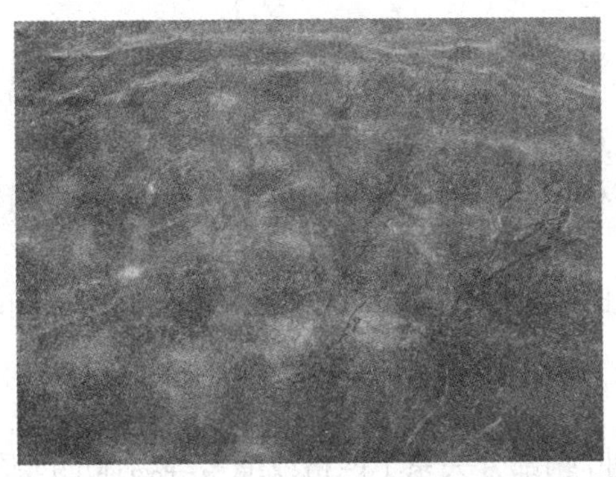

图 II-3-7　海草场规模化移植修复效果
（中国海洋大学张沛东教授提供）

（3）根状茎法

根状茎法就是直接移植没有底质、裸露的根状茎，通过将根状茎固定在移植地底质中使其恢复生长。根状茎法的移植单元是一段长 2~20 cm（长度因海草种类和具体方法不同）的包括完整根和枝的根状茎，与草皮法和草块法最大的差异就是不含底质，表现出易操作、无污染、破坏性小等特点。张沛东等（2013）和其他前人提出了以下几种具体方法：

①直插法

直插法又称手工移栽法，是指利用铁铲等工具将移植单元的根状茎掩埋于移植海区底质中的一种植株移植方法。郭栋等（2012）在山东省荣成市俚岛镇近岸海域进行的鳗草移植结果显示，移植 30d 后直插法的存活率为 66.7%。该方法不需添加任何锚定装置，操作简单，但对移植单元的固定不牢，尤其是在海流较急或风浪较频繁或底栖动物干扰较强的海域，移植植株的存活率一般较低。

②沉子法

沉子法，是将移植单元绑缚或系于木棒、竹竿等可降解材料或源于海洋的贝壳和石块等固定材料上后将其掩埋或投掷于移植海区中的一种植株移植方法。郭栋等（2012）在山东省荣成市俚岛镇近岸海域进行的鳗草移植结果显示，移植 30d 后沉子法的存活率为 100%。该方法对移植单元固定有所加强，但在较硬底质海区其固定力仍显不足可能导致移植单元生长能力受到限制。此外，固定材料等对海洋环境不会造成污染。

③枚钉法

枚钉法又称订书针法，是参照订书针的原理，使用 U 型、V 型或 I 型金属、木制或竹制枚钉将移植单元固定于移植海域底质中的一种植株移植方法。郭栋等（2012）在山东省荣成市俚岛镇近岸海域进行的鳗草移植结果显示，移植 30 d 后枚钉法的存活率为 86.7%。田璐等（2014）利用植株枚订移植法在山东荣成天鹅湖海域进行了鳗草植株移植，发现移植后 1~2 个月移植植株的平均成活率均为 84.4%，随后存活率开始下降至移植后 4 个月平均成活率降至 57.8%，之后保持稳定。刘燕山等（2015）在山东荣成天鹅湖海域利用枚订法进行了鳗草移植，结果显示春季移植植株的平均成活率为 76.5%~90.4%，夏季移植植株平均成活率达 100%，说明在天鹅湖海域植株枚订移植法是恢复海草植被的有效方法。若底质稳定，该方法对移植单元有较好的固定作用，移植植株成活率较高，但劳动强度相对较大，如潮下带需要潜水，工作量大、花费高；若没有完整的底质，移植单元的生存能力降低。

④框架法

框架法主要用于移植鳗草植株，用于绑缚固定移植单元的框架用金属网制作如用钢筋焊接而成，根据移植海域海流状况可在框架内部放置适量石头砖块等重物作为沉子，然后放置于移植海域海底。为减少对海洋的污染和再利用，移植单元与框架之间的绑缚材料采用可降解、无污染材料，待移植单元生出新根后将框架收回。该方法对移植单元一方面有较好的固定作用，另一方面因框架保护而减少敌害生物扰动，因此移植植株成活率较高，但框架制作和回收增加了移植成本和劳动强度。

⑤夹系法

夹系法又称网格法或挂网法，是将移植单元的叶鞘部分夹系于网格或绳索等物体的间隙，然后将网格或绳索固定于移植海域海底的一种植株移植方法。郭栋等（2012）在山东省荣成市俚岛镇近岸海域进行的鳗草移植结果显示，移植 30 天后夹系法的存活率为 20%。该方法操作简单、成本低廉，但网格或绳索等夹系物回收困难，若遗留移植海域可对海洋环境造成一定程度污染。

四、海草场生态系统修复的维护

海草场生态系统修复所需时间长短与其海草种类、受损程度、干扰因素、修复措施、水动力条件、光照和底质等多种因素有关。因此，修复过程中注意及时进行维护，如修复区外围设置防护网等标志以免被破坏、草皮和根状茎等被海水冲刷后以及食草动物取食后及时补种和清除敌害，等等，这些维护措施对于海草场生态系统的有效修复具有重要意义。

第二节　海藻场生态系统修复

一、海藻场概述

海藻场是由在近岸浅海区的硬质底上生长的大型褐藻类及其他海洋生物群落所共同构成的一种近岸海洋生态系统，主要分布于寒带和温带海洋，一般在潮间带到水深小于 30 m 的潮下带岩石基底上生长。在水体透明度高的海域中，某些海藻可以分布到 60~200 m 的深海海域。形成海藻场的大型藻类主要有马尾藻属、巨藻属、昆布属、裙带菜属、海带属和鹿角藻属。海藻场主要的支撑部分由不同种类的海藻群落组成，一般以 1~2 种大型海藻群落为支撑，并以主导海藻来命名，如海带群落构成了海带场的支撑系统，巨藻群落构成了巨藻场的支撑系统，马尾藻群落构成了马尾藻场的支撑系统等。

海藻场具有复杂的空间结构和较高的生产力，为众多海洋生物提供隐蔽、避敌、索饵、产卵及着生基质。海藻场是海洋中初级生产力最高的区域之一，在藻场内和藻场周围栖息着丰富的动植物群落，包括底栖、游泳、固着生活的各种动物。海藻场在海洋生态系统中具有重要的意义，是海洋初级生产力的重要贡献者之一，其初级生产力约占全球海洋初级生产力的 10%。

海藻场生态系统有着丰富的生物多样性，除了大型褐藻类，在海藻场内生活着许多海绵动物、腔肠动物、甲壳动物、棘皮动物及鱼类等。尽管大型海藻类有很高的生产力，但是只有少数无脊椎动物（如海胆和植食性腹足类）能够直接啃食这些海藻，据估计只有 10% 的初级产量直接通过摄食而进入食物网，其余 90% 通过碎屑或溶解有机质进入食物网，同时海藻场产生的溶解有机质也是邻近生态系统能量的重要来源。

二、海藻场地理分布

海藻场的分布与藻场支撑大型海藻的生态习性有关。海带属藻场广泛分布于堪察加东南岸、千岛群岛南岸、萨哈林岛、北海道、朝鲜元山以北、非洲南非沿岸以及中国黄海北部，巨藻属海藻场主要分布于太平洋北美洲和南美洲西海岸、澳大利亚南部和新西兰沿岸，昆布属海藻场主要分布于大西洋非洲西沿岸和澳大利亚南部沿岸，马尾藻主要分布于太平洋西北沿岸，在我国沿海分布广泛。

三、海藻场非生物环境

海藻场非生物环境是大型海藻所占据的基础生态位，包括物理的和化学因素，能够满足大型海藻进行固着、生长、繁殖、初级生产和生物量累积的生物过程。

（一）底质

大型海藻的孢子几乎能在任何基质上附着并发育，如果海藻附着在沙子或者贝壳碎片上，通常会被潮流冲走，因此，底质类型和海水运动的共同作用会影响海藻场的分布形式，即使在有大量岩石作为附着物的地区，在风暴潮期间岩石的硬度和易破碎性也会影响大型海藻的生存。一些岩礁基质有限的区域，可以维持一定数量的海藻场。例如，在加利福尼亚州南部的欧申赛德和德尔马之间，存在呈斑块状分布的广阔卵石基质，其上附生有巨藻群落。在暴风雨中，巨藻所产生的阻力非常大，可以带动它们所固着的卵石和小岩石而移动，对藻场的稳定性和维持带来重大影响。

（二）沉积物

沉积物往往通过冲刷和掩埋岩石基质影响大型海藻场及其生物群落，如昆布等如果被沉积物覆盖，其叶片容易受到损害。圣奥诺弗雷海域的海藻场面积因沉积物覆盖而发生变化。研究表明，沉积物对铜藻早期定居阶段的影响对其分布具有重要作用，尤其是在幼孢子体附着和幼苗生长阶段，如沉积物平均厚度为 0.362 mm 时，铜藻幼孢子体附着率为 22.2%，但沉积物厚度达到 0.724 mm 时，铜藻幼孢子体无法附着，且幼苗存活率仅为 24.0%，当沉积物厚度达 1.81 mm 时铜藻幼苗无法成活。沉积物在近岸岩礁区的增加改变了铜藻场的分布格局，尤其是在较隐蔽且利于沉积物积累的区域对铜藻场分布影响最严重。

（三）温度

海藻场分布由其主导植物适应温度特性所决定，对于昆布属、海带属和巨藻属，其适宜温度较低，故多分布在冷水区，在南、北太平洋沿岸有冷水涌升的海域也有分布，如分布于大西洋东部和西部以及太平洋西部的海带属藻场。马尾藻属可适应较高的水温，主要分布在暖温带和热带海区，如分布于我国沿海的马尾藻藻场。

（四）光照

海藻对于光照的需求和其他水生植物的一般形式相似，海藻必须吸收太阳辐射能才能进行光合作用合成有机物，供海藻生长发育。光照强弱直接影响海藻孢子和配子的放射与萌发，不同海藻对光照强度要求不同，如海带的配子体适宜 1 000~3 000 lx，孢子体为 2 000~5 000 lx，莫氏马尾藻幼苗最是适宜光照强度为 1 000~3 000 lx。在海水清澈的海区，海藻场可以延伸至 20~30 m 深处，并且光照充足的浅水区中海藻场生态系统物种丰富。

（五）营养盐和盐度

海藻与陆地上的高等植物不同，海藻没有真正的根，其假根主要起固着作用。海藻直接吸收溶解于水体中无机盐类，如氮、磷、钾、镁、钙和碘等。盐度影响着海藻的生长、生殖和分布，一般外海的盐度变化不大，而沿海内湾变化较大，河口区的变化更大，出了一些广盐性的海藻如浒苔等，其他海藻很难生存，难以形成海藻场。

（六）潮汐和海流

潮汐是影响海藻垂直分布的主要因素之一，许多海藻的生殖和大潮有密切关系，如马尾藻排卵为半月一次。适宜的海流可以促进海藻场内外的海水交换，为大型海藻带来充足的营养盐，同时还会将海藻场内生物产生的碎屑带走，确保底质不被沉积物所覆盖。

需要指出的是，上述因素在大型海藻的生命周期中发挥不同作用，海藻场的形成和生态系统功能是这些因素综合作用的结果。

四、海藻场生物组成

海藻场是重要的海洋生物栖息地，海藻场内生物群落组成主要包括大型海藻、附生生物、浮游生物、底栖生物、游泳生物、哺乳动物和海鸟。

（一）大型海藻

大型藻类是海藻场生态系统内部的支持生物，也是形成海藻场生态系统最关键因素，是海藻场最重要的初级生产者，决定着海藻场生态系统特征，其生物量通常占绝对优势。

（二）附生生物

附生生物主要包括附生中小型藻类、附生动物和附生微生物。在特定类型海藻场中附生生物的种类和组成相对比较稳定。例如，在典型的马尾藻场中，除支持生物外，通常会附生礁膜等中小型藻类、各种小型螺类以及多种异氧微生物，这些生物的物理生长位置与支持生物密切相关。

海藻场生态系统内部的大型藻类密集生长，并以其体积、表面积、宏观形状多样性等为附生生物提供了多种物理形状和很大表面积的附着面。附生生物的贡献在海藻场生态系统中仅次于支持生物，可以为海藻场生态系统提供高达30%的生物生产力和30%的生物多样性。

（三）浮游生物

海藻场生态系统的浮游植物具有多样性低、优势种明显和生物量较大的特点。对于海藻场生态系统内部的浮游动物而言，主要有两种观点：一是海藻场生态系统的浮游动物多样性高、生物量大、稀有种较多；二是其多样性与生物量在某些时期与对照海域没有明显区别，甚至稍低于对照海域。此外，海藻场生态系统稚仔鱼的生物量明显高于对照海区，这与渔业资源学研究密切相关。研究发现，总长小于20 mm的汤氏平鲉仔鱼经常出现在漂流海藻中，而总长为20~30 mm的仔鱼则白天在海藻的阴影下方游泳，夜晚在海藻中休息。

（四）底栖生物

海藻场近底层茂密的植被系统基质可以为多种贴底生物提供栖息场所，同时海藻可为一些植食性生物提供食物来源，主要生物有海胆、海参、海葵、贻贝和螺类等。海胆是大型海藻的敌害生物，它们可以大量摄食海藻幼体，如果海胆大量暴发，可导致海藻场的毁灭。

（五）游泳动物

海藻场生态系统中的游泳动物主要是一些经济鱼类，主要包括鲶科鱼类、狗鱼类、鹦咀鱼类、刺尾鱼类以及鲉科鱼类等。

（六）哺乳动物和海鸟

海藻场是许多哺乳动物如海豹、海狮、海獭及各种海鸟经常觅食的场所。海獭被认为是北太平洋藻场的关键种，海獭捕食海胆、蟹类、鲍鱼和其他软体动物以及运动缓慢的鱼类。海獭对海胆的捕食，调节着大型海藻的生产和海胆对大型海藻摄食的平衡。

五、海藻场生态功能

（一）商品和服务

海藻生活在海洋这一特殊环境中，拥有陆生植物所没有的特殊化学结构和功能物质，广泛应用在化工、食品、医药、化妆品、动物饲料和生物燃料等领域。海藻通过光合作用制造有机物质如淀粉等，并将它们转变为自身的营养物质或储存物质。根据联合国粮农组织FAO统计，全世界产量最大和利用量最大的海藻种类中，褐藻主要有巨藻属、海带属、裙带菜属、昆布属、马尾藻属和墨角藻属等，这些都是海藻场的重要支撑藻种。如我国浙江省的舟山群岛及嵊泗列岛一带广泛分布着裙带菜藻场，当地海岛居民常采集野生裙带菜作为绿色蔬菜食用，近年来随着海岛旅游业发展，独特口味的裙带菜受到广大游客的喜爱，带动了当地渔业经济的发展。我国马尾藻有60多种，在沿海均有分布，生长于潮间带潮下带岩石上，是近海海藻场的重要组成部分，幼藻可以食用和做为饲料，马尾藻蛋白质的氨基酸组成符合人体氨基酸需求，鲜味氨基酸含量丰富，可作为优质的氨基酸源和鲜味配料加工成营养食品或保健食品，马尾藻蛋白质的氨基酸组成符合人体氨基酸需求，鲜味氨基酸含量丰富，可作为优质的氨基酸源和鲜味配料加工成营养食品或保健食品，马尾藻K、Ca、Fe含量丰富，可制成保健或营养食品，补充人体无机元素的摄入。

海藻场独特的空间结构和景观格局，具有很高的休闲娱乐价值，如垂钓、潜水、划船等，同时也是旅游观光、海洋鸟类和哺乳动物拍摄的最佳场所。我国山东省长岛县庙岛群岛省级海豹自然保护区，每年三、四月，成群的斑海豹分批从俄罗斯经白令海峡迁徒到山东省长岛海域栖息、繁衍，该海域岛屿众多，拥有丰富的海带和马尾藻支撑的海藻场，海洋生物资源丰富，是斑海豹重要的栖息地，长岛旅游部门设置了“观豹”台供游客观赏斑海豹。

（二）海洋生物栖息地

海藻场是温带地区最重要的海洋生态系统之一，为商业渔业资源和休闲渔业提供了重要的场所，栖息于海藻场的生物种类具有较高的多样性，包括软体动物、甲壳动物和长须鲸等。海藻场对波浪具有消减作用，可以改变海流动力学，使海藻场内形成静稳海域，水温较周围变化小，有利于海洋生物的养息，并成为其灾害天气时的避难场所。海藻场内能够形成日荫、隐蔽场及狭窄迷路，使其成为海洋动物躲避敌害的优良场所。此外，海藻场内的大型海藻及其附生的贝类、端足类和蟹类等小型生物可作为鱼类等多种海洋生物的饵料，藻体的死亡与分解导致海水富营养化，有利于饵料生物繁殖，使海藻场成为了海洋生物的索饵场。海藻场是多种经济鱼类幼体阶段摄食、生长和躲避敌害的地带，也是其他小型鱼、虾、蟹类集中的栖息场所，同时是软体类分布密度较高的地带，它所提供的隐蔽场所和饵料基础可与珊瑚礁生态系媲美。同时，海藻场内具有丰富的鱼类卵的附着基和稚鱼孵化的饵料，是乌贼和海猪鱼等多种鱼类的产卵场。

我国浙江省嵊泗马鞍列岛海域拥有丰富的以铜藻和瓦氏马尾藻为支撑的海藻场，研究者通过对该海域枸杞岛海藻场夏季和秋季渔业资源的组成、优势种变化、主要资源种类生物学特征以及多样性和相似性进行研究，发现枸杞岛海藻场内渔业生物组成的季节变化比藻场外明显，但岩礁性鱼类除外；藻场内优势种夏季多于秋季，而藻场外两季相同，岩礁性鱼类褐菖鲉在夏季和秋季的藻场内皆为优势种；各种类生物学特征也存在着明显的季节差异，夏季的性比差别大，秋季接近平衡，平均年龄秋季大于夏季，平均摄食强度夏季高于秋季；多样性值在夏、秋两季海藻场外皆大于海藻场内。藻场内外，夏季的多样性指数都大于秋季；同一季节藻场内外的相似性很低，不同季节，藻场内的相似性同样很低。研究表明夏季海藻场是幼小鱼类重要的索饵场所。

（三）海域环境改善

由于海藻场内的褐藻类个体通常较大，并以叶片直接吸收海水中的营养盐类，其吸收面积大，对一些无机盐类、金属及重金属等的吸收作用明显，并且容易从海水中移去。在近岸排污口附近海域，一些大型褐藻类仍然能够很好生长，对海域环境具有显著的改良作用。研究表明，1 km^2 马尾藻场的氮处理能力大约相当于一个 5 万人的生活污水处理厂。

（四）缓冲作用

马尾藻场对藻场内的水流、pH、溶解氧以及水温的分布和变化具有缓冲作用。在水湾中，马尾藻场对湾内水域 pH 分布的影响起主导作用，这主要是通过藻类在日间的光合作用和夜间的呼吸作用来实现的。马尾藻场尤其是茂盛期的马尾藻场使藻场内部水温的上升或下降延迟，如藻场下方的水温分布模式受茂盛期马尾藻场的高度和密度的影响，其原因包括藻场对经过海表面的短波辐射的吸收作用和马尾藻对对流的抑制作用。

海藻场对水温也有缓冲调节作用，通过对日本 Wakasa 湾和 Kodomari 湾进行的研究发现，海藻场内部水温时间波动分为两种类型：昼夜波动在茂盛期藻场下方较上方滞后约 3 h，在衰退期为大约 30 min；历时短于 5 min 的尖峰样波动仅出现在茂盛期的表层和次表层浓密的顶蓬或漂流藻类中。

（五）碳汇功能

海藻在进行光合作用过程中，直接吸收海水中的 CO_2，有利于大气中的 CO_2 向海水中扩散，相当于间接减少了大气中的 CO_2，影响全球碳循环，被称为最具潜力的“生物净化器”。海藻通过自身具有的碳汇功能吸收了人类排放 CO_2 的 20%~35%。

与陆地森林生态系统不同，海藻场通过相对较少的生物量便可以产生较高的净初级生产力，海藻场碳循环具有每年可高达 10 次的生物周转速率。海藻场生态系统可以利用周围的含碳颗粒及溶解于水体的海藻碳，从而形成长期碳库。

海带和马尾藻等大型海藻都具有显著的固碳能力，对于减排 CO_2 具有重要作用，其中海带碳汇能力最强，可创造的经济价值最大（表 II-3-1）。大型海藻的碳汇能力受到光照强度的显著影响，其固碳能力在一定范围内随着光照强度的增加而增加，而当光照强度增加到其光饱点时，固碳能力不再增加。

表 II-3-1 大型海藻可达到的最大固碳能力、减排的最大 CO_2 量和减排 CO_2 的潜在经济价值

（引自欧官用等，2017）

藻种	最大碳量 / （10^{-3}t・t^{-1}・h^{-1}）	最大减排 CO_2 的量 / （10^{-3}t・t^{-1}・h^{-1}）	减排 CO_2 的经济价值 / （10^{-3} 美元・t^{-1}・h^{-1}）
羊栖菜	0.28±0.02	1.04±0.07	156.25~625.02
铜藻	0.48±0.03	1.77±0.10	265.80~1 106.05
鼠尾藻	0.56±0.03	2.06±0.13	309.07~1 236.28
瓦氏马尾藻	0.42±0.02	1.54±0.06	231.51~926.04
海带	0.89±0.04	3.28±0.14	491.61~1 966.43

六、海藻场退化及藻场生态工程

（一）海藻场退化原因

在近岸海域，频繁的人类活动干扰是海藻场资源衰退的重要潜在威胁因子。随着沿海地区工农业的高速发展和新兴城市群的建立，来自工业、农业和生活污水等陆地污染源，海水养殖自身污染、海上航运、海上石油、天然气开发、海上倾废以及大气沉降等，导致近海海域污染加剧，破坏了海藻场的物理化学结构及其生态环境，导致生物多样性下降、渔业资源衰竭、海藻场面积不断缩小乃至成片消失。海胆等植食性生物对大型海藻幼苗等的大量摄食，也是导致海藻场消失的重要原因。海岸带的天然藻场面临严重退化、枯竭和不易恢复的危险，已经对近岸海洋生态系统造成严重威胁，影响了沿海社会和生态的可持续发展。例如 1980 年全国海岸带资源试点调查时，南麂列岛各离岛潮间带石沼和大干潮线附近岩礁都有铜藻分布，南麂岛马祖岙下间厂、火焜岙关帝庙、大沙岙小虎屿、国姓岙斩不断尾和火焜岙两岸等 5 处海域铜藻场面积都在 600 m^2 以上。2007 年调查只剩下小虎屿和火焜岙北岸两处，面积不到 1980 年时的 80% 和 20%，其他三处已彻底消失，各离岛已难觅铜藻踪迹。

（二）藻场生态工程

一旦人类干扰因素消失，近岸海域环境将回归原始状态，海藻能迅速恢复到自然状态。如果海域周边没有海藻群落，海藻的修复则可能比较缓慢，并且恢复的生态系统也很不稳定，其修复效果主要取决于海藻扩散的区域、修复的面积以及捕食海藻的食植动物的种类和活动。目前人类已经采用各种技术手段试图恢复退化的海藻场。

生态工程是运用生态学、经济学有关理论和系统论的方法，以生态环境保护与社会经济协同发展为目的，对人工生态系统、人类社会生态环境和资源进行保护、改造、治理、调控、建设的综合工艺技术体系或综合工艺工程。开展生态工程的目的，是要解决当今世界面临的生态环境保护与社会经济发展的协调问题，即要解决现代人类社会可持续发展的问题。

在沿岸海域，通过人工或半人工的方式，修复或重建正在衰退或已经消失的原天然海藻场，或营造新的海藻场，从而在相对短的时期内形成具有一定规模、较为完善的生态体系并能够独立发挥生态功能的生态系统，这样的综合工艺工程即为海藻场生态工程。根据待治理的目标海域的实际状况，海藻场生态工程可大致分为重建型、修复型与营造型 3 种类型。重建型海藻场生态工程是在原海藻场消失的海域开展生态工程建设；修复型海藻场生态工程是在海藻场正在衰退的海域开展生态工程建设；营造型海藻场生态工程是在原来不存在海藻场的海域开展生态工程建设。

（三）藻场建设

日本对海藻场研究起步最早，为应对全球气候变化加剧，针对海藻场大面积减少情况，20 世纪 80 年代后增加了科研投入，以昆布和马尾藻为主的人工海藻场建设取得突破性进展。日本学者对铜藻一直很关注，在生物学研究的基础上，对铜藻藻床基质筛选、藻床结构及投置方式等藻场生态工程方面作了广泛研究。美国以经济利用为目的，开展了巨藻场和马尾藻场的生态系统研究，巨藻原产于北美洲大西洋沿岸，澳大利亚、新西兰、秘鲁、智利及南非沿岸都有分布。由于其藻体大，可达 300 m，生长迅速，并且孢子体可以生活 4~8 年，有的竟达 12 年之久，特别适合做为人工藻场的构建。20 世纪 80 年代加州沿岸海藻场毁灭性消失，藻场建设研究得到足够重视，持续科研投入，海藻场逐渐得以恢复。近年，生物能源生物质研究的启动及对海洋生态环境生物修复的重视，美国、英国、加拿大等国科学家还在海洋上建立“海藻园”新能源基地，加快了人工藻场建设。

我国先后进行了海带、裙带菜、石花菜和麒麟菜藻场的研究。1980年至1983年多次从美国引种巨藻，在渤海口长山列岛营造巨藻场。黄渤海沿岸大连、烟台、青岛移植海带成功，极大地丰富了浅海植被，海带栽培取得举世瞩目的业绩，跃居世界海藻第一生产大国，同时为缓解我国近海富营养化作出了贡献，是我国海藻场建设最为成功的范例。近年来随着海洋牧场建设，围绕铜藻、鼠尾藻和瓦氏马尾藻等藻场建设开展了一系列研究，并取得良好效果，为特定海域生态环境改善和生物资源养护做出了贡献。

藻场建设主要包括以下几个方面：

1. 现场调查与评估

通过在不同季节进行野外采样调查和潜水调查，明确目标海域的基本水文水质状况、底质状况、海洋生物的物种多样性与丰富度等。对于重建或修复型海藻场生态工程而言，还要对原海藻场的文献资料进行彻底调查，结合现场调查，确定海藻的种类、分布、面积、覆盖率、空间藻类密度、生命周期、理想生长条件及引起海藻场衰退或消失的特定原因等，然后通过有效评估手段来确定海藻场生态工程的具体方案。

2. 物种选择

对于重建或修复型海藻场生态工程，一般以原种类的海藻作为底播种；对于营造型海藻场生态工程，要根据目标海域的荒漠化状况与上述现场调查资料及海藻本身的生长需求确定适合的海藻种类。需要注意的是，在引进外来物种时要经过审慎的论证。

3. 基底整备

基底整备包括沙泥岩比例的调整、底质酸碱度的调节、基底坡度的整备等。一般来说，多数海藻都需要坡度较缓、水深较浅的硬质底，以满足其生存的空间、能量和营养需求。

4. 培育

对于通过移植母藻的方法来进行的海藻场生态工程，培育工作主要是指母藻的保土保活及室内培育。对于通过人工撒播藻液或藻胶进行“播种”的方法来实现的海藻场生态工程，培育工作主要是指藻液或藻胶的制备。对于通过投放人工藻礁来实现的海藻场生态工程，培育工作主要是指含有营养盐和苗种的礁体的制备。

5. 移植与播种

对于通过移植母藻的方法来进行的海藻场生态工程，可以在退潮时在潮间带直接将移植的母藻植入底质，也可以通过潜水作业在目标海域直接沉放。对于移植母藻的方式，移植工作还包括母藻在原生存海域的采集。对于通过人工撒播藻液或藻胶进行“播种”的方法来实现的海藻场生态工程，可以将藻胶或藻液通过潜水作业直接均匀洒播于目标底质。对于通过投放人工藻礁来实现的海藻场生态工程，移植与播种工作主要是指含有营养盐和苗种的礁体在陆基工厂的制备及适应性培养、运输、投放等。

6. 养护

养护工作包括对未成熟的海藻场生态系统进行定期的监测，及时补充营养盐等无机物，修整生态系统的各级生产力，人工、半人工生态系统的生物病害防治工作，生物种质的改良工作等。同时包括在近岸底播所形成的生态系统的完善工作，借助生态系统本身或人工方式逐步增加该生态系统的生物多样性。进行海洋动物的底播增殖工作本身是近岸底播生态工程措施之一，同时也是海藻场生态工程的有机补充，其养护工作包括在系统内进行贝、藻、参、胆等的多种组合方式的混养，这样不仅可促进系统的良性循环，而且可获取可观的经济效益。

藻场建设和管理是一个系统工程，其最稳妥有效的方法是避免、阻止和限制由于人类活动导致生境的退化和消失，重点保护海藻生长的水质环境和岩石基质生境，限制人们对海藻及其生态系统中其他生物的捕捞，改善因渔业直接或间接造成的海藻场退化现象。

第三节　红树林生态系统修复

一、红树和红树林

（一）红树

红树植物是指专一性地生长于热带、亚热带潮间带的木本植物，它们只能在潮间带生境中生长繁殖，在非海滨生境不能自然繁殖。

（二）红树林

红树林是生长在热带、亚热带海岸潮间带滩涂的木本植物群落（图 II-3-8），其主体是真红树。

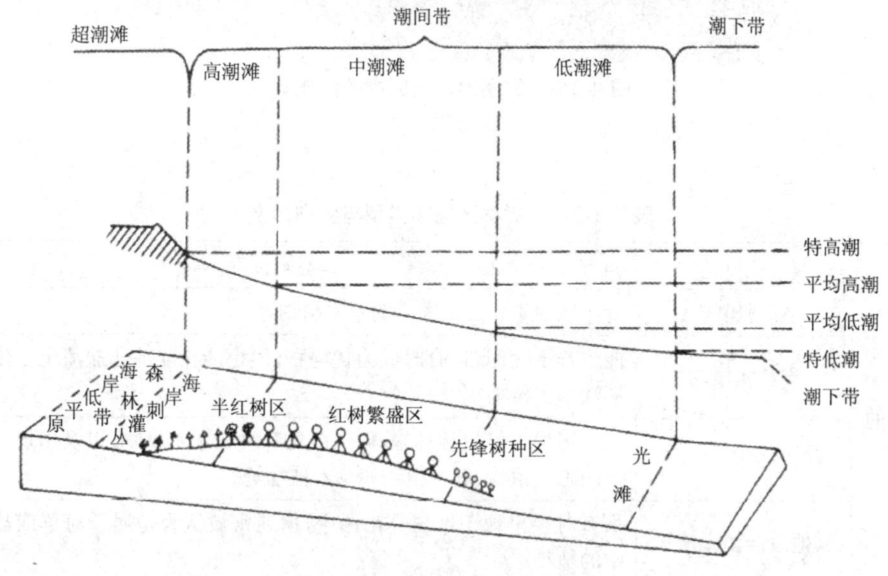

图 II-3-8　红树林在潮区的分布

（引自林鹏，2006）

中国红树林天然分布于海南三亚市榆林港（18° 09′ N）至福建福鼎市沙埕湾（27° 20′ N）之间，人工引种北界为浙江乐清市（28° 25′ N），包括广西、广东、海南、福建、浙江、台湾、香港及澳门等地的海岸带（图 II-3-9）。

就红树林面积而言，广西、广东、海南、福建和浙江等地区分布的红树林面积比例分别占五省红树林总面积的 40.2%、35.7%、18.5%、5.3% 和 0.3%。

红树林主要分布在热带，但由于受温暖洋流的影响，也可分布在亚热带，甚至个别达到暖温带；有的地方受潮汐的影响，也可分布于河口海岸和水陆交叠的地方。由于涨潮时红树林被海水部分淹没仅露出树冠或完全淹没待退潮时方可露出，故称其为海上森林或海底森林。红树林内植物种类繁多，为了便于对红树林的科学研究、管理保护和开发利用，林鹏（2006）将红树林生态系统中出现的植物区分为4个类型并给出了鉴别标准（表II-3-2）：

图II-3-9 香港湿地公园内的红树林

（安鑫龙拍摄，2016）

表II-3-2 红树林区植物类型与鉴别标准

<table>
<tr><th colspan="2">类型</th><th>鉴别标准</th></tr>
<tr><td rowspan="4">红树林中的高等植物</td><td>红树植物</td><td>专一性地生长于潮间带的木本植物</td></tr>
<tr><td>半红树植物</td><td>能生长于潮间带，有时成为优势种，但也能在陆地非盐渍土上生长的两栖性木本植物</td></tr>
<tr><td>红树林伴生植物</td><td>偶尔出现于红树林林缘，但不成优势种的木本植物，以及出现于红树林下的附生植物、藤本植物和草本植物等</td></tr>
<tr><td>其他海洋沼泽植物</td><td>虽有时也出现于红树林沼泽中，但通常被认为是属于海草或盐沼群落中的植物</td></tr>
</table>

红树林内生长着木本植物、草本植物和藤本植物等，其中木本植物包括长期只生长于受潮汐浸润的潮间带的真红树和只有高洪期方可浸润的高潮带以上或具有两栖性的半红树植物。因此，通常说的红树植物是指真红树植物。

红树林是许多海洋生物的栖息地、躲避敌害、育苗和生长的良好场所，作为滨海湿地防护林能够抵抗潮汐、过滤陆地径流和内陆带来的有机物质、为近海区提供有机碎屑，通过网罗碎屑拦淤造陆、促进土壤形成，作为海洋高等植物能够净化海区污染物，作为典型的近海生态系统已成为进行社会、环境教育和旅游的自然和人文景观。因此，红树林具有维持海岸带生物多样性以及防风固岸、促淤造陆等重要生态功能。

二、红树林破坏

受自然因素和人类活动干扰的影响，世界范围内红树林生长环境日益恶化、覆盖面积迅速缩减，并威胁到了其他海洋生物的生存。

（一）导致红树林生态系统受损的自然因素

1. 温度等气象条件

红树植物是热带起源的物种，-5℃是其存活的生理极限温度。若温度过低，如出现暴雪寒潮等天气，一段时间内将会出现花果叶脱落、枝条枯萎甚至植株死亡，尤其是有些种类的幼苗出现冻死现象。

2. 自然灾害

火山喷发、台风、地震等自然灾害引起红树林群落结构衰退。

3. 敌害生物

红树病虫害大面积发生、互花米草（*Spartina alterniflora*）、薇甘菊（*Mikania micrantha*）和飞机草（*Eupatorium odoratum*）等外来物种入侵、石莼和浒苔等大型海藻和鱼藤大面积的缠绕和覆盖、藤壶固着等等会对红树林生态系统造成一定的负面影响甚至引起红树林急剧衰退。

（二）导致红树林生态系统衰退的人为因素

人类活动直接导致红树林覆盖面锐减，围填海是红树林面积减少的最直接原因，如城市扩展、海岸工业交通设施建设、毁林造地、毁林造田、围垦红树林滩涂进行海水养殖、海堤建设等；沿海城镇的快速发展排放大量污染物入海，导致海岸附近及近海环境污染、土地盐碱化和局部海水水质下降；红树林区资源动物的采捕、旅游业发展等均会对生境造成一定影响。这些人为因素导致红树林受损甚至消失。国家海洋局统计结果显示，20 世纪 50 年代我国红树林面积约 550 km^2，至 2002 年红树林面积已减少至 150 km^2，红树林面积减少了 73%，其中广东、海南和广西红树林分布面积分别减少 82%、52% 和 43%。其次，乱砍滥伐导致林分面积减少、林分退化、质量下降。

三、红树林生态系统保护和修复方法

国家十三五规划提出了实施“南红北柳”湿地修复工程，即在南方以种植红树林为主，在北方以种植柽柳、芦苇、碱蓬为主。就红树林生态系统保护和修复而言，要按以下思路进行：在对我国红树林生态系统进行资源现状调查和退化原因分析基础上，在东南沿海地区开展红树林生态保护、修复和保育工程。即通过建立严格的保护管理措施，控制人为干扰程度，消除红树林退化压力，促进红树林生态系统的自然演替和恢复；与此同时，因地制宜和因时制宜地开展红树林人工种植和保育，创新发展红树林宜林地和树种选择以及种植和养护技术；在红树林恢复的同时创造条件恢复经济动物种群，提高周边居民收入。

（一）红树林生态系统保护

我国是世界上最早从行政管理法规上明令保护红树林的国家。早在 1789 年，海南东寨港林市村的《林市村志》就对红树林的保护做出了明确规定，这是我国最早有文字记载的保护红树林的乡规民约。针对目前我国实际情况，我国红树林生态系统保护应从以下几方面着手进行：

1. 加强宣传教育工作

在我国红树林分布沿海地区各级政府相关部门和社会团体等要充分利用电视、广播、报纸和新媒体等多种媒体开展红树林保护宣传教育专题工作，倡导清洁生产、减少污水入海排放等，提高公众对红树林破坏成因和危害的认知水平。积极组织海洋、环境和林业等专业人员成立志愿服务团队，参加各项社会活动和志愿者活动，如在红树林分布区向民众和旅游者发放相关材料、设立红树林保护温馨提示牌、播放红树林保护广播、倡导生态旅游等。通过各种形式的宣传教育工作,可以有效提高人们保护红树林意识并付诸实际行动。

2. 查明红树林生态系统受损原因和加强红树群落动态监测

过度砍伐、养殖开发、建筑扩张、生境污染等人类活动是红树林生态系统受损的主要因素,不同区域的红树林生态系统受损原因可能不同。因此,摸清不同区域的红树林生态系统受损原因,为红树林的保护和生态修复提供基础数据。互花米草等外来物种入侵也不容小觑,郭欣等(2017)调查显示,雷州半岛沿海滩涂上的广东湛江红树林国家级自然保护区及附近海岸,在有红树林生长分布的区域,互花米草主要沿靠海一侧的滩涂分布,有的生长在红树林林缘;在红树林生长分布稀疏的区域,也有扩散到红树林内的情况,且互花米草和乡土红树植物的生态位重叠。因此提出对互花米草要采取"早发现,早清除"的治理措施,并开展跟踪监测,及时掌握互花米草的扩散动态,为红树林的保护和生态修复提供重要参考。

3. 加强红树林保护,建立红树林保护区

对现存群落较好、在清除或缓解胁迫后群落可自然正向演替的红树林要加强保护。我国红树林保护区始于1975年香港米埔红树林保护区的建立,40年来我国红树林保护区建设得到快速发展。1980年在海南东寨港建立了第一个国家级红树林自然保护区,目前为止建立了福建漳江口红树林自然保护区、广东湛江红树林自然保护区、广西山口红树林生态自然保护区、广西北仑河口红树林自然保护区等国家级红树林自然保护区以及广东龙海红树林自然保护区、海南青澜港红树林自然保护区、海南彩桥红树林自然保护区、海南三亚河红树林自然保护区、海南牙龙湾青梅港红树林自然保护区、海南花场湾红树林自然保护区、海南新英红树林自然保护区、海南东场红树林自然保护区和海南夏兰红树林自然保护区等省、市、县级红树林自然保护区,这些红树林自然保护区为我国红树林生态系统的保护起到了极为重要的作用。卢元平等(2019)研究结果显示,当前全国自然保护区内的红树林面积占红树林总面积的61.4%,还有38.6%红树林分布在保护区的边界外面未受到严格的保护;红树林面积较小的省份,自然保护区内覆盖的红树林面积比例较高,而红树林面积最大的广西,红树林受保护的比例最低。因此,鉴于红树林具有消减波浪、促淤保滩、防风固岸、栖息地提供等重要功能,新建或扩建自然保护区、使主要分布区的红树林纳入自然保护区是十分必要的。

4. 加强红树种质资源保护和红树林修复研究

红树种质资源是研究和利用红树的基础,对一些濒危物种进行保护意义重大。面对日益退化的红树林,加强红树林修复研究对于保护红树林具有十分重要的作用。

(二)红树林生态系统修复方法

20世纪80年代以来,毁林养殖、采挖林区经济动物、生境污染、旅游破坏等导致红树林资源面临较大威胁。随之,我国开展了红树林的改造修复生产实践。直到1991年,我国开始对红树林生态系统进行全面修复。目前来看,常见的红树林生态系统修复方法包括生境修复法和红树种植法。

1. 生境修复法

林地选择是红树林造林的关键。生境修复法即通过保护、改善或者模拟红树林生境,借助红树的自然繁衍来达到逐步恢复的目的,如通过封滩育林、退塘还林、截留污染物入海、清理漂浮垃圾、净化水质、改善底质、驱逐螃蟹和鼠类、人工铲除和施化学药剂等除去入侵植物和覆盖缠绕植物等敌害生物等方法为红树生长繁殖提供良好生境。

2. 红树林种植法

在红树林改造和重建过程中，需要种植红树植物。对已有退化、低矮的群落进行人工修复，如套种当地演替序列中后期的红树树种加快群落的正向演替或提高群落的生态健康水平；用乡土红树树种替代外来树种进行改造；对遭受自然和敌害生物严重危害的红树植物群落，在清理或伐除病腐木后进行适当补植；在无红树林生长的地点，如宜林滩涂和困难光滩等区域通过直接种植或工程措施新造红树林，潮滩高程是选择宜林潮滩的关键指标，在低高程滩涂造林很难获得成功，河口及和外围有天然红树林屏障的滩涂造林易成功；原来围垦红树林滩涂进行海水养殖的区域，要清除塘堤，完全恢复潮间带自然地貌特征，对生境进行宜林化改造后新造红树林。

根据种苗来源可将种植红树林的方法分为天然苗造林、胚轴造林和容器苗造林 3 种，也可以分为胚轴插植法、人工育苗法、直接移植法和无性繁殖法 4 类：

（1）胚轴插植法

胚轴插植法是从野外直接采集繁殖体胚轴进行种植，造林成活率较高，是目前红树林造林的主导方法，成本仅为容器苗造林的 21%、天然苗造林的 27%。该法适于有遮蔽或有成林掩护岸段，通常把胚轴长度的 1/3~1/2 直接插入土壤基质。为防止胚轴插植后被海浪冲走，可在定植后用竹条或塑料管搀扶固定；对隐胎生、繁殖体短小的红树植物，可用种子保护罩保护。

（2）人工育苗法

人工育苗法即在种植前使用容器育苗，待苗木培养一定时间后连带容器出圃用于造林种植，造林成活率较高，目前正逐步成为另一种主流的造林方法。育苗使用的培养基质要根据不同树种进行种类选择，可用天然滩涂的淤泥或泥沙，亦可用人工调配的基质。该法可为红树林恢复工程提供质量更好、抗性更强的苗木，因此在一定程度上提高了造林成活率。

（3）直接移植法

直接移植法是从红树林中挖取天然苗木进行造林，因天然苗根系裸露，在挖苗和种植时易受伤害，加之苗木年龄和规格因素，导致成活率较低。

（4）无性繁殖法

利用组织培养技术，培育红树植物优良品系乡土无性系种苗进行造林，或者利用植物生长素吲哚乙酸等处理红树植物进行扦插造林。

目前来看，大树移植成活率低故不要移植大的原生红树，裸滩造林时适当高密度种植可以形成群体效应有利于提高成活率。另一方面，红树品种众多，引种时要慎重考虑，如拉关木（*Laguncularia racemosa*）、无瓣海桑（*Sonneratia apetala*）等一些品种因存在繁殖速度快、挤占本地品种生存空间、掉落物多、易使海水酸化等现象不宜引入种植。

最后指出，由于很多鸟类靠潮涨潮落之后光滩上的鱼虾贝为食，故有人提出红树林修复时要适当保留光滩，这样有利于吸引候鸟在红树林栖息，形成美丽和谐的生态景观，让整个海洋生态系统可持续发展。因此，将单纯的红树植被修复扩展到红树林湿地生态系统整体功能的恢复，将鸟类和底栖生物生境恢复纳入恢复目标，这样，有海滩，有红树林，有牡蛎礁，有海草床，有鱼类和鸟类等才能称得上是完美的红树林生态系统。

四、红树林生态系统修复的维护

红树林生态系统修复所需时间长短与其受损程度、干扰因素、修复措施、水动力条件等有关。因此，修复过程中注意及时进行维护，如修复区外围设置防护网等标志以免被破坏，繁殖体被海水冲走、藤壶、绿潮藻和互花米草危害以及动物取食后及时补种和清理敌害,禁止围网捕鱼和挖取海滩动植物,红树林病虫害及时防治等等,这些维护措施对于红树林生态系统修复具有重要意义。

第四节 珊瑚礁生态系统修复

珊瑚礁生态系统是地球上生物多样性最丰富、生产力最高的生态系统之一,被誉为“海洋中的热带雨林”,对调节全球气候和生态系统平衡起着不可替代的重要作用。据世界资源研究所(World Resources Institute)2011 年报道,珊瑚礁生态系统以只占不到全球海洋 0.1% 的表面积,却占据了全球 25% 的海洋生物多样性,其单位面积的初级生产力居于全球各类生态系统首位。

虽然珊瑚礁生态系统具有较高的生物多样性,但由于全球气候变化、海洋酸化、过度捕捞等多重压力,导致全球的珊瑚礁面积不断缩小,逐步退化。据全球珊瑚礁监测网(GCRMN)2004 年的评估报告,全球 20% 的珊瑚礁已遭到严重破坏并且没有进行过积极有效的珊瑚礁生态修复工作。

我国珊瑚礁面积在世界上列第 8 位,主要分布于南海诸岛、海南、广东、广西、福建沿岸以及台湾、香港等海域,在人类活动及全球气候变化的影响下,我国的珊瑚礁生态系统也出现了不同程度的退化现象。以西沙群岛为例,2007 年之前宣德群岛珊瑚覆盖率可以达到 50% 以上,而 2017 年数据显示珊瑚覆盖率不足 10%。

一、珊瑚礁生态系统

(一)珊瑚

珊瑚是海洋无脊椎动物,属于刺胞动物门的珊瑚虫纲。严格来说珊瑚有广义和狭义之分,广义的珊瑚通常包括石珊瑚(hard coral、stone coral、stony coral、Scleractinia)、软珊瑚(soft coral、Alcyonarian)、柳珊瑚(sea fan、sea whip、Gorgonian)、红珊瑚(red coral、Corallium)、角珊瑚(black coral、iron tree、Antipatharia)、苍珊瑚(blue coral、Helipora)、笙珊瑚(music coral、Tubipora)等,而狭义的珊瑚通常指珊瑚虫纲六放珊瑚亚纲石珊瑚目中的所有种类。

珊瑚虫通常生活在由许多相同的个体珊瑚虫组成的紧密群体中,珊瑚虫分泌碳酸钙形成坚硬的骨骼。珊瑚是由无数基因相同的珊瑚虫组成的群落。每个珊瑚虫通常直径只有几毫米,一组触手环绕着一个中央口道。外骨骼在基部附近生成,经过许多代的繁衍,逐渐形成了一个具有该物种特征的巨大骨架。

虽然有些珊瑚能够利用触须上的刺细胞捕捉小鱼和浮游生物,但大多数珊瑚的大部分能量和营养都来自共生藻的光合作用,这种共生藻通常被称为虫黄藻。这种珊瑚需要阳光,通常分布在 60 m 以浅的海域。其他不依赖虫黄藻的珊瑚,它们可以生活在更深的水中,冷水珊瑚可以生活在 3 300 m 的深处。

(二)珊瑚礁

珊瑚礁是以石珊瑚的骨骼为主体,与珊瑚藻、贝壳、有孔虫等钙质生物堆积而形成的一种岩石体,主要成分为碳酸钙。以珊瑚礁为依托的水下生态系统则为珊瑚礁生态系统。珊瑚礁是由珊瑚虫群组成的,珊瑚虫群由碳酸钙聚集在一起。

大多数珊瑚礁分布在热带海域的浅水区,为至少 25% 的海洋物种提供了栖息地,包括鱼类、软体动物、蠕虫、甲壳类、棘皮动物、海绵和其他刺胞动物。珊瑚礁生长在几乎没有营养的海水中。它们最常见于热带水域的浅层，但在其他地区，深水和冷水珊瑚礁的规模较小。

珊瑚礁为旅游业、渔业和海岸线保护提供生态系统服务。珊瑚礁每年的全球经济价值估计在 9.9 万亿美元左右。珊瑚礁很脆弱，它们正面临着全球升温、海洋酸化、过度捕捞、营养盐过剩和海洋工程的影响。

二、珊瑚礁生态系统破坏

珊瑚礁生态系统被认为是地球上最有影响力的海洋生态系统之一。在过去的几十年，加勒比海和印度－太平洋海大范围的珊瑚死亡，世界近三分之一的珊瑚种类正在受到威胁，珊瑚礁的三维生境正在遭受严重破坏。因此，保护珊瑚礁资源已成为世界关注的问题。

导致珊瑚礁破坏的原因是多方面的，虽然珊瑚有一定的自我恢复能力，但是当破坏的速度超过其自我恢复的速度时，珊瑚礁就会逐渐衰退。影响珊瑚礁生长的主要因素有：全球升温、海水酸化、臭氧的消耗、自然灾害、敌害生物暴发等自然因素，以及破坏性的捕鱼方式、海水污染、珊瑚礁开采、旅游活动等人为因素。

（一）导致珊瑚礁生态系统受损的自然因素

1. 全球升温

随着化石燃料的大量使用和森林的大面积破坏，大气中二氧化碳和其他温室气体含量逐渐增多，导致全球气候变暖。珊瑚对海水温度变化非常敏感，珊瑚生长的水温约为 20~30 ℃。米利曼认为 23~27 ℃是造礁珊瑚生长发育的最佳水温，韦尔斯认为最佳水温上限可达 29 ℃。海水升温会使珊瑚虫释放掉其体内的虫黄藻。虫黄藻是珊瑚的共生藻，其光合产物的 80% 以上提供给珊瑚，同时还给珊瑚带来了丰富的色彩，因此虫黄藻被释放后珊瑚就会出现不同程度的“白化”。

2. 海水酸化

在过去几十年里，大气中二氧化碳含量增加了近 1/3，这也增加了海水中溶解的二氧化碳，降低了海水的 pH 值。海水中大量的二氧化碳会降低 CO_3^{2-} 的浓度，降低 $CaCO_3$、各种矿物（文石、方解石等）的饱和度，这些矿物都是珊瑚和其他海洋生物生长骨骼的材料。工业革命以前，海洋中的碳酸盐含量是现在的 3.5 倍，珊瑚很容易吸收和制造骨骼。随着海水中二氧化碳的增多，碳酸盐浓度越来越低，使得珊瑚等海洋生物富集碳酸盐的能力降低，珊瑚骨骼的钙化速率也降低。当海水中二氧化碳含量达到 550 μmol/mL 时，珊瑚等海洋生物将不能从海水中富集碳酸盐，珊瑚将不复存在。

3. 臭氧的消耗

由于 CFCs 等化学物质大量泄漏，臭氧层变得越来越薄。臭氧层的变薄会使到达海面紫外线的强度和种类增加。虽然珊瑚有天生对抗热带日光的保护层，但是紫外线的增强还是会对浅水区域的珊瑚礁造成破坏。

4. 自然灾害

每年的热带风暴、台风等极端天气都会对珊瑚礁生态造成破坏，生长数百年的珊瑚礁可能在瞬间被摧毁，却需要漫长的时间来恢复。此外还有可能将深海区的营养盐带到浅水区，从而导致珊瑚敌害生物暴发。

台风增多的主要原因就是气候变暖，当海平面的温度上升时，会形成更多的低压区，而高压区的风流入低压区就会形成热带风暴，由此转变为台风。而全球变暖会使很多原本的高压区变为低压区，因此台风的数量会逐渐增多。

5. 敌害生物暴发

长棘海星（*Acanthaster planci*）以珊瑚为食，啃食珊瑚虫，平均一只长棘海星一天可以破坏约 2 m² 的珊瑚。数百万只长棘海星同时出现，几天之内可以将珊瑚礁吃得面目全非，对珊瑚礁生态造成严重破坏。自 1963 年长棘海星在澳大利亚大堡礁暴发以后，逐渐扩散到世界范围内的其他珊瑚礁海域，对珊瑚礁和岛屿造成威胁。海洋生物学家发现长棘海星暴发与台风有关。原来台风将大量的营养盐冲刷到珊瑚礁海域，造成水中浮游生物突然间大量繁殖，而这些浮游生物又正好是长棘海星幼虫的食物，充足的食物让很多幼虫存活下来，大约三年后，这些幼虫长大，就开始大肆啃食珊瑚。我国西沙群岛海域和海南岛周边海域在 2008 年前后也暴发过长棘海星，对珊瑚礁生态系统造成非常大的破坏（图 II-3-10）。

图 II-3-10 长棘海星侵食珊瑚礁

（李元超和吴钟解拍摄）

（二）导致珊瑚礁生态系统受损的人为因素

1. 破坏性的捕鱼方式

渔民为了眼前的利益经常采用一些极端的手段捕鱼，如药鱼、炸鱼等。药鱼主要使用氰化物，氰化物中毒之后，体型较大的鱼可以通过自身机体代谢处理掉氰化物，但是对于小型的鱼或是别的小型的海洋生物如珊瑚虫来说，氰化物会杀死它们，存活下来的也可能导致它们发育畸形。炸鱼是珊瑚礁海域常见的捕鱼方式，这种捕鱼方式会给珊瑚礁海域造成毁灭性破坏。除了珊瑚礁鱼类，其他的海洋生物也一并被杀死。同时，还破坏了珊瑚礁的三维结构，使其他海洋生物失去了生活场所，使珊瑚礁变成了海底墓场。

2. 开采珊瑚礁

在很多地区珊瑚礁被用作建筑材料，建房或者铺路，也有被用来烧制石灰。珊瑚还被用来制作纪念品，尤其是在一些发展中国家珊瑚被制作成装饰品、珠宝向游客兜售。另外，现在正在兴起的海水水族也是导致珊瑚大量盗采的原因。珊瑚属于国家二级保护动物，生长速度也较慢。目前海水水族市场输入了太多的野生个体，今后应当更依赖于人工繁殖技术。人工繁殖技术的提高，可以提供更多的种类，满足人们的需要，也是对野生珊瑚礁资源的保护。

3. 海水污染

许多研究已经证实海水污染是造成珊瑚礁退化的重要原因。海水有很多污染源，譬如营养盐、悬浮物、石油和农药等。当人类向海洋中倾倒生活污水或工业废水，或是河流携带着污水流入珊瑚礁海域时，都会对珊瑚礁造成破坏。这些污水增加了珊瑚礁海域中营养盐含量，促使藻类暴发，使珊瑚虫得不到足够的光照而死亡。此外，沿岸进行的工程施工、采矿活动、农业活动等都可能会造成水土流失，雨水又将大量固体颗粒冲进海洋。大量的固体颗粒不仅阻挡了光线而且还会覆盖在珊瑚表面，阻止珊瑚虫呼吸。

4. 旅游业

最初马尔代夫是以渔业作为整个国家的经济支柱，而随着时间的不断推移现如今马尔代夫的旅游业已经完全超过了渔业成为了第一大经济支柱。旅游收入对于马尔代夫的GDP贡献一直保持在30%左右，已经持续了很多年。而现如今在马尔代夫的众多潜水地出现了不同程度的破坏，珊瑚大量死亡。

大量的游客给脆弱的珊瑚礁生态带来了破坏，微不足道的防晒霜可能会杀死一片珊瑚。因为一滴氧苯酮和肉桂酸钠，虽然看似不起眼但是它会给你面前大片的珊瑚带来毁灭性的打击。旅游区内的污水、垃圾如果处理不好都会污染海水。此外，游客划船、潜水、船抛锚，甚至于在珊瑚礁上的任何行走触碰都可能会对珊瑚造成破坏，更不用说游客对珊瑚的采摘了。

三、珊瑚礁生态系统修复方法

全球珊瑚礁生态系统处于不断变化当中，有衰退的区域，也有恢复的区域。健康的珊瑚礁生态系统可以应对自然干扰，可以从严重干扰中恢复过来的，但是完全恢复可能需要花费数十年时间。受人类长期影响的区域，为了能有恢复机会，就需要采取一些修复措施。珊瑚礁修复绝不应该被夸大，应该清楚的了解它的局限性，这项工作仍处于起步阶段。目前来看，常见的珊瑚礁生态系统修复方法包括物理修复法和生物修复法。

（一）物理修复

物理修复主要是利用工程的方法修复珊瑚礁的环境，生物修复则是以修复生物群落和生态环境为主。有些破坏活动，如船舶搁浅、珊瑚挖掘和炸鱼等，均会对珊瑚礁群结构造成严重的物理伤害，或者创建一些不稳定区域：如珊瑚碎屑区域，如果不采取物理修复措施，即使花上几十年也是难以修复的。

1. 受损珊瑚礁的紧急处理

当一些突发事件破坏了珊瑚礁，这时候紧急处理对修复是很有帮助的。这涉及固定珊瑚和其他礁栖生物，或者转移到一个安全的生境。紧急处理需要参照标准（例如大小、年龄、难度以及对生境多样性的贡献）决定哪些珊瑚优先进行急救处理。

外来物（树干、油桶等）可能会随着波浪对完好的区域造成危害，或者造成污染。每年台风后，沉积下的物体都应该从珊瑚礁中清除掉。

在不稳定的碎石区域，珊瑚会被磨掉或者埋起来，这种地方珊瑚存活的概率相当低，在风暴潮期间这些被扰动起来的碎石，可能影响到附近的珊瑚礁区域。通过浇筑混凝土到碎石上可以固定，但是随后的风暴潮还可能对其造成破坏。有些情况下用大的石灰岩覆盖碎石，可以取得较好的效果。

2. 人工渔礁构建

人工渔礁属于物理修复范畴，材料可以从石灰石、钢铁到设计好的混凝土。在修复项目中使用这些材料应该慎重考虑，因为引入人工基质是一种替代活动，存在一定风险。

人工渔礁应用于修复珊瑚礁生态系统主要适用于缺少珊瑚幼虫附着基底的区域，如泥沙底质区域，或者底质类型不稳定的区域，如珊瑚碎屑区域。因为碎屑区域的不稳定性，在波浪等作用下，珊瑚碎屑可能把新近附着的珊瑚幼虫或者小的珊瑚个体摩擦至死。人工渔礁的作用就是提供珊瑚幼虫附着基质及稳固底质。

人工渔礁的设计外形多种多样，主要根据当地的实际情况进行考虑，可以是圆柱状、盒状、桌状、球状、平板状等等。

（二）生物修复

最常见的生物修复手段就是将珊瑚移植到退化区域。值得一提的是，一定要降低对供体珊瑚的影响，并尽量提高移植珊瑚的成活率。最后只有当一个自我支持的、功能正常的珊瑚礁系统出现，修复工作才算获得成功。

1. 珊瑚的无性繁殖

（1）珊瑚的无性培育

珊瑚无性培育是指从片段生长成个体，是一种常见的珊瑚培育方法，单个个体能够成长为一个群落。无性培育的目标是：最大化利用给定数量的材料，最大程度降低对供体的损害；从小片段生长成的小群落应该比直接移植的小片段的成活率更高；可以建立小的珊瑚种源库，随时提供可用的移植源。

无性培育的潜在好处是，单一个体片段能产生数以百计的小个体。培育片段越小，它们需要的培育时间越长，也需要更好的培育环境。大约 3 cm 大小的片段可能需要 9~12 个月生长成相当于拳头大小的个体。

单一个体能产生上百个体，这对于修复工作来说非常有用，但是实际的修复工作则需要考虑遗传多样性。收集珊瑚片段或者从大量供体中采集少量断枝，是一些比较有前景的移植方式，能够确保遗传多样性。如果还可以鉴别出抗白化或者是耐受基因型，那么无性培育就提供了一个有前景的并能够培育大量移植珊瑚个体的良好途径。

（2）珊瑚移植

在过去的十几年里珊瑚移植（图 II-3-11）在珊瑚礁修复中发挥了重要作用，成为修复珊瑚礁的主要手段。珊瑚移植的主要工作是把珊瑚整体或部分移植到退化区域，改善退化区域的生物多样性。

图 II-3-11 珊瑚移植

（李元超拍摄）

珊瑚移植最大的问题是珊瑚的来源问题，为了获得移植源可能需要从其他珊瑚群落收集一些珊瑚。通常从珊瑚供体取得小的片段在一段时间的培养后会生长为一个小的群落，然后再进行移植。

无论是直接移植或培育后移植,应取用供体源群落的一小部分(少于 10%),这样可以将供体群落的生存压力降到最小。对于大块的珊瑚群落,最好从群落的边缘移取片段。

2. 珊瑚的有性繁殖

珊瑚排卵主要取决于四个因素:时间、水温、潮汐和月运周期。大部分珊瑚排卵的时间是一致的,一般发生在春季,如鹿角珊瑚每年在 5~6 月份集中排卵,滨珊瑚每年在 4~5 月份排卵,也有一些珊瑚每年会多次排卵,时间也几乎是固定在每年的那几段时间。

在自然界中,绝大多数卵都不能存活,但是如果珊瑚幼虫或者珊瑚卵能够被采集和人工培育,死亡率会大幅度降低。珊瑚有性繁殖具有两大优点:只需要少量的片段供体,可以减少对珊瑚源的破坏;有性繁殖珊瑚不是克隆体,可以有效增加珊瑚的遗传多样性。

珊瑚幼体培养一段时间就可以定植在水族箱里面,随后这些小珊瑚就可以长到适合移植的大小。这种方法相比于无性繁殖,科技含量更高。

有两种方法收集珊瑚幼虫,其中之一就是收集产卵珊瑚,然后置于水族箱里面直到其产卵。另外一种方法就是每年定期一两次到珊瑚海域收集成千上万的珊瑚幼虫,然后原位或者异位培养。

四、珊瑚礁生态系统修复的维护

很多珊瑚礁修复活动由于缺乏系统的跟踪监测,常常不知道为什么修复活动会成功或失败。失败的原因是因为外部事件引起,还是因为本身方法上存在缺陷?所以不应将珊瑚修复视为一次性事件而应是一个持续的过程。

跟踪监测的数据一定要基于事实。较好的监测指标是珊瑚覆盖率的变化、珊瑚存活率、珊瑚生长率。此外,也应监测一些生物多样性的变化,如珊瑚礁鱼类、大型底栖动物和其他一些有重要经济价值的物种。跟踪监测可以每隔一个月或者几个月进行。如果发现敌害生物过多,如大型藻类生长过快,那么监测间隔时间就应相应缩短以便及时采取补救措施。

【思考题】

1. 海草场的生态功能有哪些?导致海草场生态系统受损的因素包括哪些?海草场生态系统保护方法有哪些?海草场生态系统修复方法有哪些?海草场生态系统修复的维护措施有哪些?

2. 海藻场的生物组成有哪些?海藻场的生态功能有哪些?导致海藻场生态系统受损的因素包括哪些?海藻场建设的内容包括哪些?

3. 导致红树林生态系统受损的因素包括哪些?红树林生态系统保护方法有哪些?红树林生态系统修复方法有哪些?红树林生态系统修复的维护措施有哪些?

4. 导致珊瑚礁生态系统受损的因素包括哪些?珊瑚礁生态系统常见的修复方法有哪些?珊瑚礁生态系统修复的维护措施有哪些?

第四章　海洋生态系统管理

海洋生态系统管理是海洋生态修复学的重要组成部分，生态修复前、修复过程中和修复后均离不开对海洋生态系统的管理过程，但又不仅仅局限于海洋生态修复学范畴。在人类活动影响海洋生态系统日益频繁的今天，海洋生态系统管理却是维持海洋生态系统健康、为人类提供服务价值的根本保障。海洋生态系统管理贯穿于海洋生态修复的整个过程，管理结果记录了生态修复进展和效果，为生态修复评价提供了基础数据，同时为海洋生态管理本身提供科学依据。面对当前海洋环境日益恶化、海洋生态灾害多发、海洋渔业资源衰退等海洋生态、环境和资源问题，需采取海洋生态系统管理与保护、立法和教育等管理措施。

第一节　海洋生态系统管理的法律措施

海洋生态系统管理的法律措施是指海洋生态系统管理者代表国家和政府，依据国家相关法律和法规等，对人们的行为进行管理以保护海洋的措施。依法管理海洋是控制并消除污染、保障海洋资源合理利用并维护海洋生态系统平衡的重要措施，也是其他管理措施实施的重要保障和支持。目前，我国已初步形成了由国家宪法、海洋环境保护法以及相关法律法规等组成的海洋保护法律体系，这是强化海洋监督管理的根本保证。

一、中华人民共和国海洋保护相关法律法规

（一）中华人民共和国海洋环境保护法

为了保护和改善海洋环境，保护海洋资源，防治污染损害，维护生态平衡，保障人体健康，促进经济和社会的可持续发展，1982 年经第五届全国人民代表大会常务委员会第二十四次会议通过实施了《中华人民共和国海洋环境保护法》，目前版本分别经过 1999 年修订、2013 年修正、2016 年修正和 2017 年修正。本法适用于中华人民共和国内水、领海、毗连区、专属经济区、大陆架以及中华人民共和国管辖的其他海域。在中华人民共和国管辖海域内从事航行、勘探、开发、生产、旅游、科学研究及其他活动，或者在沿海陆域内从事影响海洋环境活动的任何单位和个人，都必须遵守本法。在中华人民共和国管辖海域以外，造成中华人民共和国管辖海域污染的，也适用本法。

（二）中华人民共和国海域使用管理法

为了加强海域使用管理，维护国家海域所有权和海域使用权人的合法权益，促进海域的合理开发和可持续利用，制定本法。该法于 2001 年 10 月 27 日第九届全国人民代表大会常务委员会第二十四次会议通过。本法所称海域，是指中华人民共和国内水、领海的水面、水体、海床和底土。

（三）中华人民共和国海岛保护法

为了保护海岛及其周边海域生态系统，合理开发利用海岛自然资源，维护国家海洋权益，促进经济社会可持续发展，制定本法。该法于 2009 年 12 月 26 日第十一届全国人民代表大会常务委员会第十二次会议通过。本法所称海岛，是指四面环海水并在高潮时高于水面的自然

形成的陆地区域，包括有居民海岛和无居民海岛。

（四）中华人民共和国防治海岸工程建设项目污染损害海洋环境管理条例

为加强海岸工程建设项目的环境保护管理，严格控制新的污染，保护和改善海洋环境，根据《中华人民共和国海洋环境保护法》，制定本条例。本条例于 1990 年 6 月 25 日经中华人民共和国国务院令第 62 号公布，目前版本经历 2007 年 9 月 25 日、2017 年 3 月 1 日和 2018 年 3 月 19 日 3 次修正。本条例适用于在中华人民共和国境内兴建海岸工程建设项目的一切单位和个人。本条例所称海岸工程建设项目，是指位于海岸或者与海岸连接，工程主体位于海岸线向陆一侧，对海洋环境产生影响的新建、改建、扩建工程项目。

（五）防治海洋工程建设项目污染损害海洋环境管理条例

为了防治和减轻海洋工程建设项目污染损害海洋环境，维护海洋生态平衡，保护海洋资源，根据《中华人民共和国海洋环境保护法》，制定本条例。本条例经 2006 年 8 月 30 日国务院第 148 次常务会议通过，于 2006 年 9 月 19 日经中华人民共和国国务院令第 475 号公布，目前版本经历 2007 年 9 月 25 日、2017 年 3 月 1 日和 2018 年 3 月 19 日 3 次修正。

（六）防治船舶污染海洋环境管理条例

为了防治船舶及其有关作业活动污染海洋环境，根据《中华人民共和国海洋环境保护法》，制定本条例。本条例经 2009 年 9 月 2 日国务院第 79 次常务会议通过，于 2009 年 9 月 9 日经中华人民共和国国务院令第 561 号公布，目前版本经历 2013 年 7 月 18 日、2013 年 12 月 7 日、2014 年 7 月 29 日、2016 年 2 月 6 日和 2017 年 3 月 1 日 5 次修正。

（七）中华人民共和国海洋倾废管理条例

为实施《中华人民共和国海洋环境保护法》，严格控制向海洋倾倒废弃物，防止对海洋环境的污染损害，保持生态平衡，保护海洋资源，促进海洋事业的发展，特制定本条例。1985 年 3 月 6 日国务院发布，根据 2011 年 1 月 8 日《国务院关于废止和修改部分行政法规的决定》第一次修订，根据 2017 年 3 月 1 日《国务院关于修改和废止部分行政法规的决定》第二次修订。

（八）中华人民共和国渔业法

为了加强渔业资源的保护、增殖、开发和合理利用，发展人工养殖，保障渔业生产者的合法权益，促进渔业生产的发展，适应社会主义建设和人民生活的需要，特制定本法。该法于 1986 年第六届全国人民代表大会常务委员会第十四次会议通过，目前版本是根据 2000 年第九届全国人民代表大会常务委员会第十八次会议修正。在中华人民共和国的内水、滩涂、领海、专属经济区以及中华人民共和国管辖的一切其他海域从事养殖和捕捞水生动物、水生植物等渔业生产活动，都必须遵守本法。

（九）中国水生生物资源养护行动纲要

为全面贯彻落实科学发展观，切实加强国家生态建设，依法保护和合理利用水生生物资源，实施可持续发展战略，根据新阶段、新时期和市场经济条件下水生生物资源养护管理工作的要求，制定本纲要。本纲要经中华人民共和国国务院国发〔2006〕9 号发布。

（十）水生生物增殖放流管理规定

为规范水生生物增殖放流活动，科学养护水生生物资源，维护生物多样性和水域生态安全，促进渔业可持续健康发展，根据《中华人民共和国渔业法》、《中华人民共和国野生动物保护法》等法律法规，制定本规定。本规定于 2009 年 3 月 20 日农业部第 4 次常务会议审议通过，中华人民共和国农业部令（第 20 号）发布。

（十一）海洋自然保护区管理办法

为加强海洋自然保护区的建设和管理，根据《中华人民共和国自然保护区条例》的规定，制定本管理办法。本管理办法1995年5月11日经国家科委批准、5月29日农业部发布。

（十二）渤海生物资源养护规定

为保护、增殖和合理利用渤海生物资源，保护渤海水域生态环境，保障渔业生产者合法权益，促进渤海渔业可持续发展，根据《中华人民共和国渔业法》和《中华人民共和国海洋环境保护法》等法律法规，制定本规定。本规定于2004年1月15日经农业部第2次常务会议审议通过，中华人民共和国农业部令（第34号）发布。

（十三）海洋生态保护红线监督管理办法

为落实《中共中央 国务院关于加快推进生态文明建设的意见》、《中共中央办公厅 国务院办公厅关于划定并严守生态保护红线的若干意见》和《国家海洋局关于全面建立实施海洋生态红线制度的意见》要求，加强海洋生态保护红线监督管理，维护海洋生态功能，促进海洋生态保护，根据《中华人民共和国环境保护法》、《中华人民共和国海洋环境保护法》、《中华人民共和国海域使用管理法》和《中华人民共和国海岛保护法》等法律法规和《国务院关于印发全国海洋主体功能区规划的通知》的有关规定，制定本办法。本办法所称的海洋生态保护红线是指将重要海洋生态功能区、海洋生态敏感区和海洋生态脆弱区划定为重点管控区而形成的地理区域的边界线及相关管理指标的控制线。

二、海洋伏季休渔制度

伏季休渔（Summer fishing moratorium），是经国家农业部批准、由渔业行政主管部门组织实施的保护渔业资源的一种制度。它规定某些作业在每年的一定时间、一定水域不得从事捕捞作业。因该制度所确定的休渔时间处于每年的三伏季节，所以又称伏季休渔。

伏季休渔是夏季幼鱼生长旺盛期禁止在限定海域捕捞作业的一种渔业资源保护措施，不仅能够保护渔业资源、改善渔业生态环境和社会环境，而且有利于促进渔民群众的长远经济利益的实现和渔业资源的可持续发展。

我国自1995年开始，在东海、黄渤海海域实行全面伏季休渔制度。东海海域通过几年的休渔有效地保护了以带鱼为主的主要海洋经济鱼类资源。根据农业部的规定，从1999年开始，南海海域也开始实施伏季休渔制度。这样，我国在黄渤海、东海、南海海域都实行了全面的伏季休渔制度。

根据《渤海生物资源养护规定》，每年渤海伏季休渔时间为6月16日12时至9月1日12时。休渔期内，除网目尺寸90 mm以上的单层流网、钓钩以及经省级渔业行政主管部门批准的海蜇、毛虾专项品种捕捞作业外，渤海海域禁止其他一切捕捞作业。休渔期内，山东、河北、辽宁、天津等四省市渔业管理部门调集渔政船开展海上渔政联合执法行动；公安边防部门维护海上及渔港码头的治安秩序，重点查处不法商贩组织、鼓动渔船违法出海捕捞引发的寻衅滋事、阻挠管理等行为；工商行政管理部门加强对水产品流通环节的监督检查，查处水产品市场销售的违法捕捞物。四省市认真履行伏休管理协作沟通机制，多次举行联合执法行动，加强沟通加深理解，提高联合执法的协调性，取得了很好的管理效果，特别是在海蜇和对虾开捕期的制定和前期管理上，四省市保持步调一致，对维护良好的伏休秩序起到关键作用。为保护好、利用好海蜇资源，四省市采取了加强伏季休渔管理、实行专项特许捕捞的措施，达到了预期的管理目标。海蜇开捕后，四省市各级渔政机构将继续做好捕捞渔船的管理工作，严禁未办理海蜇专项捕捞许可证、证书携带不全、船名号刷写不规范、不悬挂海蜇生产标志旗的渔船从事海蜇生产，同时严禁渔船以捕捞海蜇的名义携带其他网具违规作业，保护好、利用好海蜇资源。

2011 年，农业部对伏休政策进行了重大调整，首次将黄渤海区和东海区刺网渔船全部纳入海洋伏季休渔管理，使山东省休渔船数增加 50% 以上。伏休期间，四省市各级海洋与渔业主管部门突出重点，加强大马力渔船、异地停靠渔船和赴朝鲜东部海域作业渔船等重点渔船监管，加强北纬 35 度线附近敏感海域等重点区域监管，加强伏休中后期部分资源的旺发时段监管，确保了伏休后期管理秩序稳定。由于四省市严格实施伏季休渔制度和，并在黄渤海区连续多年开展大规模渔业资源增殖放流，四省市近海渔业资源获得休养生息，对虾、海蜇、梭子蟹等一些经济品种资源量明显回升。

经过 20 余年的实践，我国海洋伏季休渔制度的实施取得了显著成效。但由于海洋渔业资源因长期衰退和气候变暖等因素导致主要经济鱼类产卵期提前，而现行休渔开始时间较晚，渔民在休渔前大量捕捞产卵群体和幼体，严重破坏了渔业资源。同时，现行休渔期起止时间在不同海域甚至同一海域的不同区域相差很大，作业方式也不尽相同。由此导致休渔期间渔船跨区作业、休渔作业方式冒充非休渔作业方式等违规偷捕行为屡禁不止。2017 年，为了增强休渔制度实施效果，农业部在大量调研、深入了解情况和反复征求意见的基础上，出台了新伏季休渔制度，并于 2018 年 2 月 8 日公布了调整后的海洋伏季休渔制度（《农业部关于调整海洋伏季休渔制度的通告》），主要变化内容包括：统一了休渔的开始时间，所有海区休渔开始时间统一定为每年的 5 月 1 日 12 时；将南海的单层刺网纳入休渔范围，即在我国北纬 12 度以北的四大海区除钓具外的所有作业类型均要休渔；首次要求为捕捞渔船配套服务的捕捞辅助船同步休渔；延长休渔时间，总体上来讲是各海区休渔结束时间保持相对稳定，休渔开始时间向前移半个月至 1 个月，总休渔时间普遍延长一个月；各类作业方式休渔时间均有所延长，调整后将最少休渔三个月。

三、海洋自然保护区建设和管理

20 世纪 70 年代初，美国率先建立国家级海洋自然保护区（Marine protected areas），并颁布《海洋自然保护区法》，使建立海洋自然保护区的行动法制化；我国自 20 世纪 80 年代末开始海洋自然保护区的选划，海洋保护区建设最早可追溯到 1963 年在渤海海域划定的辽宁蛇岛自然保护区（1980 年升级为国家级海洋自然保护区）。特别是 1990 年 9 月国务院批准河北昌黎黄金海岸、广西山口红树林生态、海南大洲岛金丝燕海洋生态、海南三亚珊瑚礁以及浙江南麂列岛等五处国家级海洋自然保护区之后，我国海洋保护区的建设工作快速发展，并于 1995 年颁布了《海洋自然保护区管理办法》。实践表明，建立海洋自然保护区是保护海洋生物多样性、海洋渔业资源和原始海洋自然环境的重要措施。

（一）海洋自然保护区的概念

我国 1995 年颁布的《海洋自然保护区管理办法》给出如下定义：海洋自然保护区是以海洋自然环境和资源保护为目的，依法把包括保护对象在内的一定面积的海岸、河口、岛屿、湿地或海域划分出来，进行特殊保护和管理的区域。

与其他类型的海洋保护区相比，海洋自然保护区主要是保护某些原始性、存留性和珍稀性的海洋生态环境，是要切实保护某一个或几个海洋对象的原始性、存留性和潜在价值；海洋自然保护区内一般按照核心区、缓冲区、实验区进行分区，然后按区域实行不同程度的强制与封闭性管理，原则上不允许规模性开发利用，特别是核心区不仅是严禁开发，而且无关人员不能随便进入。因此,海洋自然保护区既能较为完整地保留一部分海洋生态系统的天然“本底”而成为活的海洋自然博物馆,又能减少或消除不利的人为影响,从而保护海洋环境、维护海洋生态平衡、促进海洋资源可持续发展利用进而为人类提供其服务价值。

(二)海洋自然保护区的类型

根据海洋自然保护区的主要保护对象,将海洋自然保护区分为生态系统自然保护区、野生生物自然保护区和自然历史遗迹保护区 3 个类别。目前来看,海洋自然保护区的类型可以根据不同标准进行划分:按气候类型,可将海洋自然保护区划分为暖温带海洋自然保护区、亚热带海洋自然保护区和热带海洋自然保护区;按保护对象类型,可将海洋自然保护区划分为海洋植物自然保护区和海洋动物自然保护区;按自然生态系统,可将海洋自然保护区划分为河口生态系统自然保护区、潮间带生态系统自然保护区、盐沼(咸水、半咸水)生态系统自然保护区、红树林生态系统自然保护区、海湾生态系统自然保护区、海草床生态系统自然保护区、珊瑚礁生态系统自然保护区、上升流生态系统自然保护区、大洋生态系统自然保护区、大陆架生态系统自然保护区和岛屿生态系统自然保护区等;按自然历史遗迹,可将海洋自然保护区划分为海洋地质地貌自然保护区和海洋古生物遗迹自然保护区;按珍稀、濒危生物种类,可将海洋自然保护区划分为海洋珍稀、濒危植物自然保护区和海洋珍稀、濒危动物自然保护区;按旅游开发对外影响因素,可将海洋自然保护区划分为自身吸引型自然保护区、区域依托型自然保护区以及多重作用型自然保护区。

(三)我国的海洋自然保护区

我国是一个海洋大国,海域辽阔,海岸线漫长。我国海域纵跨暖温带、亚热带和热带 3 个温度带,拥有海岸滩涂、河口、湿地、海岛、红树林、珊瑚礁、上升流及大洋等各种自然生态系统。加强海洋自然保护区建设是保护海洋生物多样性和防止海洋生态环境全面恶化的最有效途径之一。到 1995 年底,我国已有海洋自然保护区 59 个,其中国家级 15 个、省级 21 个、市县级 23 个;至 2005 年上半年,我国已建成海洋保护区 120 多处,其中国家级保护区近 30 个;2012 年 4 月 18 日中央政府门户网站公布的信息显示,我国已建成国家级海洋保护区 31 个。

1. 我国海洋自然保护区的分布和级别划分

我国海洋自然保护区主要分布在辽宁、河北、天津、山东、江苏、上海、浙江、福建、广东、广西和海南等 11 个沿海省(自治区、直辖市)。按照自然保护区的级别划分原则,可将其划分为国家级、省(自治区、直辖市)级、市级和县级四级(表 II-4-1 和表 II-4-2)。

表 II-4-1 国家级海洋自然保护区名录

保护区名称	所在地区	面积(km^2)	主要保护对象	主管部门
蛇岛—老铁山自然保护区	辽宁旅顺口	17 000	蝮蛇、候鸟及其生态环境	国家环保总局
双台河口水禽自然保护区	辽宁盘锦	80 000	丹顶鹤、白鹤、天鹅等珍禽	国家林业局
鸭绿江口滨海湿地自然保护区	辽宁东港	112 180	沿海滩涂、湿地生态环境及水禽、候鸟	国家环保总局
辽宁大连斑海豹自然保护区	辽宁旅顺口	672 275	斑海豹及其生态环境	农业部
成山头海滨地貌自然保护区	辽宁金州	1 350	地质遗迹及海滨喀斯特地貌	国家环保总局
丹东鸭绿江口湿地自然保护区	辽宁丹东	101 000	沿海滩涂湿地及水禽候鸟	国家环保总局
昌黎黄金海岸自然保护区	河北昌黎	30 000	自然景观及其邻近海域	国家海洋局

续表

保护区名称	所在地区	面积（km²）	主要保护对象	主管部门
天津古海岸与湿地自然保护区	天津宁河、汉沽	35 913	贝壳堤、牡蛎滩古海岸遗迹及湿地生态系统	国家海洋局
盐城湿地珍禽自然保护区	江苏盐城	284 179	丹顶鹤等珍禽及沿海滩涂湿地生态系统	国家环保总局
南麂列岛海洋自然保护区	浙江平阳	20 106	岛屿及海域生态系统、贝藻类	国家海洋局
象山韭山列岛自然保护区	浙江象山	48 478	大黄鱼、鸟类等动物及岛礁生态系统	国家海洋局
深沪湾海底古森林遗迹自然保护区	福建晋江	3 100	海底古森林遗迹和牡蛎海滩岩及地质地貌	国家海洋局
厦门珍稀海洋物种自然保护区	福建厦门	33 088	中华白海豚、白鹭、文昌鱼等珍稀动物	国家海洋局
漳江口红树林自然保护区	福建云霄	2 360	红树林生态系统	国家林业局
惠东港口海龟自然保护区	广东惠东	800	海龟及其产卵繁殖地	农业部
内伶仃岛—福田自然保护区	广东深圳	858	猕猴、鸟类和红树林	国家林业局
广东湛江红树林自然保护区	广东湛江	19 300	红树林生态系统	国家林业局
珠江口中华白海豚自然保护区	广东珠海	46 000	中华白海豚及其生境	国家海洋局
徐闻珊瑚礁自然保护区	广东徐闻	14 379	珊瑚礁生态系统	国家海洋局
雷州珍稀海洋生物自然保护区	广东雷州	46 865	白蝶贝等珍稀海洋生物及其生境	国家海洋局
南澎列岛自然保护区	广东南澳	613	海底自然地貌和近海典型海洋生态系统	国家海洋局
山口红树林生态自然保护区	广西合浦	8 000	红树林生态系统	国家海洋局
北仑河口红树林自然保护区	广西防城	3 000	红树林生态系统	国家海洋局
合浦儒艮自然保护区	广西合浦	35 000	儒艮及海洋生态系统	国家环保总局
东寨港红树林保护区	海南美兰	3 337	红树林生态系统	国家林业局
大洲岛海洋生态自然保护区	海南万宁	7 000	金丝燕及其生境、海洋生态系统	国家海洋局
三亚珊瑚礁自然保护区	海南三亚	8 500	珊瑚礁及其生态系统	国家海洋局
铜鼓岭自然保护区	海南文昌	4 400	珊瑚礁、热带季雨矮林及野生动物	国家环保总局
黄河三角洲自然保护区	山东东营	153 000	河口湿地生态系统及珍禽	国家林业局
滨州贝壳堤岛与湿地自然保护区	山东无棣	43 542	贝壳堤岛、湿地、珍稀鸟类、海洋生物	国家海洋局
长岛自然保护区	山东长岛	5 300	鹰、隼等猛禽及候鸟栖息地	国家林业局
荣成大天鹅自然保护区	山东荣成	1 675	大天鹅等珍禽及其生境	国家林业局

表 II-4-2　地方级海洋自然保护区名录

保护区名称	所在地区	面积（km²）	主要保护对象	主管部门
大连海王九岛海洋生态自然保护区	辽宁大连	2 143	海滨地貌、海岸景观和海洋鸟类	辽宁省政府
大连老偏岛海洋生态自然保护区	辽宁大连	1 580	海洋生物及其海洋生态系统、喀斯特和海蚀地貌景观	辽宁省政府
金石滩地质自然保护区	辽宁大连	2 200	典型地质构造、古生物化石、奇特海岸地貌	国家环保总局
三山岛海珍品自然保护区	辽宁大连	200	栉孔扇贝、皱纹盘鲍等海珍品	农业部

续表

保护区名称	所在地区	面积（km²）	主要保护对象	主管部门
朱家屯海蚀带自然保护区	辽宁大连	1 350	海蚀地貌	国家环保总局
辽东湾湿地海洋自然保护区	辽宁盘锦	80 000	湿地生态系鸟类、斑海豹等珍稀动物	辽宁省政府
海洋珍稀生物自然保护区	辽宁长海	220	黄刺参、皱纹盘鲍、栉孔扇贝的繁殖海域及对虾洄游场所	国家环保总局
绥中原生砂质海岸和生物多样性自然保护区	辽宁绥中	207 700	砂质海岸和海洋生态	国家海洋局
黄骅古贝壳堤自然保护区	河北黄骅	117	贝壳堤、贝壳沙及区内植被	国家海洋局
乐亭石臼坨诸岛海洋自然保护区	河北乐亭	3 775	动植物资源及鸟类	河北省政府
庙岛群岛海洋自然保护区	山东长岛	875 600	鸟类、暖温带海岛生态系统	国家海洋局
青岛大公岛海岛生态系自然保护区	山东青岛	1 600	鸟类、海洋生物资源及栖息繁殖环境	山东省政府
千里岩海岛生态系统自然保护区	山东烟台	1 823	常绿阔叶林、鸟类	山东省政府
荣成成山头海洋生态自然保护区	山东荣成	3 000	海岸地貌、泻湖生态系统	国家海洋局
荣成桑沟湾自然保护区	山东荣成	13 333	海珍生物	国家环保总局
即墨海洋生物自然保护区	山东即墨	915	海洋经济生物	国家环保总局
上海市金山三岛海洋生态自然保护区	上海金山	4 000	海洋生态系及海岛中亚热带植被	国家海洋局
崇明东滩湿地自然保护区	上海崇明	4 900	海洋湿地生态系	国家海洋局
五峙山鸟岛海洋自然保护区	浙江舟山	470	海鸟	浙江
宁波海洋遗迹自然保护区	浙江宁波	456	古海塘及海防遗迹	国家海洋局
长乐海蚌自然保护区	福建长乐	4 667	海蚌	国家海洋局
东山珊瑚礁海洋自然保护区	福建东山	3570	珊瑚及海洋生物	国家海洋局
官井洋大黄鱼自然保护区	福建宁德	8 800	大黄鱼	国家海洋局
大亚湾水产资源自然保护区	广东深圳	60 000	珍珠贝、鲍鱼、江鳐贝、藻、鱼虾	农业部
龙海红树林自然保护区	广东龙海	200	红树林	国家林业局
海康白蝶贝自然保护区	广东海康	25 880	白蝶贝（大珠母贝）	农业部
上川岛猕猴自然保护区	广东台山	1 300	猕猴及生境	国家林业局
担杆岛猕猴自然保护区	广东珠海	2 270	猕猴及生境	农业部
南澳鸟屿岛鸟类自然保护区	广东南澳	256	鲣鸟、军舰鸟、多种鱼类	国家林业局
硇洲岛沿海资源自然保护区	广东湛江	1 533	鲍鱼、龙虾、江鳐贝等海水产	农业部
钦州湾自然保护区	广西钦州	20 000	红树林、滨海沼泽、自然景观	国家海洋局
涠洲岛鸟类自然保护区	广西北海	2 630	候鸟、旅鸟停歇站	国家林业局
青澜港红树林自然保护区	海南文昌	1 400	红树林	国家林业局
文昌麒麟菜自然保护区	海南文昌	6 500	麒麟菜、拟石花菜、珊瑚等	农业部
西沙东岛白鲣鸟自然保护区	海南 西沙群岛	180	白鲣鸟	农业部
临高白蝶贝自然保护区	海南临高	34 300	白蝶贝生境	农业部
临高角珊瑚礁自然保护区	海南临高	32 400	珊瑚礁生态系及白螺贝	国家环保总局

续表

保护区名称	所在地区	面积(km²)	主要保护对象	主管部门
彩桥红树林自然保护区	海南临高	350	红树林生态系	国家环保总局
三亚鲍鱼自然保护区	海南三亚	67	鲍鱼	农业部
三亚河红树林自然保护区	海南三亚	467	红树林	国家环保总局
牙龙湾青梅港红树林自然保护区	海南三亚	156	红树林生态系	国家环保总局
琼海麒麟菜自然保护区	海南琼海	2 500	麒麟菜、江篱、拟石花菜	农业部
儋县白蝶贝自然保护区	海南儋州	6 500	白蝶贝及生境	农业部
磷枪石岛珊瑚礁海洋自然保护区	海南儋州	131	珊瑚礁及海洋生态环境	国家海洋局
花场湾红树林自然保护区	海南澄迈	150	红树林生态系统	国家海洋局
新英红树林自然保护区	海南儋州	115	红树林生态系	国家林业局
东场红树林自然保护区	海南儋州	696	红树林生态系	国家环保总局
夏兰红树林自然保护区	海南儋州	24	红树林生态系	国家环保总局

注：中国香港、澳门特别行政区和台湾省自然保护区未计入。

2. 我国海洋自然保护区的类型

《海洋自然保护区类型与级别划分原则》根据海洋自然保护区的主要保护对象，将我国的海洋自然保护区划分为海洋和海岸自然生态系统自然保护区、海洋生物物种自然保护区、海洋自然遗迹和非生物资源自然保护区等3个类别16个类型（表II-4-3）。

表II-4-3　我国海洋自然保护区的类型

类别	类型
海洋和海岸自然生态系统自然保护区	河口生态系统自然保护区
	潮间带生态系统自然保护区
	盐沼（咸水、半咸水）生态系统自然保护区
	红树林生态系统自然保护区
	海湾生态系统自然保护区
	海草床生态系统自然保护区
	珊瑚礁生态系统自然保护区
	上升流生态系统自然保护区
	大洋生态系统自然保护区
	大陆架生态系统自然保护区
	岛屿生态系统自然保护区
海洋生物物种自然保护区	海洋珍稀、濒危生物物种自然保护区
	海洋经济生物物种自然保护区

续表

类别	类型
海洋自然遗迹和非生物资源自然保护区	海洋地质遗迹自然保护区
	海洋古生物遗迹自然保护区
	海洋自然景观自然保护区

3. 我国海洋自然保护区面临的主要问题

我国海洋自然保护区的建立，在海洋环境和物种资源保护、海洋生态平衡维护以及沿海地区经济发展促进等方面发挥了不可估量的作用，但由于我国海洋自然保护区建设管理工作起步较晚，基础薄弱，保护区的管理仍处于摸索阶段。目前来看，我国海洋自然保护区建设增长速度较快，在急剧发展过程中不可避免会出现一些问题。目前，我国海洋自然保护区面临的主要问题有下面几个方面：

（1）海洋自然保护区分布不均、类型单一

目前来看，我国海洋自然保护区分布不均主要表现在自然保护区主要分布在辽宁、山东、广东和海南；从地理分布看，在南亚热带数量分布最多，其次是北热带和暖温带。这样就造成有些区域设址过分集中而其他区域相对稀少，因而导致有限的保护力量不能合理安排。另一方面，我国海洋自然保护区主要对海洋珍稀与濒危生物物种、海洋经济生物物种、红树林生态系统和岛屿生态系统等进行了保护，这样类型单一的现象直接制约了海洋自然保护区发展。

（2）海洋自然保护区管理体制制约保护效率

在没有成立中华人民共和国自然资源部之前，这些自然保护区分属海洋、林业、环保、农业和国土等部门管理，属于综合管理和分部门管理相结合的体制。海洋自然保护区通常跨越陆域和海域，这样，若相关各部门工作没有得到很好协调，保护区的建设和管理工作将受到影响，各部门都可能从本部门利益出发，分头管理、各自为政，结果可能导致相互争权或相互推卸责任而不利于保护区发展。

（3）海洋自然保护区相关法规体系不完善

我国还没有以法律形式出现的海洋自然保护区法律、法规，现行的《海洋自然保护区管理办法》缺乏可操作性的实施细则，很多规定在实践中行不通或实现难度很大，加之法律约束力不强、管理成效较低而不能满足复杂的海洋资源与海洋生态环境管理的需要。

（4）海洋自然保护区建设和管理资金缺乏

资金是海洋自然保护区建设的经济基础，资金不足将直接影响保护区引进高级人才和开展科研工作，也会影响保护区基础设施建设。目前，我国地方级自然保护区建设和管理经费主要来源于地方财政，国家只对国家级自然保护区建设给予有限的资金补助。可见，缺乏资金将会影响保护区建设和管理。

（5）海洋自然保护区与当地社区间缺乏协调保护

海洋自然保护区建成后往往影响当地群众渔业和航运业等的经营发展，从而引发当地居民和社区与保护区之间产生矛盾。缺乏协调保护与开发能力主要表现在仅仅考虑当地社区生产活动对保护区的生态环境影响，很少考虑保护区的建立给社区带来的社会经济影响。另外，由于资金不足，保护区管理部门就不能给当地相关居民更多补助，使其保护保护区的热情大打折扣。

(6)海洋自然保护区科研工作滞后

目前,我国海洋自然保护区的工作重管理、轻科研。由于专业人才和经费等多方面问题导致保护区科研工作相对滞后,因而不能很好地满足保护区日常管理需求。

4. 我国海洋自然保护区面临主要问题的解决对策

针对我国海洋自然保护区面临的主要问题,提出如下解决对策:

(1)完善海洋自然保护区总体布局规划

根据我国海域整体状况以及保护对象的分布状况,认真调查研究、科学规划布局,力争使我国海洋自然保护区的数量、分布格局、面积、保护对象等最大程度上满足保护需求。

(2)理顺保护区管理体制

改变保护区原来综合管理和分部门管理相结合的体制,对保护区的管理机构重新进行行政定位,实行统一管理,解决多部门分割管理带来的负面影响,根本上解决管理缺陷。

(3)加强保护区法规建设

根据我国实际情况,制定和完善《海洋自然保护区管理办法》及相关法律法规和实施细则,为海洋自然保护区有效管理提供法律依据,有利于制止随意破坏自然保护区环境和资源的现象。

(4)保障保护区经费使用

积极开拓保护区筹资渠道,多途径保障保护区建设、科研和管理经费,如适度开发、争取政府投资、鼓励社会资金、提供知识和信息服务和建立科普基地等。

(5)加强保护和开发之间的协调管理

在实验区适当开展参观、旅游等开发活动,可为保护区提供一定的经费收入,同时为社区百姓创造致富途径。同时,加强宣传教育,增强社区群众和旅游者海洋环境保护意识,倡导生态旅游。

(6)抓好自然保护区科研工作

科研工作是海洋自然保护区可持续发展的重要保证,通过积极引进高级专业人才、加强国际交流合作、加大力度安排进修学习等途径弥补科研力量薄弱等不利因素。

四、海洋水产种质资源保护区建设和管理

水产种质资源保护区是指为保护水产种质资源及其生存环境,在具有较高经济价值和遗传育种价值的水产种质资源的主要生长繁育区域,依法划定并予以特殊保护和管理的水域、滩涂及其毗邻的岛礁、陆域。

(一)水产种质资源保护区建设

近年来,针对工程建设等人类活动大量占用、破坏重要水生生物栖息地和传统渔业水域,严重影响渔业可持续发展和国家生态文明建设的严峻形势,我国农业部在大力组织开展增殖放流、休渔禁渔等水生生物资源养护措施的同时,根据《中华人民共和国渔业法》等法律法规规定和国务院《中国水生生物资源养护行动纲要》要求,自 2007 年起积极推进建立水产种质资源保护区。至 2011 年 8 月 8 日我国审定公布的四批共 220 处国家级水产种质资源保护区可保护上百种国家重点保护渔业资源及其产卵场、索饵场、越冬场、洄游通道等关键栖息场所 10 多万平方公里,初步构建了覆盖各海区和内陆主要江河湖泊的水产种质资源保护区网络。表 II-4-4 列出了截止 2018 年底我国公布的十一批海洋国家级水产种质资源保护区名录。

2019年1月11日，我国农业农村部和生态环境部等10部委联合印发的《关于加快推进水产养殖业绿色发展的若干意见》中指出，到2022年，国家级水产种质资源保护区达到550个以上。

表 II-4-4 海洋国家级水产种质资源保护区(2018)

序号	保护区名称	所在地区
1	三山岛海域国家级水产种质资源保护区	辽宁省
2	双台子河口海蜇中华绒螯蟹国家级水产种质资源保护区	辽宁省
3	海洋岛国家级水产种质资源保护区	辽宁省
4	大连圆岛海域国家级水产种质资源保护区	辽宁省
5	大连獐子岛海域国家级水产种质资源保护区	辽宁省
6	大连遇岩礁海域国家级水产种质资源保护区	辽宁省
7	秦皇岛海域国家级水产种质资源保护区	河北省
8	昌黎海域国家级水产种质资源保护区	河北省
9	南戴河海域国家级水产种质资源保护区	河北省
10	山海关海域国家级水产种质资源保护区	河北省
11	祥云岛海域国家级水产种质资源保护区	河北省
12	月湖长蛸国家级水产种质资源保护区	山东省
13	崆峒列岛刺参国家级水产种质资源保护区	山东省
14	长岛皱纹盘鲍光棘球海胆国家级水产种质资源保护区	山东省
15	海州湾大竹蛏国家级水产种质资源保护区	山东省
16	莱州湾单环刺螠近江牡蛎国家级水产种质资源保护区	山东省
17	靖海湾松江鲈鱼国家级水产种质资源保护区	山东省
18	马颊河文蛤国家级水产种质资源保护区	山东省
19	蓬莱牙鲆黄盖鲽国家级水产种质资源保护区	山东省
20	黄河口半滑舌鳎国家级水产种质资源保护区	山东省
21	灵山岛皱纹盘鲍刺参国家级水产种质资源保护区	山东省
22	靖子湾国家级水产种质资源保护区	山东省
23	乳山湾国家级水产种质资源保护区	山东省
24	前三岛海域国家级水产种质资源保护区	山东省
25	小石岛刺参国家级水产种质资源保护区	山东省
26	桑沟湾国家级水产种质资源保护区	山东省
27	荣成湾国家级水产种质资源保护区	山东省
28	套尔河口海域国家级水产种质资源保护区	山东省
29	千里岩海域国家级水产种质资源保护区	山东省

续表

序号	保护区名称	所在地区
30	日照海域西施舌国家级水产种质资源保护区	山东省
31	广饶海域竹蛏国家级水产种质资源保护区	山东省
32	黄河口文蛤国家级水产种质资源保护区	山东省
33	长岛许氏平鲉国家级水产种质资源保护区	山东省
34	荣成楮岛藻类国家级水产种质资源保护区	山东省
35	日照中国对虾国家级水产种质资源保护区	山东省
36	无棣中国毛虾国家级水产种质资源保护区	山东省
37	海州湾中国对虾国家级水产种质资源保护区	江苏省
38	蒋家沙竹根沙泥螺文蛤国家级水产种质资源保护区	江苏省
39	如东大竹蛏西施舌国家级水产种质资源保护区	江苏省
40	乐清湾泥蚶国家级水产种质资源保护区	浙江省
41	象山港蓝点马鲛国家级水产种质资源保护区	浙江省
42	官井洋大黄鱼国家级水产种质资源保护区	福建省
43	漳港西施舌国家级水产种质资源保护区	福建省
44	上下川岛中国龙虾国家级水产种质资源保护区	广东省
45	海陵湾近江牡蛎国家级水产种质资源保护区	广东省
46	鉴江口尖紫蛤国家级水产种质资源保护区	广东省
47	汕尾碣石湾鲻鱼长毛对虾国家级水产种质资源保护区	广东省
48	西沙东岛海域国家级水产种质资源保护区	海南省
49	西沙群岛永乐环礁海域国家级水产种质资源保护区	海南省
50	辽东湾渤海湾莱州湾国家级水产种质资源保护区	渤海
51	东海带鱼国家级水产种质资源保护区	东海
52	吕泗渔场小黄鱼银鲳国家级水产种质资源保护区	东海
53	北部湾二长棘鲷长毛对虾国家级水产种质资源保护区	南海

划定水产种质资源保护区是协调经济开发与资源环境保护的有效手段，对于减少人类活动的不利影响、缓解渔业资源衰退和水域生态恶化趋势具有重要作用，取得了良好的生态效益和社会效益。

（二）水产种质资源保护区管理

2011 年 1 月 5 日，我国农业部令〔2011〕第 1 号公布了《水产种质资源保护区管理暂行办法》，对于强化和规范水产种质资源保护区的设立和管理、保护重要水产种质资源及其生存环境、促进渔业可持续发展和国家生态文明建设发挥了重要作用。如该办法第七条规定，国家和地方规定的重点保护水生生物物种的主要生长繁育区域，我国特有或者地方特有水产种质资源的主要生长繁育区域，重要水产养殖对象的原种、苗种的主要天然生长繁育区域，其他具有较高经济价值和遗传育种价值的水产种质资源的主要生长繁育区域，应当设立水产种质资源保护区。

海洋水产种质资源保护区、海洋自然保护区和海洋牧场示范区是重要的海洋生物养护体系，加强其建设对保护产卵场、索饵场、越冬场和洄游通道等重要渔业水域具有重要意义。

第二节 海洋生态系统管理的宣传教育措施

海洋生态系统管理的宣传教育措施是指运用各种形式开展海洋保护的宣传教育，以增强人们的海洋意识和海洋保护专业知识的措施。海洋生态系统管理中，没有公众的广泛参与往往不能够达到真正的成功，只有通过大力的宣传教育，使人们切实认识到海洋生态系统的功能和在区域生态平衡中作用，将海洋环境改善、海洋生态保护和海洋生物资源养护的目的与公众利益统一起来，才会促进公众参与的积极性，从而促进海洋生态系统的管理工作。海洋教育的根本任务是提高全民族的海洋意识和培养海洋保护方面的专业人才。海洋教育包括专业教育、基础海洋教育、公共海洋教育和成人海洋教育四种形式。

一、专业海洋教育

专业海洋教育就是全日制普通高等学校、职业院校海洋保护类的学历教育。我国沿海省（市）基本上都设有海洋大学或海洋学院，其海洋类和环境类专业设有海洋保护类课程以培养专业人才；国家海洋局、中国科学院、中国水产科学研究院和中国热带农业科学院均下设涉海研究所，都设有海洋保护类课程以培养研究生。

二、基础海洋教育

基础海洋教育就是大、中、小学开展的海洋保护科普宣传教育。无论是否为海洋类高等院校，以及在中、小学通过电视、广播、互联网和出版物等走进校园，开展海洋保护科普宣传教育都是向学生普及海洋保护知识、提高海洋保护意识、推动海洋生态系统管理的重要举措。

三、公共海洋教育

公共海洋教育是公民素质教育的重要组成部分，是监督国家和政府行为的社会基础。通过电视、广播、互联网和出版物等形式，进社区、进工矿企业等一系列方式，对广大居民、职工等进行海洋知识的宣传教育，使其树立或提高海洋保护意识，热爱海洋、保护海洋，不要乱扔废弃物、随意排放污水入海等。普及对海上船舶的宣传教育和监督管理，禁止船舶废弃物随意倾排入海。加强宣传教育工作，提高认识，正确处理好滨海湿地保护与开发利用之间的关系。加强宣传教育，加强对海洋自然保护区重要性的认识，增强全民海洋自然保护意识。

四、成人海洋教育

成人海洋教育即在职岗位培训教育或继续教育，是为不断提高涉海人员等海洋知识和海洋保护意识的一种重要的海洋教育形式。成人海洋教育要定期或不间断地进行，除了采用集中授课形式外，还可以采用互联网和出版物等形式进行，使其在工作和生活中提高海洋保护意识、注重保护海洋。

只有提高公民的海洋保护意识才能促使其积极参与海洋管理，而提高公民海洋保护意识的一个重要手段就是加强海洋知识的宣传教育。世界发达海洋国家都十分重视海洋知识的教育。例如韩国政府于 1996 年 8 月成立了海洋与渔业部，制定了韩国 21 世纪海洋战略规划，其中涉及加强各个层次的海洋教育、开拓海洋科学培训渠道、在公民中开展持久的新海洋观教育等内容。在澳大利亚也形成了完善的国民海洋教育体系，包括在中小学开展海洋生态环境教育，在高校调整与海洋相关的专业和课程，以及在社区开展各种海洋教育活动等。反观我国，海洋教育则十分缺乏。海洋教育的缺乏直接导致了公民海洋意识的薄弱，影响着公众参与海洋管理的实现。

普及、宣传海洋知识，增强公众的海洋保护意识是引导公众参与海洋管理的必要条件。为此，国家要把海洋教育列入全民义务教育的范畴，把普及海洋知识作为国民教育的重要任务，培养青少年从小就具备海洋保护的意识和观念。通过广播、电视、报刊等各种媒体加强对海洋工作的舆论宣传，开辟各种海洋科普教育宣传基地，举办各种海洋科学知识培训班、技术讲座，建立海洋科普数据库，大力宣传和普及海洋科学技术知识，提高广大公众的海洋科技素质。同时，要对广大渔民、涉海企业职工、沿海地区居民进行经常的、有针对性的海洋知识普及，特别是海洋法律法规的宣传教育，使广大公众从根本上树立起保护海洋生态和环境、依法开发利用海洋资源的强烈意识，并变成广大民众保护海洋的自觉行为，以提高海洋管理的效能。

第三节　海洋生态系统管理的行政措施

海洋生态系统管理的行政措施是指在国家法律监督下，各级海洋行政管理机构运用国家和地方政府授予的行政权限开展海洋管理的手段。中华人民共和国自然资源部负责海洋开发利用和保护的监督管理工作；负责海洋生态、海域海岸线和海岛修复等工作；负责海洋观测预报、预警监测和减灾工作，参与重大海洋灾害应急处置等。具体分工如下：

海洋战略规划与经济司拟订海洋发展、深海、极地等海洋强国建设重大战略并监督实施。拟订海洋经济发展、海岸带综合保护利用、海域海岛保护利用、海洋军民融合发展等规划并监督实施。承担推动海水淡化与综合利用、海洋可再生能源等海洋新兴产业发展工作。开展海洋经济运行综合监测、统计核算、调查评估、信息发布工作。

海域海岛管理司拟订海域使用和海岛保护利用政策与技术规范，监督管理海域海岛开发利用活动。组织开展海域海岛监视监测和评估，管理无居民海岛、海域、海底地形地名及海底电缆管道铺设。承担报国务院审批的用海、用岛的审核、报批工作。组织拟订领海基点等特殊用途海岛保护管理政策并监督实施。

海洋预警监测司拟订海洋观测预报和海洋科学调查政策和制度并监督实施；开展海洋生态预警监测、灾害预防、风险评估和隐患排查治理，发布警报和公报；建设和管理国家全球海洋立体观测网，组织开展海洋科学调查与勘测；参与重大海洋灾害应急处置。

国土空间生态修复司承担海洋生态、海域海岸带和海岛修复等工作。

国家海洋局北海分局是国家海洋局派驻青岛并代表其在渤黄海海域实施海洋行政管理的机构。国家海洋局东海分局是国家海洋局派驻东海区的海洋行政管理机构。国家海洋局南海分局是国家海洋局设在广州的南海区海洋行政管理机构。各分局负责国家海洋法律、法规在本海区的监督实施，依法对黄海、渤海、东海和南海海域实施海洋行政管理，完成国家下达的维护海洋权益、保障海洋资源的合理开发与利用、保护海洋环境、预防及减少海洋灾害等任务。 主要职责包括：承担海区海洋工作的监督管理和海洋事务的综合协调，拟订区域相关海洋规划并监督实施，承担海洋听证、行政复议等相关工作；承担国家海洋经济区海洋经济运行监测、评估及信息发布工作，组织开展海区海洋领域节能减排、应对气候变化等工作；承担海区海洋环境保护的责任。监督管理海洋油气勘探开发、海洋倾废和局核准的海洋工程建设项目的环境保护工作;管理领海外等海域的海洋保护区,承担海区海洋环境突发事件的应急管理和海洋生态损害的国家索赔。承担海区海洋环境监视、监测和观测预报体系的管理,发布海区海洋环境通报、公报、预报和海洋灾害预警报;监督管理海区防灾减灾工作。承担中国海监东海总队队伍建设和管理,承担海区海洋行政执法、维权执法工作,依法查处违法活动,负责船舶、飞机、陆岸设施管理和通信、机要保障工作,等等。

第四节　海洋生态系统管理的经济措施

一、海洋生态系统管理的经济措施概述

海洋生态系统管理的经济措施是指海洋生态系统管理者依据国家的海洋经济政策和经济法规,运用价格、利润、利息、税收、奖金以及罚款等经济杠杆和价值工具做为经济方法来管理海洋,以组织、调节和影响地区、行业、企业和海洋保护的关系,促进海洋资源的合理开发和海洋保护的协调发展。经济方法是海洋管理的重要方法之一,是经济范畴中物质利益原则在海洋管理中的运用,是国家根据经济发展目标进行宏观调控政策的体现。在海洋环境管理中运用经济学手段的实质是在海洋管理中贯彻经济范畴中的物质利益原则,从而使海洋管理中各种经济组织的活动方向、活动规模和发展速度等沿着有利于合理开发利用和保护海洋的方向发展,达到海洋管理的目的。

在海洋管理中运用经济方法,可以使被管理者获得经济利益,也可以使被管理者受到经济性制裁,因此经济方法具有诱导性和抑制性。所以,国家及其职能部门在海洋管理中经常采用的经济方法,包含着经济鼓励和经济抑制两重含义。

在海洋管理中,国家及其职能部门采用的具体经济方法和手段是多种多样的。但诸多的经济方法和手段的核心是物质利益原则的具体运用,即从物质利益上处理人与海洋的关系,以调动地区、行业及其企业在海洋保护中的积极性。所以,在海洋管理中运用经济方法,一定意义上说,就是通过经济手段,不断调整各方面的经济利益,把经济、生产的发展同海洋环境效益、海洋生态效益和社会效益正确地结合起来,使管理对象在海洋保护工作中具有高度的主动性、积极性和责任感。

二、海洋生态系统管理的主要经济措施

(一)经济杠杆

海洋管理中经济措施的主要组成部分是经济杠杆,它是经济措施的基本作用形式,具有作用广、运用灵活、有效性强的特点,是推动海洋管理的有效手段。在诸多经济杠杆中,财政援助、税收、利息和贷款是最为常用的杠杆。

财政援助是经济措施中的杠杆之一。在海洋管理中,预防和治理是相辅相成的工作目标。而减少和降低海洋环境污染的危害,则必须从每个污染源减少排放污染物的数量做起。由于造成污染源的企业单位难以在短期内筹集到修建、安装防污和净化的设施、设备,国家常常在重点防污企业修建防污设施时提供必要的财政援助。在我国,有关环保费用,尤其是防治污染设施的修建费用已经纳入新建项目的预算中,由国家提供。而在已建项目中建造防污染设施时,国家财政也从环境保护专项基金中给予适当的补助,同时还从排污收费所得费用中给予适当的补助。国家通过财政资金的分配,给予某项海洋活动补贴,影响海洋资源的合理配置,从

而保证海洋资源在政府预想的目标内得到合理开发和保护。我国在南极考察、海底锰结核调查以及海岸带综合调查方面，给予了可观的财政援助，这体现了对我国在公海上的国家利益的关注和对综合开发利用海岸带资源的导向。我国还将征收的排污费纳入财政预算，作为环境保护补助资金，专款专用，补助重点排污单位治理污染源以及环境污染的综合性治理措施。为了促进海洋保护区事业，财政部每年拨专款用于海洋保护区的科学研究工作。

税收是国家财政收入的一部分，同时也是国家及其职能部门进行海洋管理中又一个重要的经济杠杆。利用税收杠杆是通过税收政策来进行的。国家根据经济发展和海洋保护的需要，制定不同的税种和税率，以体现对不同地区、企业在防治海洋污染方面的鼓励或限制。税收可以影响和调整某项海洋经济活动各有关方面的利益关系，从而起到引导和改变海洋活动方向的调节作用。通过税收调节使在资源条件不同的情况下生产的企业，能取得大致相同的经济效益，从而防止滥挖滥采、采富弃贫等不合理现象的发生，促进海洋资源的合理开发利用和保护。

信贷是国家组织和分配资金的重要渠道，也是海洋保护中经济方法的杠杆之一，是一种间接的财政援助。由于银行信贷具有有偿使用、还本付息的特点，与企业的经济利益息息相关，因而成为国家及其职能部门进行海洋管理中经济方法的重要杠杆。国家及其职能部门通过银行规定信贷条件，根据海洋保护的实际需要，选择信贷对象，制定合理灵活的利率，可以促进地区、行业和企业的海洋保护工作。

《中华人民共和国渔业法》第二十八条规定：县级以上人民政府渔业行政主管部门应当对其管理的渔业水域统一规划，采取措施，增殖渔业资源。县级以上人民政府渔业行政主管部门可以向受益的单位和个人征收渔业资源增殖保护费，专门用于增殖和保护渔业资源。渔业资源增殖保护费的征收办法由国务院渔业行政主管部门会同财政部门制定，报国务院批准后施行。

（二）经济制裁

除了上述经济杠杆外，还有排污收费等经济制裁措施。收取费用是对海洋价值的一种补偿，从一定程度上使海洋资源的使用者改变排污等有损海洋环境的行为，有效地利用越来越稀缺的海洋资源。

排污收费。对向海洋排放污染物的污染者按其排放污染物的质量和数量征收费用，从经济角度促进人们提高对海洋保护的认识。排污收费的收入作为海洋保护的一种资金来源，可以为海洋保护设施等提供部分资金，体现了污染者付费的原则。

收取渔业资源增殖保护费。鼓励采取渔业资源养护措施。我国规定，县级以上人民政府渔业行政主管部门应采取增殖渔业资源措施，并向受益单位和个人征收渔业资源增殖保护费，专门用于增殖和保护渔业资源。

收取海域有偿使用费。海域的有偿使用，就是政府以海域所有者的身份，按照海域使用权与所有权相分离的原则，向申请使用海域的使用者收取海域使用金的经济行为。

罚款是对违反海洋法规行为的处罚，以达到合理开发利用、保护海洋的目的。《中华人民共和国自然保护区条例》、《中华人民共和国海洋倾废管理条例》、《中华人民共和国海域使用管理法》、《中华人民共和国防治海岸工程建设项目污染损害海洋环境管理条例》、《中华人民共和国海洋环境保护法》、《中华人民共和国渔业法》等法规条例，都专门对相关违法行为作了罚款规定，供有关主管行政机关实施。

为解决当前违法成本低、守法成本高的问题，也需制定相应的经济政策和法律手段。从国家、区域和产业三个层面建立生态补偿机制。

（三）奖励

《中华人民共和国自然保护区条例》《中华人民共和国海域使用管理法》《中华人民共和国渔业法》等法规条例都对有关有利于海洋管理的活动和行为进行奖励或补助。例如：对贯彻执行渔业法规、增殖保护渔业资源有显著成绩的单位和个人，给予物质奖励；在保护和合理利用海域以及进行有关的科学研究等方面成绩显著的单位和个人，由政府给予奖励；对主动检举揭发企业、事业单位和个人匿报石油开发、船舶污染损害事故，或者提供证据，或者采取措施减轻污染损害的单位和个人，给予物质奖励。

第五节　海洋生态系统管理的技术措施

海洋生态系统管理的技术措施是指海洋生态系统管理者为实现海洋保护目标所采取的海洋工程、海洋生态系统监测和预测、海洋生态系统健康评价、决策分析等技术，以达到强化海洋执法监督的目的。海洋生态系统管理的技术措施大体包括海洋生态监测技术、海洋生态风险评估技术、海洋环境污染防治技术和海洋生态保护技术等，具体技术措施已在前面相关章节进行了讲述，这里只从技术实施背景相关层面进行阐述。

一、坚持陆海统筹，实现海洋可持续发展

党的十九大报告中指出，实施区域协调发展战略。坚持陆海统筹，加快建设海洋强国。近年来，面对陆地资源短缺的压力，人类把目光转向海洋，许多国家把加快海洋资源开发与利用、发展海洋经济作为国家战略目标。具体从以下几方面开展工作：

（一）严控陆源污染

陆海相连，海陆相依。入海污染源基本包括五大类型：直接排海工业源、直接排海生活源、直接排海其他源、入海河流和海上污染源。污染物排放超出海洋环境承载力后将会污染海洋环境、破坏海洋生物资源，反过来也会对沿海地区的地下水等造成污染。

（二）大力发展有利于促进海洋生态系统保护的海洋科学技术

海洋科学技术是海洋生态系统保护的支撑，海洋科技发展无疑会对完善海洋生态系统保护措施提供更加优质的技术方案。加强基础性、前瞻性、关键性海洋科技研发，提高海洋科技的实践应用性，为保护海洋生态系统、实现海洋可持续发展献计献策。

（三）促进海洋蓝色经济与陆地绿色经济结合的政策布局，重视海洋经济与海洋生态系统服务功能的可持续性

海洋蓝色经济与陆地绿色经济都体现了物质循环、环保和健康，二者结合是陆海统筹的重要表现形式，为海洋生态系统健康提供了重要保障，是海洋经济可持续发展和海洋生态系统服务功能可持续提供的重要基础。

二、实施海洋功能区划

（一）海洋功能区划概念

海洋功能区（Marine functional zones）是根据海洋不同区域的自然资源条件、环境状况和地理区位，并考虑海洋开发利用现状和社会经济发展需求等所划定的具有特定主导功能、有利于资源合理开发利用、能够发挥最佳效益的区域。海洋功能区划（Marine functional zoning）是

按照适合自己工作特点的组织方式、区划方法、工作程序等划定海洋功能区的工作。海洋功能区划是为了对海洋及依托陆域活动实施科学指导和实施综合管理所开展的一项基础性工作；作为海洋综合管理的行为规范，海洋功能区划是一种政府行政行为，同时也离不开海洋科技的支撑。

我国的海洋功能区划工作始于1989年。2002年《全国海洋功能区划》颁布实施，海洋功能区划被确立为我国海域管理的一项基本制度。2010年开始，基于对我国海洋资源环境的进一步认识，同时考虑海洋经济转型发展的战略需求，我国启动了新一轮的海洋功能区划（2011—2020年）编制工作，同时也对海洋功能区划体系做了较大调整和完善。《中华人民共和国海洋环境保护法》（2017）第八条明确指出：国家根据海洋功能区划制定全国海洋环境保护规划和重点海域区域性海洋环境保护规划。

（二）海洋功能区划目的

海洋功能区划的目的主要包括以下5项：为制定海洋及依托陆域开发战略、政策和规划奠定科学基础；用以指导海洋及依托陆域开发利用活动、建立良好的开发利用秩序、优化其产业结构和生产力布局；为协调海洋及依托陆域开发利用活动的各种关系，为实施其综合管理提供管理依据；为保护海洋环境，确定海洋水质管理类型，维护海洋生态环境的良性循环提供基础依据；为实施海域有偿使用制度、制定海域使用收费标准、实施海域使用管理奠定科学基础等。

（三）海洋功能区划（2011–2020年）体系设计

1. 海洋功能区划层级体系设计

海洋功能区划从行政管理上分为全国、省级和市县级。完善了各级区划的框架设计，强化了区划层级之间的有机联系，确保区划的管理政策能上下贯通，目标指标和功能布局等能被层层分解。

2. 海洋功能区划分类体系设计

海洋基本功能区分为8个一级类，22个二级类，具体见表II-4-5。

表II-4-5　海洋基本功能区分类（引自刘百桥等，2014）

一级类	二级类
农渔业区	农业围垦区
	养殖区
	增殖区
	捕捞区
	水产种质资源保护区
	渔业基础设施区
港口航运区	港口区
	航道区
	锚地区
工业与城镇用海区	工业用海区
	城镇用海区

续表

一级类	二级类
矿产与能源区	油气区
	固体矿产区
	盐田区
	可再生能源区
旅游休闲娱乐区	风景旅游区
	文体休闲娱乐区
海洋保护区	海洋自然保护区
	海洋特别保护区
特殊利用区	军事区
	其他特殊利用区
保留区	保留区

三、实施海洋生态系统保护联动机制

近年来，我国相关政府部门十分重视海洋生态系统保护联动模式。根据“陆海统筹，河海共治”政策，环保部、国家海洋局、发改委、水资源管理局和其他管理部门联合推动了海洋和沿海地区生态环境保护工作。2001 年 10 月，国务院批复《渤海碧海行动计划》，要求天津市、河北省、辽宁省、山东省人民政府和国务院有关部门间加强配合，认真组织实施。2008 年，国务院批复《渤海环境保护总体规划（2008—2020 年）》；2009 年，经国务院同意，建立了三省一市以及 20 多个国家部委组成的省部际联席会议制度，加大了对渤海的治理力度，同年，国家发展和改革委员会会同环境保护部、住房和城乡建设部、水利部、国家海洋局，联合印发了《渤海环境保护总体规划（2008—2020 年）》。2017 年，国家海洋局、环境保护部、国家发展改革委等十部委联合印发《近岸海域污染防治方案》，到 2020 年使全国近岸海域水质优良比例达到 70% 左右，自然岸线保有率不低于 35%，为我国经济社会可持续发展提供良好的生态环境保障。珠江口海域是广东重要的海洋生态功能区，毗邻粤港澳三地，海洋生态和环境保护涉及三方合作。为加强珠江口海洋资源护理和生态保护，促进粤港澳海洋执法合作，广东省海洋与渔业局在粤港海洋资源护理专题小组工作框架的基础上，与香港特区政府渔农自然护理署、环境保护署及澳门特区政府港务局建立了粤港澳海洋执法合作机制，并于 2012 年 12 月 12 日联合开展了粤港澳首次海洋环境保护执法行动。

四、实现海洋生态系统保护执法正常化

我国蓝色系列海洋执法专项整治行动始于 2009 年，以海洋环境保护、预防海洋工程建设项目污染损害海洋环境的专项执法为主，加强监督、检查，严厉打击和处理近海石油勘探和开采、海洋倾倒、海洋自然保护区，特殊海洋保护区、海洋生态监测区以及主要污染物排放出口等领域严重的海洋环境违法行为。2010 年 11 月 3 日，海南琼海市渔政部门在潭门港举行“珍爱海龟，保护海洋”专项执法行动。渔政执法人员向渔民颁发了保护海洋生物宣传材料，渔民们纷纷在保护海龟宣传条幅上签名，支持政府部门的行动。随后，执法人员出海放生了没收的

20多只大小海龟。2017年5月1日上午，全国海洋伏季休渔专项执法行动启动会在浙江宁波主会场和辽宁大连、海南三亚两个分会场同步举行，代表东海、黄渤海和南海三大海区同步休渔、同步执法，开启2017年新伏季休渔制度监管大幕。2017年农业部对已实施20多年的伏季休渔制度进行了有史以来最大力度的调整和完善，统一并延长了休渔时间，扩大伏休船舶范围，实现全国“一盘棋”，有利于沿海各职能和监管部门统一步调，形成合力，促进海洋渔业资源养护和恢复。为认真做好中央环保督察、国家海洋督查反馈意见的整改落实工作，严厉打击和遏制非法用海行为，维护海域使用管理秩序，三大海区渔政执法人员积极开展了“海盾2018”“护岛2018”“碧海2018”三项专项行动，加强海洋环境管理，修复海洋生态环境，全力呵护蓝色海湾。

五、构建海洋立体监测网

1984年5月，“全国海洋环境污染监测网”成立，我国海洋水文观测和水质检测开始走向常规化。目前为止，隶属于国家海洋局、海军、地方省市的300多个海洋环境监测站建立并投入使用，全国沿海地级市均成立了海洋环境监测机构，山东和浙江等省也成立了县级海洋环境监测机构，全国已形成国家、省、市、县4级海洋环境监测网络。

海洋立体监测网是整合先进的海洋监测手段，运用通讯传输和信息化技术，实现海洋空间、环境、生态、资源等各类数据的高密度、多要素、全天候、全自动采集。通过对数据的整理、统计和分析，实时掌握海域空间、水文、气象、生态、环境信息，为海洋经济发展、海洋科学研究、海洋防灾减灾、海洋污染防治、海洋生态环境保护、海洋监督执法、海洋经济运行监测、海洋综合管理等工作提供决策支持。

深圳海洋立体监测网建设始于2007年，借助深圳市海洋环境远程自动监测系统，建设并投放了第一批海洋环境监测浮标，实现了对海域海洋环境的原位、连续、实时监测。十年间，深圳不断推进海洋立体监测网建设，初步建成了包括海上浮标、岸基站、志愿船、地波雷达、遥感、视频监控等多种手段在内的海洋立体监测网，年获取各类海洋信息和监测数据超过50万条。海洋监测内容也由原来的单纯环境监测发展到海洋水文、海洋气象、海洋生态、海域空间资源等多要素、高密度、全天候、全自动的同步监测。2017年5月，全国海洋经济发展“十三五”规划提出，推进深圳、上海等城市建设全球海洋中心城市。构建海洋立体监测网是海洋生态环境保护和海洋综合管理的基础，是海洋生态文明建设的重要支撑，是服务深圳、上海等建设全球海洋中心城市的重要举措。

六、建设全国海洋生态环境监督管理系统

全国海洋生态环境监督管理系统于2014年9月启动建设，主要目的是提升海洋生态环境监督管理能力和科学决策水平。该系统依托国家海域使用动态监视监测管理系统专线传输网和海洋观测网建设，在最大程度上避免了重复建设，做到资源共享。该系统包括海洋环境监测与评价、海洋生态保护与建设、海洋环境监督与管理、视频会商等4个核心子系统，实现数据集成与管理、分析评价与决策、行政审批与管理、政务公开与服务等4方面能力的全面提升，对提高监测与评价服务效能、行政审批效率、海洋生态保护与建设起到积极的作用。

七、推行基于生态系统的海洋管理

作为全球最大的生态系统，海洋孕育了多种生态系统服务，为人类生存和发展提供了最重要的支撑。随着我国海洋生态文明建设的推进，基于生态系统的海域资源管理正在成为政策制定和综合管理的共同理念和目标。

（一）加强海洋生态系统长期观测与信息获取能力，实现海洋观测数据共享共用

若对海洋生态系统进行科学管理，必须对海洋生态系统进行长期观测和信息获取。具体观测内容包括海洋生态和环境因子以及资源动态等，如海洋生态系统野外科学观测研究站气象自动站和人工自动站长期监测数据以及海湾内定位季度监测获取的海洋水物理、水化学、海洋生物及海洋沉积物等方面的数据，包括红树林生态系统、珊瑚礁生态系统、海草床、海藻垫、河口、海湾、海岛、滨海湿地等生态系统的主要环境因子、生物群落及其基本生态过程的长期监测。

海洋作为一种公共资源，与涉海部门及社会公众的利益息息相关。所以，能否及时准确的获得海洋相关信息，涉及政府部门、各个行业及其他相关者从事涉海活动的利益实现。然而，在海洋管理中由于受“条块分割”及利益等因素的影响，信息不对称问题在海洋管理中十分突出。它不仅直接影响着涉海利益相关者利益的实现，而且也影响到对海洋生态、环境和资源的保护。

管理好海洋生态、环境和资源，解决目前存在的信息不对称问题是当务之急。如建立基于网络和数据库的海洋信息资源“共享”系统、实行“海陆一体化”合作的综合管理体制等，实现海洋观测数据共享共用。

（二）开展海洋生态系统健康评估与预测研究，为海洋管理提供科学依据

海洋生态系统健康是指生态系统保持其自然属性，维持生物多样性和关键生态工程稳定并持续发挥其服务功能的能力。海洋生态系统健康是其服务功能发挥和服务价值体现的基础，海洋生态系统健康评估可为海洋管理者和决策者提供科学依据，为平衡海洋生态系统保护和海洋开发利用之间的关系、实现对海洋生态和环境的保护修复、促进海洋经济的可持续发展提供量化的科学标准。

（三）推行基于生态系统的海洋管理，从生态、系统和平衡的角度思考和解决海洋生态、环境和资源问题

生态系统管理是随着资源管理、大尺度生态学研究的发展而逐渐形成的。基于生态系统的海洋管理（Marine Ecosystem-Based Management，MEBM）的基本内涵是充分考虑海洋生态系统的整体性与内在关联性，在科学认知海洋生态系统的结构与功能基础之上，对海洋开发和使用进行全面管理，以保护海洋健康和维持其生态系统服务功能，实现海洋资源的可持续利用和海洋经济的可持续发展。也就是说，海洋生态系统管理的目标就是使海洋生态系统得以持续并能为我们的后代提供产品和服务。

海洋生态补偿（Marine ecological compensation，marine eco-compensation）是在海洋资源开发利用中协同保护海洋生态的重要手段，是海洋生态文明建设的必经之路。关于海洋生态补偿的概念众说纷纭，本书采用李晓璇等（2016）提出的定义，即海洋生态补偿是一种将保护或修复行为的外部经济性和破坏行为的外部不经济性内部化的机制，旨在保护或改善海洋生态。海洋生态补偿包括以下几方面主要内容：一是对保护、修复或破坏海洋生态行为本身的成本进行补偿；二是对因保护、修复或破坏海洋生态行为产生或损失的经济效益、社会效益和生态效益进行补偿；三是对因保护、修复海洋生态行为而放弃发展机会的损失进行补偿。建立海洋生态补偿制度，在基于生态系统的海洋管理中实施海洋生态补偿十分必要。2018 年 4 月 4 日，福建省厦门市政府办公厅印发了《厦门市海洋生态补偿管理办法》，强调海洋生态损害补偿实行“谁使用、谁补偿”原则，海洋生态保护补偿实行“政府主导、社会参与”原则，并明确了有关监督与管理规定。凡依法取得海域使用权，从事海洋开发利用活动导致海洋生态损害的单位和个人，应采用实施生态修复工程或者缴交海洋生态补偿金的方式对其造成的海洋生态损害进行补偿。海洋生态损害补偿金优先用于海洋生态环境保护、修复、整治和管理，以及因责任人破产无法承担补偿责任时生态修复计划的实施。

【思考题】

1. 名词解释：伏季休渔、海洋自然保护区、水产种质资源保护区、海洋功能区划。
2. 我国海洋保护相关法律法规有哪些？
3. 试述我国海洋伏季休渔制度的变迁过程？
4. 海洋自然保护区的类型有哪些？我国海洋自然保护区的类型有哪些？
5. 我国国家级海洋自然保护区有哪些？主要保护对象各是什么？
6. 我国海洋自然保护区面临的主要问题有哪些？解决对策是什么？
7. 我国海洋国家级水产种质资源保护区有哪些？
8. 海洋生态系统管理的宣传教育措施有哪些？
9. 海洋生态系统管理的主要经济措施有哪些？
10. 海洋功能区划的目的主要包括哪些？
11. 我国海洋基本功能区有哪些？

第五章　海洋生态修复模式和修复效果评价

第一节　海洋生态修复模式

一般根据受损生态系统受到人为干扰的形式和强度，将海洋生态修复模式分为人工干预为主的修复模式和自然恢复为主的修复模式，目前我国还是以人工干预为主的修复模式占优势。通过前面章节的学习我们知道，人们在长期进行海洋生态修复实践过程中，根据特定海域生态退化原因、受损状况和程度以及现有修复技术水平等，创造并发展了多种多样的海洋生态修复措施。根据采用修复措施形式的多寡，将海洋生态修复模式分为单一型海洋生态修复模式、双组型海洋生态修复模式和复合型海洋生态修复模式三类。

一、单一型海洋生态修复模式

单一型海洋生态修复模式是指采取投放人工鱼礁、增殖放流、建设海草场（海藻场）、栽培大型海藻等诸多修复措施中的一种形式进行海洋生态修复的模式。

单一型海洋生态修复模式在20世纪应用十分广泛，如在海水养殖区筏式栽培大型海藻龙须菜对鲍鱼养殖污水中氮、磷等营养盐有较好的吸收效果，同时能够增加海水中的DO含量，使缺氧的海水达到过饱和状态；龙须菜收获后可以作为鲍鱼的饵料进行饲喂。研究结果显示，构建龙须菜海藻场可以显著增加海水中DO浓度、抑制海洋微藻生长繁殖、吸收水体营养盐、改善水质质量。有条件的海区还进行了龙须菜与裙带菜错季轮养，延长修复富营养化海区时间。此外，投石造礁、增殖放流、打造海底森林等也是目前常用的修复措施。

二、双组型海洋生态修复模式

双组型海洋生态修复模式是指采取投放人工鱼礁、增殖放流、建设海草场（海藻场）、栽培大型海藻等诸多修复措施中的两种形式共同进行海洋生态修复的模式。

双组型海洋生态修复模式在21世纪后得到迅速发展，如常见的贝藻立体化养殖或贝藻混养、人工鱼礁区增殖放流等。贝藻立体化养殖或贝藻混养生态系统中，保持贝藻间适宜养殖比例，藻类通过吸收贝类排放的CO_2和对滤食性贝类有毒性的NH_4-N、提供贝类生长所需的较多浮游植物产量以及高水平DO促进贝类生长；滤食性贝类通过提供藻类最适宜氮源NH_4-N和通过滤食使浮游植物保持一个对生长最有利的适度数量水平，促进藻类生长及产量，从而提高养殖系统环境质量，使能流与物流更为通畅。人工鱼礁区增殖放流可以更好地保护人工增殖放流的苗种并为鱼虾等产卵提供保护场所。

可以看出，双组型海洋生态修复模式中，两种修复措施间或者互利或者单方促进，要充分利用二者间相互关系促进双组型海洋生态修复模式发展。

三、复合型海洋生态修复模式

复合型海洋生态修复模式是指采取投放人工鱼礁、增殖放流、建设海草场（海藻场）、栽培大型海藻等诸多修复措施中的三种及三种以上形式共同进行海洋生态修复的模式。

复合型海洋生态修复模式在21世纪后得到迅速发展。例如海州湾海洋生态修复主要采用“投放鱼礁＋生态养殖＋人工放流”模式，该模式的主要修复机制：投放鱼礁改善海底环境，一方面为海洋生物提供更优质的栖息地，另一方面能够有效阻止近海拖网对海底生态环境的破坏；生态养殖调节海水水质，在修复区域进行贝类底播增殖和大型藻类浮筏养殖，一方面能够降低海水中营养盐和重金属浓度，另一方面能够显著提高海域生产力，提升经济效益；人工增殖放流维持生物多样性，这是对修复海域渔业资源最直接的补充形式。

实施立体化生态养殖是目前海水养殖发展的重要趋势。完善现有的贝藻多营养层次海洋牧场，如在海域上层吊养贝藻，中层进行网箱养鱼，底层进行海参、鲍鱼和海胆等海珍品养殖。在此基础上，进行投石造礁、打造海底森林，为海洋生物生存营造良好环境。

由于人工干预为主的海洋生态修复模式工程量大、资金投入多以及对原有海洋生态系统扰动剧烈，张志卫等（2018）建议海洋生态修复应坚持自然恢复为主、人工修复为辅，即通过增强海洋的自净和修复能力，将修复模式从人工干预为主向自然恢复为主转变。

第二节　海洋生态修复效果评价

海洋生态修复效果评价是根据海洋生态修复监测结果评价生态修复目标的实现情况、生态修复是否朝着修复目标发展和是否成功的过程。由于海洋生态系统的复杂性以及我们对其认知的有限性，海洋生态修复过程中可能存在不可预见的不确定性。因此，对海洋生态系统的监测与评价是掌握海洋生态系统演变趋势、进而制定适应性管理策略（图 II-5-1）的重要手段，即通过监测和评估结果进一步改进海洋生态修复的措施甚至有时无法完成预计修复目标时调整生态修复目标。

一、海洋生态修复监测

海洋生态修复监测是指对修复前的受损海洋生态系统、修复中的海洋生态系统以及修复后的海洋生态系统进行监测，即包括施工前监测、施工期监测和施工后监测。通过监测，便于把握海洋生态修复工作实施后海洋生态系统演变的过程和趋势。

（一）监测项目和方式

海洋生态修复监测项目包括海洋生态系统结构和功能数据监测，包括水质、沉积物、水文和生物等诸多因子，监测结果用于海洋生态修复效果评价。海洋生态修复监测方式包括传统的修复海域船载实地调查监测以及浮标站定点连续自动监测和遥感监测等现代化工具使用。

（二）监测范围和布点

海洋生态修复监测的空间范围包括生态修复区内以及对生态修复造成影响的周边区域，监测周边区域主要是监测对生态修复可能造成影响的人为干扰因素。海洋生态修复监测的监测点要同时布设在修复区和对照区，监测点数量要根据实际情况设置。

（三）监测时间和频次

海洋生态修复学基础部分我们已经讲到，海洋生态修复不是一朝一夕能够完成的，生态修复工作实施后达到修复目标可能付诸很长一段时间。因此，海洋生态修复监测持续的时间应该足够长方能得到反映海洋生态系统演变状况的监测数据。赵淑江（2014）提出，对于简单的生境修复 3 年内即可实现修复目标，因此海洋生态修复监测时限为 3~50 年，至少需要持续 3 年。

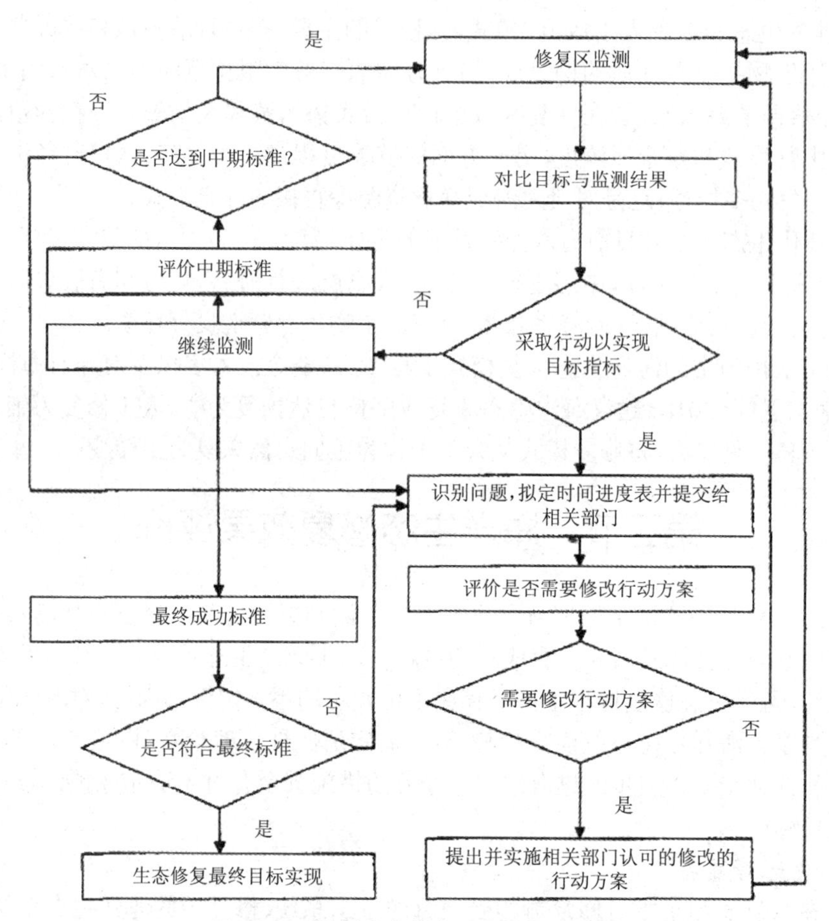

图 II-5-1　海洋生态修复适应性管理过程

（引自赵淑江，2014）

海洋生态修复监测的时间和频次还没有统一规定。根据实际情况，符小明等（2017）对海州湾人工鱼礁生态修复区域监测的时间为 2014 年春（5 月）、夏（8 月）和秋（10 月）三个季节，王宏（2008）等分别于 2003 年 5 月和 2007 年 8 月进行了澄海莱芜人工鱼礁区投礁前的本底调查和投礁后的跟踪调查。赵淑江（2014）提出，海洋生态修复监测的频次随着生态修复时间的推移逐渐降低，生态修复实施后的 3 年需要每年进行监测，以后每隔几年进行监测直至达到预期的长期修复成功标准。

二、海洋生态修复效果评价

目前，在海洋生态修复效果评价方面，国际上还没有统一标准。现以冯建祥等（2017）对红树林种植—养殖耦合湿地生态修复效果评价方法为例进行简要介绍：

（一）海洋生态修复效果评价指标的选取

海洋生态修复效果评价指标包括环境质量特征、生物群落结构特征、生物健康状况等指标（表 II-5-1）。

（二）海洋生态修复评价标准和评价等级划分

海洋生态修复效果评价指标确定后，对各项评价指标进行等级划分并赋分，然后通过灰色聚类确定特定指标对相应等级的隶属度，再进行单一指标修复效果评分计算，最后进行最终的生态修复效果评分（Ecological Restoration Score，ERS）和评价等级划分（表 II-5-2）。

表 II-5-1　红树种植—养殖耦合系统生态修复效果评价指标体系（引自冯建祥等，2017）

目标层	对象层	指标层
环境质量（E）	水体（E1）	盐度、pH、DO、营养盐（NH_3-N、有效磷 AP、COD）、重金属含量（Cd、Pb、Cr、As、Cu、Zn）
	红树林沉积物（E2）	重金属含量（Cd、Pb、Cr、As、Cu、Zn）
	池塘底泥（E3）	重金属含量（Cd、Pb、Cr、As、Cu、Zn）
生物群落结构（C）	植物群落	主要红树植物高度、胸径
	底栖动物群落	物种数、丰度、生物量、Shannon-wiener 指数
植物健康状况（H）	光合特征（H1）	光合速率、呼吸速率
	酶活性（H2）	己糖磷酸异构酶、3- 磷酸甘油醛脱氢酶

表 II-5-2　滨海湿地生态修复效果等级划分（引自冯建祥等，2017）

生态修复效果评价等级	ERS	生态修复状况描述
优	3.2<ERS ≤ 4	滨海湿地生态修复效果显著，生态系统达到与自然湿地相当的水平
良	2.4<ERS ≤ 3.2	滨海湿地生态修复效果较为显著，生态系统状况有所改善，略逊于自然湿地
中	1.6<ERS ≤ 2.4	滨海湿地生态修复效果有改善，生态系统状况距自然湿地还有较大差距
差	0.8<ERS ≤ 1.6	滨海湿地生态修复效果改善不明显，生态系统状况略优于修复前
劣	0 ≤ ERS ≤ 0.8	滨海湿地生态修复效果无改善，生态系统状况与修复前类似

【思考题】

1. 海洋生态修复模式包括哪几类？试举例说明。
2. 试述海洋生态修复适应性管理过程。

第三篇
海洋生态修复学实验

实验一　海洋石油污染对浮游植物生长的影响

【实验目的】

通过室内模拟，掌握石油油膜对海洋浮游植物生长影响的研究方法。

【实验原理】

海洋石油污染发生后，大量石油漂浮海面形成薄膜，遮蔽光照在一定程度上影响海洋浮游植物光合作用。石油烃对海洋浮游植物光合作用的抑制主要是由于 PAHs 等有机污染物富集在浮游植物体内疏水性的类囊体膜中，破坏了质膜结构，打破了细胞膜离子间的平衡，干扰光合作用过程中电子的转移。溶解于海水中的毒性组分如一些芳香烃及衍生物（如苯、萘、菲及其烷基衍生物）则会对海洋浮游植物产生直接危害。不同海洋浮游植物种类对石油污染的响应可能不同，如有研究结果表明低浓度石油烃能促进海洋浮游植物的生长，使其表现出“毒物兴奋效应”或“毒物刺激效应”，而高浓度石油烃则会抑制海洋浮游植物的生长。

【实验材料】

原甲藻属 *Prorocentrum*、裸甲藻属 *Gymnodinium*、尖尾藻属 *Oxyrrhis*、鳍藻属 *Dinophysis*、角藻属 *Ceratium*、多甲藻属 *Peridinium*、亚历山大藻属 *Alexandrium*、直链藻属 *Melosira*、骨条藻属 *Skeletonema*、海链藻属 *Thalassiosira*、角毛藻属 *Chaetoceros* 等浮游植物活体，石油。

【实验用品】

30L 水族箱、普通光学显微镜、计数器、镜台测微尺、浮游植物计数框、盖玻片、液体石蜡、移液器解剖针、纱布、擦镜纸、刻度聚乙烯小瓶、鲁哥氏固定液等。

【实验步骤】

1. 海洋浮游植物培养：在 30 L 水族箱内培养 20 L 海洋浮游植物培养液。

2. 海洋浮游植物细胞计数：待海洋浮游植物处于指数生长期时，利用浮游植物计数框进行细胞计数（方法见【细胞计数说明】）。

3. 石油油膜制备：浮游植物细胞计数完毕后，在培养液表面沿水族箱壁慢慢导入石油至形成的油膜完全覆盖水面，不加石油的培养液设为对照，实验设置 3 个平行。

4. 海洋浮游植物细胞计数：石油污染后第 3 天、5 天、7 天、9 天、11 天、13 天和 15 天时分别取样进行细胞计数（方法见【细胞计数说明】）。

【实验结果】

记录每次细胞计数结果，以培养时间（d）为横坐标、细胞密度（cell/L）为纵坐标绘图，并对实验结果进行分析。

【作业】

1. 分析石油油膜对海洋浮游植物生长的影响。

2. 影响海洋浮游植物细胞计数准确性的因素有哪些？应如何避免这些影响？

【细胞计数说明】

本实验的细胞计数方法如下：

（1）取样：采集随机分布在水族箱四角和中部的 5 个点的水样，混合均匀，总体积为 5 mL，滴加少量鲁哥氏液固定。

(2)制片:将固定水样用左右平移的方式充分摇匀后立即用移液器准确吸取 0.1 mL 后置于 0.1 mL 浮游植物计数框内,加盖盖玻片。一般制片 3 板备用。

注意:加盖盖玻片时要小心,切勿在计数框内产生气泡以及样品溢出。

(3)计数:制片静置 15 min 后,高倍镜(40×)下观察计数浮游植物细胞的个数并记录于表 III-1-1(第一板数据)和表 III-1-2(略,第二板数据)中,每份标本计数 2 片,取平均值,每片大约计数 50~200 个视野。

注意:①计数的视野数取决于每个视野浮游植物的数量,若每个视野的平均个数不超过 1~2 个,需要数 200 个视野以上;若每个视野的平均个数达到 5~6 个,则要数 100 个视野;若每个视野的平均个数达到 10~20 个,只要数 50 个视野即可;所观察视野在计数框中的分布要注意随机性和均匀性;②如遇到某些细胞的一部分在视野内,而另一部分在视野外,可规定:在视野上半圈者计数而下半圈者不计数;③对丝状和群体种类,可先计算个体数,然后求出该种类的个体的平均细胞数,再进行换算。同一标本瓶内样品的 2 片计算结果和平均数之差如果不大于其平均数的 ±15%,该平均值即为有效值,否则须数第 3 片并记录于表 III-1-3(略,第三板数据)中,直至 3 片平均数与数值相近两数之差不大于平均数的 15% 为止,则这两个相近数值的平均数即为计数结果。

表 III-1-1 第一板数据(单位:个)

视野	1	2	3	4	5	6	7	8	9	10
浮游植物细胞数量										
视野	11	12	13	14	15	16	17	18	19	20
浮游植物细胞数量										
视野	21	22	23	24	25	26	27	28	29	30
浮游植物细胞数量										
视野	31	32	33	34	35	36	37	38	39	40
浮游植物细胞数量										
视野	41	42	43	44	45	46	47	48	49	50
浮游植物细胞数量										
视野	51	52	53	54	55	56	57	58	59	60
浮游植物细胞数量										
视野	61	62	63	64	65	66	67	68	69	70
浮游植物细胞数量										
视野	71	72	73	74	75	76	77	78	79	80
浮游植物细胞数量										
视野	81	82	83	84	85	86	87	88	89	90
浮游植物细胞数量										

续表

视野	91	92	93	94	95	96	97	98	99	100
浮游植物细胞数量										
视野	101	102	103	104	105	106	107	108	109	110
浮游植物细胞数量										
视野	111	112	113	114	115	116	117	118	119	120
浮游植物细胞数量										
视野	121	122	123	124	125	126	127	128	129	130
浮游植物细胞数量										
视野	131	132	133	134	135	136	137	138	139	140
浮游植物细胞数量										
视野	141	142	143	144	145	146	147	148	149	150
浮游植物细胞数量										
视野	151	152	153	154	155	156	157	158	159	160
浮游植物细胞数量										
视野	161	162	163	164	165	166	167	168	169	170
浮游植物细胞数量										
视野	171	172	173	174	175	176	177	178	179	180
浮游植物细胞数量										
视野	181	182	183	184	185	186	187	188	189	190
浮游植物细胞数量										
视野	191	192	193	194	195	196	197	198	199	200
浮游植物细胞数量										

（4）视野直径测量：高倍镜下（40×）利用镜台测微尺测量显微镜的视野直径 R（mm）。

（5）计算结果

1 L 水样中浮游植物的数量（N）按下式计算：

$$N=(C_s \times V)/(F_s \times F_n \times U) \times P_n$$

式中 C_s——计数框面积，mm^2；

V——1 L 水样浓缩后的体积，mL；

F_s——显微镜的视野面积，mm^2；

F_n——计数的视野数；

U——计数框的体积，mL；

P_n——计数视野数的浮游植物个数。

实验二　大型海藻对富营养化海水中氮磷的去除

【实验目的】

通过室内模拟，掌握利用大型海藻修复富营养化水体的方法。

【实验原理】

大型海藻通过对富营养化海水中氮、磷的吸收具有一定净化去除氮、磷能力，因此是海洋环境中对氮、磷污染物非常有效的生物过滤器。筏式栽培大型海藻就是在富营养化海区设置筏架，将养殖海藻附着或夹在养殖绳或网帘上，再把养殖绳或网帘悬挂在浮筏上进行养殖。筏式栽培的显著特点是浮筏带动养殖绳或网帘随潮汐、波浪上下浮动，可调节海藻养殖所处水层，使光照强度和温度更适合海藻生长，并充分利用水体立体空间。最后通过将海藻收获把多余的营养盐带上岸从而缓解海水富营养化。

【实验材料】

龙须菜（*Gracilaria lemaneiformis*）、海带（*Laminaria japonica*）、裙带菜（*Undaria pinnatifida*）、鼠尾藻（*Sargassum thunbergii*）等大型海藻健康藻体，$NaNO_3$ 和 NaH_2PO_4 等化学试剂（分析纯）。

【实验用品】

30 L 水族箱、真空抽滤器、0.45μm 滤膜、分光光度计、滴定管，加热装置等。

【实验步骤】

1. 标准氮磷营养盐储备液制备：利用 $NaNO_3$ 和 NaH_2PO_4 分别配成 100 mg/L（以 N、P 计）的硝酸盐和磷酸盐标准储备液，使用时以过滤天然海水稀释至所需浓度。

2. 大型海藻预培养：选择健康的龙须菜等大型海藻，洗净并曝气暂养于水族箱中。

3. 实验富营养化海水制备：在过滤天然海水中根据需要添加适量标准营养盐储备液配制实验富营养化海水（见表 III-2-1），每个浓度设置 3 个平行。

表 III-2-1　营养盐浓度设置(mg/L)

浓度	1	2	3	4	5
NO_3^-	0.30	0.60	1.20	2.40	4.80
PO_4^{3-}	0.05	0.10	0.20	0.40	0.80

4. 大型海藻对氮磷营养盐的去除：30 L 水族箱中注入 20 L 的富营养化海水，依次将 0（对照）、2.5 g /L、5 g/L、10 g/L、20 g/L 大型海藻吊养于上述海水中培养，培养条件与暂养期一致，实验周期为 7 d，每个浓度设置 3 个平行。大型海藻吊养前用滤纸吸干表面水分、称重，记录藻体鲜重（g）。

5. 氮磷营养盐浓度测定：实验结束后，采集随机分布在水族箱四角和中部的 5 个点的水样，混合均匀，总体积为 1 000 mL。水样采集后立即用 0.45 μm 醋酸纤维素微孔滤膜过滤，分别采用锌镉还原法和磷钼蓝分光光度法测定滤液中 NO_3^- 和 PO_4^{3-} 浓度。取出大型海藻，用滤纸吸干藻体表面水分、称重，记录藻体鲜重（g′）。

【实验结果】

记录每个水族箱内磷酸盐、硝酸盐浓度和大型海藻鲜重结果，以初始吊养藻体密度（g/L）为横坐标，分别以硝酸盐去除率（%）、磷酸盐去除率（%）和藻体日生长率（%）为纵坐标绘图，并对实验结果进行分析。

【作业】

1. 计算不同吊养密度大型海藻对硝酸盐和磷酸盐的去除率。
2. 分析不同吊养密度大型海藻对硝酸盐和磷酸盐的去除特点。
3. 分析硝酸盐和磷酸盐对大型海藻生长的影响。

实验三　大型海藻对赤潮微藻的调控作用

【实验目的】

通过室内模拟，掌握利用大型海藻调控赤潮微藻的方法。

【实验原理】

在赤潮高发区栽培大型海藻有利于预防和调控赤潮。通过将海藻收获把多余的营养盐带上岸能够缓解海水富营养化，达到预防赤潮发生的目的。大型海藻与赤潮微藻之间相互作用主要表现在3个方面：争夺光照、相生相克和竞争营养，大型海藻通过遮光、分泌克生物质和吸收海水中的氮和磷等营养盐能够有效抑制赤潮藻类的生长，从而达到调控赤潮的目的。

【实验材料】

龙须菜（*Gracilaria lemaneiformis*）、海带（*Laminaria japonica*）、裙带菜（*Undaria pinnatifida*）、鼠尾藻（*Sargassum thunbergii*）等大型海藻健康藻体，原甲藻属 *Prorocentrum*、裸甲藻属 *Gymnodinium*、鳍藻属 *Dinophysis*、角藻属 *Ceratium*、亚历山大藻属 *Alexandrium* 等赤潮微藻活体。

【实验用品】

30 L 水族箱、普通光学显微镜、计数器、镜台测微尺、浮游植物计数框、盖玻片、液体石蜡、移液器、解剖针、纱布、擦镜纸、刻度聚乙烯小瓶、鲁哥氏固定液等。

【实验步骤】

1. 海洋赤潮微藻培养：在 30 L 水族箱内培养 20 L 赤潮微藻培养液。

2. 大型海藻预培养：选择健康的龙须菜等大型海藻，洗净并曝气暂养于水族箱中。

3. 海洋赤潮微藻细胞计数：待赤潮微藻处于指数生长期时，利用浮游植物计数框进行细胞计数（方法见实验一）。

4. 大型海藻对赤潮微藻生长的影响：依次将 0（对照）、2.5 g /L、5 g/L、10 g/L、20 g/L 大型海藻吊养于上述指数生长期赤潮微藻培养液中，培养条件与暂养期一致，实验周期为 7 d，每个浓度设置 3 个平行。大型海藻吊养前用滤纸吸干表面水分、称重，记录藻体鲜重（g）。

5. 海洋赤潮微藻细胞计数：实验结束后，利用浮游植物计数框进行赤潮微藻细胞计数（方法见实验一细胞计数说明）。取出大型海藻，用滤纸吸干藻体表面水分、称重，记录藻体鲜重（g′）。

【实验结果】

记录每个水族箱内赤潮微藻细胞计数结果（表 III-3-1）和大型海藻鲜重结果，以初始吊养藻体密度（g/L）为横坐标，分别以赤潮微藻细胞去除率（%）和藻体日生长率（%）为纵坐标绘图，并对实验结果进行分析。

表 III-3-1　第一板数据(单位:个)

视野	1	2	3	4	5	6	7	8	9	10
赤潮微藻细胞数量										
视野	11	12	13	14	15	16	17	18	19	20
赤潮微藻细胞数量										
视野	21	22	23	24	25	26	27	28	29	30
赤潮微藻细胞数量										
视野	31	32	33	34	35	36	37	38	39	40
赤潮微藻细胞数量										
视野	41	42	43	44	45	46	47	48	49	50
赤潮微藻细胞数量										
视野	51	52	53	54	55	56	57	58	59	60
赤潮微藻细胞数量										
视野	61	62	63	64	65	66	67	68	69	70
赤潮微藻细胞数量										
视野	71	72	73	74	75	76	77	78	79	80
赤潮微藻细胞数量										
视野	81	82	83	84	85	86	87	88	89	90
赤潮微藻细胞数量										
视野	91	92	93	94	95	96	97	98	99	100
赤潮微藻细胞数量										
视野	101	102	103	104	105	106	107	108	109	110
赤潮微藻细胞数量										
视野	111	112	113	114	115	116	117	118	119	120
赤潮微藻细胞数量										
视野	121	122	123	124	125	126	127	128	129	130
赤潮微藻细胞数量										
视野	131	132	133	134	135	136	137	138	139	140
赤潮微藻细胞数量										
视野	141	142	143	144	145	146	147	148	149	150
赤潮微藻细胞数量										

续表

视野	151	152	153	154	155	156	157	158	159	160
赤潮微藻细胞数量										
视野	161	162	163	164	165	166	167	168	169	170
赤潮微藻细胞数量										
视野	171	172	173	174	175	176	177	178	179	180
赤潮微藻细胞数量										
视野	181	182	183	184	185	186	187	188	189	190
赤潮微藻细胞数量										
视野	191	192	193	194	195	196	197	198	199	200
赤潮微藻细胞数量										

【作业】

1. 计算大型海藻不同吊养密度对赤潮微藻细胞的去除率。
2. 分析赤潮微藻对大型海藻生长的影响。

实验四　人工藻礁模型礁设计和大型海藻幼体附着

【实验目的】

通过室内模拟，掌握人工藻礁模型礁设计和大型海藻幼体附着的研究方法。

【实验原理】

人工藻礁是指人为设置在海域中，为海洋藻类提供生长繁殖场所，从而吸引鱼、虾、贝类等海洋动物到海藻场来索饵繁育，以达到优化海底环境，保护、增殖海洋生物资源和提高渔获物质量为目的的构造物。人工藻礁的制作材料、形状、大小和粗糙度等影响大型海藻幼体的附着效果，进而影响到其集鱼功能。

【实验材料】

马尾藻（*Sargassum siliquastrum*）、龙须菜（*Gracilaria lemaneiformis*）、海带（*Laminaria japonica*）、裙带菜（*Undaria pinnatifida*）、鼠尾藻（*S.thunbergii*）等大型海藻健康藻体，混凝土、煤灰、铁皮、橡胶、玻璃钢、蛤壳、鲍鱼壳、牡蛎壳等造礁材料。

【实验用品】

100 L 水族箱、真空抽滤器、0.45 μm 滤膜、分光光度计、滴定管，加热装置等。

【实验步骤】①

1. 模型礁制作：根据实验条件制作不同材料和不同形状模型礁。以于沛民（2007）制作的规格为 40 cm×25 cm×5 cm 的模型礁为例：首先制作混凝土板，在混凝土板制作完成、混凝土未干燥成形时，然后在其表面镶上铁皮、橡胶、玻璃钢、蛤壳、鲍鱼壳、牡蛎壳，即制成混凝土模型礁（作为对照）、煤灰混凝土模型礁、铁皮模型礁、橡胶模型礁、玻璃钢模型礁、蛤壳模型礁、鲍鱼壳模型礁、牡蛎壳模型礁；煤灰混凝土板中，煤灰约占 60%（图 III-4-1）。设计不同形状的模型礁：圆凸形、圆凹形、锯齿凸形和锯齿凹形，其中圆凸形和锯齿凸形模型礁上凸起高 3 cm；圆凹形、锯齿凹形下凹处深 2 cm（图 III-4-2）。

2. 大型海藻种藻采集：采集野生的健壮马尾藻作为种藻，用过滤海水清洗干净。

3. 采苗：每个水族箱底铺好一种模型礁，然后分别注入新鲜海水约 30 cm，将处理好的种藻均匀地分散在模型礁上，3 天后捞出种藻，模型礁继续培养。每种模型礁设 3 个平行。

4. 育苗管理：在管理中要注意调节温度和光照，定期添加 N、P 营养盐、换水清箱。

5. 大型海藻幼体附着效果：育苗管理 2 周后取样，测量模型礁表面马尾藻幼体单位面积株数（用株表示）。模型礁表面马尾藻幼体单位面积株数测量方法：采用 5 cm ×5 cm 的采样框进行测量，每种模型礁随机取 10 个面积分别计数株数，然后取算术平均数，即为取样中模型礁上的马尾藻幼体株数。

【实验结果】

记录水族箱内模型礁表面每个采样框内马尾藻幼体株数（株 / 框）结果，分别以不同材料

① 本实验参考于沛民（2007）的方法进行。

模型礁和不同形状模型礁为横坐标，以模型礁单位面积内马尾藻幼体株数（株 /m²）为纵坐标绘图，并对实验结果进行分析。

【作业】

1. 计算不同材料和不同形状模型礁表面单位面积内马尾藻幼体株数。
2. 分析不同材料和不同形状模型礁附藻效果，哪些适合作为增殖马尾藻的礁体材料。

图 III-4-1　各种不同材料模型礁

（引自于沛民，2007）

A：煤灰混凝土混合模型礁；B：玻璃钢模型礁；C：铁皮模型礁；D：蛤壳模型礁；E：鲍鱼壳模型礁；F：牡蛎壳模型礁；G：橡胶模型礁；H：混凝土模型礁

图 III-4-2　各种不同形状模型礁

（引自于沛民，2007）

A：圆凸型模型礁；B：圆凹型模型礁；C：锯齿凸形模型礁；D：锯齿凹型模型礁

实验五　海洋污损生物藤壶的防除

【实验目的】

通过室内模拟，掌握神经酰胺防除海洋污损生物藤壶的基本方法。

【实验原理】

藤壶是一类重要的海洋污损生物，在水下设施上牢固黏附造成极大污损和危害。神经酰胺是由神经鞘氨醇和长链脂肪酸通过共价缩合而成的一类结构相似的物质，作为重要的具有多种生物活性的第二信使分子，能够抑制藤壶幼虫的附着。

【实验材料】

白脊藤壶（*Balanus albicostatus*）II 期无节幼虫，神经酰胺。

【实验用品】

高压蒸汽灭菌锅、恒温光照培养箱、解剖镜、12 孔板。

【实验步骤】

1. 神经酰胺溶液配制：将神经酰胺配制成 2 mg • mL^{-1} 浓度的溶液，然后用灭菌海水依次稀释成 0（对照）、0.2、0.4、0.6、0.8、1.0、1.2、1.4、1.6、1.8、2.0 mg • mL^{-1}。

2. 神经酰胺溶液分装：取 12 孔板（图 III-5-1），每个浓度设 4 个平行，即每一排 4 个孔作为一个浓度组，在每个孔中分别加入 3 mL 神经酰胺溶液。

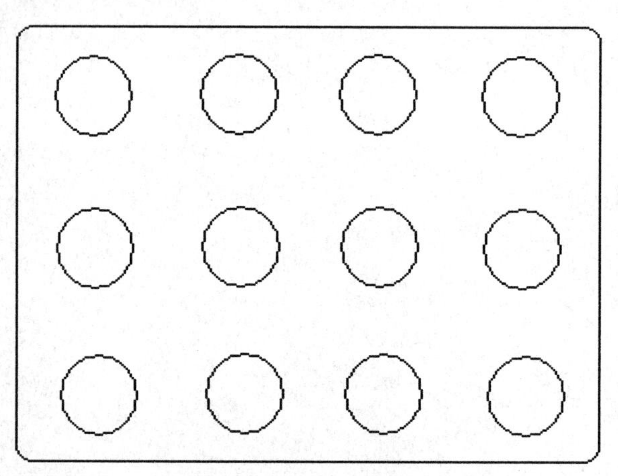

图 III-5-1　12 孔板

3. 白脊藤壶幼虫实验：在已分装好的 12 孔板的每个孔中加入 15 只活性好的白脊藤壶幼虫，28℃培养箱内培养，24 h 后显微观察白脊藤壶幼虫附着情况。

4. 计算藤壶幼虫附着抑制率：根据以下公式计算藤壶幼虫附着抑制率：

$$I=\frac{D_0-D_{24\text{h}}}{D_0}\times 100\%$$

式中 I——藤壶幼虫附着抑制率；

D_0——实验初始时藤壶幼虫个数；

D_{24h}——培养 24 小时后藤壶幼虫附着个数。

【实验结果】

分别记录实验初始时 12 孔板中每个孔内藤壶幼虫个数和培养 24 h 后每个孔内藤壶幼虫附着个数，以神经酰胺溶液浓度（$mg \cdot mL^{-1}$）为横坐标，以藤壶幼虫附着个数（个）为纵坐标绘制神经酰胺对藤壶幼虫附着的影响图；以神经酰胺溶液浓度（$mg \cdot mL^{-1}$）为横坐标，以藤壶幼虫附着抑制率（%）为纵坐标绘制神经酰胺对藤壶幼虫附着的抑制率图，并对实验结果进行分析。

【作业】

计算不同浓度神经酰胺溶液对藤壶幼虫附着的抑制率。

参考文献

[1] 安鑫龙.河北省海洋有害藻华 [M]. 北京:中国环境出版社,2017.

[2] 安鑫龙,陈芳,高寒.海洋有害藻华学 [M]. 北京:中国环境出版集团,2018.

[3] 安鑫龙,李雪梅,李亚宁.海洋尖尾藻的摄食 [J]. 海洋技术,2012(1):100-102.

[4] 安鑫龙,李雪梅,李志伟.高职水环境监测与保护专业《水环境修复技术》课程改革探索 [J]. 河北农业大学学报(农林教育版),2013,15(4):89-92.

[5] 安鑫龙,李雪梅,李志霞.河北省近海有害藻华灾害分级、时空分布和优势藻华生物变化特征 [J]. 海洋技术学报,2015,34(1):69-75.

[6] 安鑫龙,李雪梅,齐遵利,等.污染生态退化与生态整治研究 [J]. 安徽农业科学,2008,36(32):14262-14263,14266.

[7] 安鑫龙,李雪梅,徐春霞,等.大型海藻对近海环境的生态作用 [J]. 水产科学,2010,29(2):115-119.

[8] 安鑫龙,李豫红,赵艳珍,等.溶藻微生物的研究方法 [J]. 水利渔业,2005,25(2):17-18.

[9] 安鑫龙,李志霞,齐遵利,等.海洋生态退化及其调控研究 [J]. 安徽农业科学,2009,37(1):353-354.

[10] 安鑫龙,齐遵利,李雪梅,等.大型海藻龙须菜的生态特征 [J]. 水产科学,2009,28(2):109-112.

[11] 安鑫龙,齐遵利,李雪梅,等.河北省沿海赤潮研究 20 年 [J]. 安徽农业科学,2008,36:13787-13788,13861.

[12] 安鑫龙,齐遵利,李雪梅,等.中国海岸带研究Ⅲ—滨海湿地研究 [J]. 安徽农业科学,2009,37(4):1712-1713.

[13] 安鑫龙,么强,潘娟.河北省沿海赤潮 [M]. 北京:中国环境科学出版社,2011.

[14] 安鑫龙,周启星.溶藻病毒的研究方法 [J]. 水利渔业,2006,26(1):15,23.

[15] 安鑫龙,周启星.水产养殖自身污染及其生物修复技术 [J]. 环境污染治理技术与设备,2006,7(9):1-6.

[16] 安鑫龙,周启星,邢光敏.海洋微生物在海洋污染治理中的应用现状 [J]. 水产科学,2006,25(2):97-100.

[17] 薄军,陈梦云,方超,等.微塑料对海洋生物生态毒理学效应研究进展 [J]. 应用海洋学学报,2018,37(4):594-600.

[18] 蔡锋.中国海滩养护技术手册 [M]. 海洋出版社,2015.

[19] 蔡树群,郑舒,韦惺.珠江口水动力特征与缺氧现象的研究进展 [J]. 热带海洋学报,2013,32(5):1-8.

[20] 常雅军,张亚,刘晓静,等.碱蓬(*Suaeda glauca*)对不同程度富营养化养殖海水的净化效果 [J]. 生态与农村环境学报,2017,33(11):1023-1028.

[21] 陈彬,俞炜炜.海洋生态恢复理论与实践 [M]. 北京:海洋出版社,2012.

[22] 陈亮然 . 铜藻形态学特征及其对海藻场生境构造的影响 [D]. 上海：上海海洋大学，2015.
[23] 陈尚，张朝晖，马艳，等 . 我国海洋生态系统服务功能及其价值评估研究计划 [J]. 地球科学进展，2006，21（11）：1127-1133.
[24] 陈沈良，吴桑云，于洪军 . 中国海岸侵蚀与防护技术探讨 [C]// 中国海洋学会海岸带开发与管理分会学术研讨会 .2006.
[25] 陈永茂，李晓娟，傅恩波 . 中国未来的渔业模式—建设海洋牧场 [J]. 资源开发与市场，2000，16（2）：78-79.
[26] 程济生 . 黄渤海近岸水域生态环境与生物群落 [M]. 青岛：中国海洋大学出版社 .2004.
[27] 程家骅，丁峰元，李圣法，等 . 东海区大型水母数量分布特征及其与温盐度的关系 [J]. 生态学报，2005，25（3）：440-445.
[28] 程家骅，姜亚洲 . 海洋生物资源增殖放流回顾与展望 [J]. 中国水产科学，2010，17（3）：610-617.
[29] 程家骅，李圣法，丁峰元，等 . 东、黄海大型水母暴发现象及其可能成因浅析 [J]. 现代渔业信息，2004，19（5）：10-12.
[30] 程振波 . 黄弊市沿海赤潮发生机制及危害 [J]. 海洋通报，1992，11（1）：100-102.
[31] 崔凤，刘变叶 . 我国海洋自然保护区存在的主要问题及深层原因 [J]. 中国海洋大学学报（社会科学版），2006，2：12-16.
[32] 崔凤，刘变叶 . 我国海洋自然保护区现存问题解决办法探析 [J]. 学习与探索，2006，6：110-113.
[33] 崔毅，陈碧鹃，陈聚法 . 黄渤海海水养殖自身污染的评估 [J]. 应用生态学报，2005，16(1)：180-185.
[34] 丹·拉弗莱（英），加布里埃尔·格瑞斯蒂茨（肯尼亚）著 . 卢伟志，赵长安，等译 . 海岸带典型生态系统碳汇管理 [M]. 北京：海洋出版社，2016.
[35] 邓旭，梁彩柳，尹志炜，等 . 海洋环境重金属污染生物修复研究进展 [J]. 海洋环境科学，2015，34（6）：954-960.
[36] 邓义祥，雷坤，安立会，等 . 我国塑料垃圾和微塑料污染源头控制对策 [J]. 中国科学院院刊，2018，33（10）：1042-1051.
[37] 狄乾斌，张洁，吴佳璐 . 基于生态系统健康的辽宁省海洋生态承载力评价 [J]. 自然资源学报，2014，29（2）：256-264.
[38] 丁金凤，李景喜，孙承君，等 . 双壳贝类消化系统中微塑料的分离鉴定及应用研究 [J]. 分析化学，2018，46（5）：690-697.
[39] 丁峰元，严利平，李圣法，等 . 水母暴发的主要影响因素 [J]. 海洋环境，2006，30（9）：79-83.
[40] 董婧，姜连新，孙明，等 . 渤海与黄海北部大型水母生物学研究 [J]. 北京：海洋出版社，2013.
[41] 董哲仁 . 河流生态修复 [J]. 北京：中国水利水电出版社，2013.
[42] 窦碧霞，黄建荣，李连春，等 . 海马齿对海水养殖系统中氮、磷的移除效果研究 [J]. 水生态学杂志，2011，32（5）：94-99.
[43] 杜晓军，高贤明，马克平 . 生态系统退化程度诊断：生态恢复的基础与前提 [J]. 植物生态学报，2003，27（5）：700-708.
[44] 杜萱，李志文 . 我国海洋生物入侵应对现状及对策 [J]. 环境保护，2013，41（16）：50-51.

[45] 段德麟，付晓婷，张全斌，等 . 现代海藻资源综合利用 [J]. 北京 . 科学出版社，2016.
[46] 范航清，陆露，阎冰 . 广西红树林演化史与研究历程 [J]. 广西科学，2018，25（4）：343-351.
[47] 范航清，莫竹承 . 广西红树林恢复历史、成效及经验教训 [J]. 广西科学，2018，25（4）：363-371，387.
[48] 范航清，石雅君，邱广龙 . 中国海草植物 [M]. 北京：海洋出版社，2009.
[49] 范航清，王文卿 . 中国红树林保育的若干重要问题 [J]. 厦门大学学报（自然科学版），2017，56（3）：323-330.
[50] 方曦，杨文 . 海洋石油污染研究现状及防治 [J]. 环境科学与管理，2007，23（9）：78-80.
[51] 方成，王小丹，杨金霞，等 . 唐山市海岸线变化特征及环境影响效应分析 [J]. 海洋通报，2014，33（4）：419-427.
[52] 丰爱平，刘建辉 . 海洋生态保护修复的若干思考 [J]. 中国土地，2019（2）：30-32.
[53] 冯建祥，朱小山，宁存鑫，等 . 红树林种植 - 养殖耦合湿地生态修复效果评价 [J]. 中国环境科学 2017，37（7）：2662-2673.
[54] 冯金华，王程栋，刘红英，等 . 白色霞水母刺细胞毒素抗烟草花叶病毒活性 [J]. 植物保护学报，2015，42（1）：99-105.
[55] 符小明，唐建业，吴卫强，等 . 海州湾生态修复效果评价 [J]. 大连海洋大学学报，2017，32（1）：93-98.
[56] 高红，周飞飞，唐洪杰，等 . 黄海绿潮浒苔提取物的化感效应及化感物质的分离鉴定 [J]. 海洋学报，2018，40（12）：11-20.
[57] 高坤山 . 海洋酸化的生理生态效应及其与升温、辐射和低氧化的关系 [J]. 厦门大学学报（自然科学版）：2018，57（6）：800-810.
[58] 关春江，卞正和，滕丽平，等 . 水母暴发的生物修复对策 [J]. 海洋环境科学，2007，26（5）：492-494.
[59] 郭栋，张沛东，张秀梅，等 . 大叶藻移植方法的研究 [J]. 海洋科学，2012，36（3）：42-48.
[60] 郭欣，潘伟生，陈粤超，等 . 广东湛江红树林自然保护区及附近海岸互花米草入侵与红树林保护 [J]. 林业与环境科学，2018，34（4）：58-63.
[61] 国家海洋局 .2002 年中国海洋环境质量公报 [J]. 北京：国家海洋局，2003.
[62] 国家海洋局 .2016 年中国海洋环境状况公报 [J]. 北京：国家海洋局，2017.
[63] 韩成格 . 长海县海珍品底播增殖现状 [J]. 水产科学，1989，8（4）：23-25.
[64] 韩厚伟，江鑫，潘金华 . 海草种子特性与海草床修复 [J]. 植物生态学报，2012，36（8）：909-917.
[65] 韩露，邓雪，李培峰，等 . 海水温度对衰亡期浒苔释放生源硫影响的模拟研究 [J]. 海洋学报，2018，40（10）：110-118.
[66] 何江楠，许永久，韩容康，等 . 东、黄海沙海蜇暴发及其对人类和生态环境的影响 [J]. 农村经济与科技，2016，27（19）：38-39.
[67] 何蕾，黄芳娟，殷克东 . 海洋微塑料作为生物载体的生态效应 [J]. 热带海洋学报，2018，37（4）：1-8.
[68] 贺亮，刘丽，廖健，等 . 圆台型混凝土人工藻礁礁体结构设计及其稳定性分析 [J]. 广东海洋大学学报，2016，6（6）：74-80.

[69] 洪惠馨．中国海域钵水母生物学及其与人类的关系 [J]. 北京：海洋出版社，2014.
[70] 胡劲召，胡鑫鑫，刘成前，等．石莼修复富营养化海水的实验研究 [J]. 江汉大学学报（自然科学版），2017，45（5）：395-399.
[71] 胡劲召，齐丹，徐功娣．浒苔对富营养化海水中氮磷去除效果的研究 [J]. 海南热带海洋学院学报，2017，24（5）：27-30，41.
[72] 胡欣，刘纪化，刘怀伟，等．异养细菌硫代谢及其在海洋硫循环中的作用 [J]. 中国科学：地球科学，2018.48（12）：1540-1550.
[73] 黄建辉，韩兴国，杨亲二，等．外来种入侵的生物学与生态学基础的若干问题 [J]. 生物多样性，2003，11（3）：240-247.
[74] 黄建平．海洋石油污染的危害及防治对策 [J]. 技术与市场，2014，21（1）：129-130，132.
[75] 黄硕琳，唐议．渔业管理理论与中国实践的回顾与展望 [J]. 水产学报，2019，43（1）：211-231.
[76] 黄通谋，李春强，于晓玲，等．麒麟菜与贝类混养体系净化富营养化海水的研究 [J]. 中国农学通报，2010，26（18）：419-424.
[77] 黄晓航，吴超元，J 科拉，等．美国长岛湾缺氧现象及其治理对策综述 [J]. 海洋学报，1994，16（3）：57-60.
[78] 黄亚楠，吴孟孟．富营养化指数法在中国近岸海域的应用 [J]. 海洋环境科学，2016，35（2）：316-320.
[79] 黄逸君，江志兵，曾江宁，等．石油烃污染对海洋浮游植物群落的短期毒性效应 [J]. 植物生态学报，2010，34（9）：1095-1106.
[80] 黄宗国，蔡如星．海洋污损生物及其防除（上册）[M]. 北京：海洋出版社，1984.
[81] 黄宗国．海洋污损生物及其防除（下册）[M]. 北京：海洋出版社，2008.
[82] 计新丽，林小涛，许忠能，等．海水养殖自身污染机制及其对环境的影响 [J]. 海洋环境科学，2000，19（4）：66-71.
[83] 贾芳丽，孙翠竹，李富云，等．海洋微塑料污染研究进展 [J]. 海洋湖沼通报，2018，2：146-154.
[84] 贾晓平，陈丕茂，唐振朝，等．人工鱼礁关键技术研究与示范 [M]. 北京：海洋出版社，2011.
[85] 姜德娟，张华．渤海叶绿素浓度时空特征分析及其对赤潮的监测．海洋科学，2018，42（5）：23-31.
[86] 姜欢欢，温国义，周艳荣，等．我国海洋生态修复现状、存在的问题及展望 [J]. 海洋开发与管理，2013，1：35-38，112.
[87] 姜梅．略论护岸工程的负面影响——以美国护岸工程为例 [J]. 海岸工程，2000，1：64-68.
[88] 江红，程和琴，徐海根，等．大型水母暴发对东海生态系统中上层能量平衡的影响 [J]. 海洋环境科学，2010，29（1）：91-95.
[89] 江艳娥，陈丕茂，林昭进，等．不同材料人工鱼礁生物诱集效果的比较 [J]. 应用海洋学学报，2013，32（3）：418-424.
[90] 江志坚，黄小平．富营养化对珊瑚礁生态系统影响的研究进展 [J]. 海洋环境科学，2010，29（2）：280-285.
[91] 雷坤，孟伟，郑丙辉，等．渤海湾海岸带生境退化诊断方法 [J]. 环境科学研究，2009，22（12）：1361-1365.
[92] 雷宗友．海洋牧场 [M]. 上海：少年儿童出版社，1979.

[93] 李春强，于晓玲，王树昌，等．琼枝麒麟菜对富营养化海水氮磷的去除及对水体中 Chla 含量的影响 [J]. 海洋环境科学，2015，34（2）：190-193，239.
[94] 李道季．海洋微塑料污染状况及其应对措施建议 [J]. 环境科学研究，2019，32（2）：197-202.
[95] 李干杰．坚持陆海统筹，实现海洋可持续发展 [J]. 环境保护，2011，10：24.
[96] 李冠国，范振刚．海洋生态学 [M]. 北京：高等教育出版社，2004.
[97] 李嘉，李艳芳，张华．海洋微塑料物理迁移过程研究进展与展望 [J]. 海洋科学，2018，42（5）：155-162.
[98] 李家乐，董志国，李应森，等．中国外来水生动植物 [M]. 上海：上海科学技术出版社，2007
[99] 李靖，孙雷，宋秀贤，等．改性粘土对浒苔（Ulva prolifera）微观繁殖体去除效果及萌发的影响 [J]. 海洋与湖沼，2015，46（2）：345-350.
[100]李磊，陈栋，彭建新，等．3 种人工鱼礁模型对黑棘鲷的诱集效果研究 [J]. 海洋渔业，2018，40（5）：625-631.
[101]李陆嫔，黄硕琳．我国渔业资源增殖放流管理的分析研究 [J]. 上海海洋大学学报，2011，20（5）：765-772.
[102]李美真．人工藻场的生态作用、研究现状及可行性分析 [J]. 渔业现代化，2007，1：20-22.
[103]李娜，陈丕茂，乔培培，等．滨海红树林湿地海洋生态效应及修复技术研究进展．广东农业科学，2013，20：157-160，167.
[104]李森，范航清，邱广龙，等．海草床恢复研究进展 [J]. 生态学报，2010，30（9）：2443-2453.
[105]李松，俞篢．我国防治船舶污染海洋环境应急能力建设研究 [J]. 浙江交通职业技术学院学报，2015，16（3）：27-31.
[106]李文涛，张秀梅．关于人工鱼礁礁址选择的探讨 [J]. 现代渔业信息，2003，18（5）：3-6.
[107]李文涛，张秀梅．海草场的生态功能 [J]. 中国海洋大学学报，2009，39（5）：933-939.
[108]李晓璇，刘大海，刘芳明．海洋生态补偿概念内涵研究与制度设计 [J]. 海洋环境科学，2016，35（6）：948-953.
[109]李元超，黄晖，董志军．鹿回头佳丽鹿角珊瑚卵母细胞发育的组织学研究 [J]. 热带海洋学报，2009，28（1）：56-60.
[110]李元超，黄晖，董志军，等．珊瑚礁生态修复的研究进展 [J]. 生态学报，2008，28（10）：1-8.
[111]李永祺，唐学玺．海洋恢复生态学 [M]. 青岛：中国海洋大学出版社，2016.
[112]李曰嵩，肖文军，杨红，等．2012 年黄海绿潮藻早期发生和聚集动力学成因分析 [J]. 海洋环境科学，2015，34（2）：268-273.
[113]李照．长江口邻近海域浮游植物群落特征及其碳沉降研究 [D]. 青岛：中国科学院海洋研究所，2018
[114]李照，宋书群，李才文．长江口及其邻近海域叶绿素 a 分布特征及其与低氧区形成的关系 [J]. 海洋科学，2016，40（2）：1-10.
[115]梁淼，孙丽艳，鞠茂伟，等．曹妃甸近岸海域海洋生态系统健康评价 [D]. 海洋开发与管理，2018，8：44-50.
[116]梁玉波，王斌．中国外来海洋生物及其影响 [J]. 生物多样性，2001，9（4）：458-465.
[117]廖琴，曲建升，王金平，等．世界海洋环境中的塑料污染现状分析及治理建议 [J]. 世界科技研究与发展，2015，37（4）：206-211.

[118]林军，章守宇．人工鱼礁物理稳定性及其生态效应的研究进展 [J]. 海洋渔业，2006，28（3）：257-262.

[119]林军，章守宇，龚甫贤．象山港海洋牧场规划区选址评估的数值模拟研究：水动力条件和颗粒物滞留时间 [J]. 上海海洋大学学报，2012，21（3）：452-459.

[120]林鹏．海洋高等植物生态学 [M]. 北京：科学出版社，2006.

[121]林晓娟，高姗，仉天宇，等．海水富营养化评价方法的研究进展与应用现状 [J]. 地球科学进展，2018，33（4）：373-384.

[122]刘百桥，阿 东，关道明．2011~2020 年中国海洋功能区划体系设计 [J]. 海洋环境科学，2014，33（3）：441-445.

[123]刘春杉．广东沿海海洋荒漠化的趋势及其原因 [J]. 海洋科学，2001，25（8）：52-54.

[124]刘芳明，缪锦来，郑洲，等．中国外来海洋生物入侵的现状、危害及其防治对策 [J]. 海岸工程，2007，26（4）：49-57.

[125]刘峰，刘兴凤，金柘，等．苏北浅滩沉积物中的大型绿藻微观繁殖体的垂直分布和物种多样性 [J]. 海洋与湖沼，2018，49（5）：983-990.

[126]刘慧，苏纪兰．基于生态系统的海洋管理理论与实践 [J]. 地球科学进展，2014，29（2）：275-284，

[127]刘慧，唐启升．国际海洋生物碳汇研究进展 [J]. 中国水产科学，2011，18（3）：695-702.

[128]刘佳，朱小明，杨圣云．厦门海洋生物外来物种和生物入侵 [J]. 厦门大学学报（自然科学版），2007，46（增 1）：181-185.

[129]刘建辉，蔡锋．福建旅游沙滩现状及开发前景 [J]. 海洋开发与管理，2009，26（11）：78-83.

[130]刘金雷，夏文香，赵亮，等．海洋石油污染及其生物修复 [J]. 海洋湖沼通报，2006，3：48-53.

[131]刘俊国，安德鲁·克莱尔．生态修复学导论 [J]. 北京：科学出版社，2017.

[132]刘敏霞，杨玉义，李庆孝，等．中国近海海洋环境多氯联苯（PCBs）污染现状及影响因素．环境科学，2013，34（8）：3309-3315.

[133]刘涛，孙晓霞，朱明亮，等．东海表层海水中微塑料分布与组成 [J]. 海洋与湖沼，2018，49（1）：62-69.

[134]刘同渝．日本悬浮式人工鱼礁介绍 [J]. 国外水产，1982，3：48-51.

[135]刘湘庆，王宗灵，辛明，等．浒苔衰亡过程中营养盐的释放过程及规律 [J]. 海洋环境科学，2016，35（6）：801-805，813.

[136]刘晓军，刘贵昌，宋树军，等 .Ca2+、Mg2+、Cu2+ 对海洋污损生物的协同毒性效应 [J]. 海洋环境科学，2010，29（5）：733-735，740.

[137]刘训华．论海洋教育研究的学科视域 [J]. 宁波大学学报（教育科学版），2018，40（6）：1-9.

[138]刘燕山，郭栋，张沛东，等北方潟湖大叶藻植株枚订移植法的效果评估与适宜性分析 [J]. 植物生态学报，2015，39（2）：176-183.

[139]刘燕山，张沛东，郭栋，等．海草种子播种技术的研究进展 [J]. 水产科学，2014，33（2）：127-132

[140]刘志国，王金辉，蔡芃，等．米氏凯伦藻分布及其引发赤潮的发生规律研究 [J]. 国土与自然资源研究，2014，1：38-41.

[141]柳岩，宋伦，宋永刚，等．大型水母灾害应急处置技术研究 [J]. 河北渔业 2017，（2）：6-10.

[142]卢元平，徐卫华，张志明，等．中国红树林生态系统保护空缺分析 [J]. 生态学报，2019，39（2）：684-691.
[143]陆琴燕，刘永，李纯厚，等．海洋外来物种入侵对南海生态系统的影响及防控对策 [J]. 生态学杂志，2013，32（8）：2186-2193.
[144]罗琳，李适宇，王东晓．珠江河口夏季缺氧现象的模拟 [J]. 水科学进展，2008，19（5）：729-735.
[145]马海有，郭亦萍，汤振明，等．高效耐久型人工鱼礁与近海渔业 [J]. 现代渔业信息，2005，20（11）：9-12.
[146]马军英，杨纪明．日本的海洋牧场研究 [J]. 海洋科学，1994，3：22-24.
[147]毛玉泽，李加琦，薛素燕，等．海带养殖在桑沟湾多营养层次综合养殖系统中的生态功能 [J]. 生态学报，2018，38（9）：3230-3237.
[148]孟伟庆，胡蓓蓓，刘百桥，等．基于生态系统的海洋管理：概念、原则、框架与实践途径 [J]. 地球科学进展，2016，31（5）：461-470.
[149]闵建，孙小峰．江苏南部海域海洋生态系统退化原因分析及其修复模式探讨 [J]. 海洋开发与管理，2014，9：114-119.
[150]南黄艳．海洋环境管理中的经济学手段研究 [J]. 海洋信息 .2004（3）：15-17.
[151]牛翠娟，娄安如，孙儒泳，等．基础生态学（第 3 版）[M]. 北京：高等教育出版社，2015.
[152]欧官用，王鑫杰，杨安强，等．大型海藻碳汇能力的种间差异 [J]. 浙江农业科学，2017，58（8）：1436-1439，1443.
[153]潘金华，江鑫，赛珊，等．海草场生态系统及其修复研究进展 [J]. 生态学报，2012，32（19）：6223-6232.
[154]潘军标，王栋，王趁义，等．碱蓬对富营养化海水养殖水体中氮磷的去除研究 [J]. 环境保护科学，2018，44（2）：37-41.
[155]庞云龙，刘正一，丁兰平，等．山东半岛漂浮铜藻和底栖铜藻气囊及生殖托的形态学比较分析 [J]. 海洋科学，2018，42（3）：84-91.
[156]彭逸生，周炎武，陈桂珠．红树林湿地恢复研究进展 [J]. 生态学报，2008，28（2）：786-797.
[157]祁帆，李晴新，朱琳．海洋生态系统健康评价研究进展 [J]. 海洋通报，2007，26（3）：97-104.
[158]齐雨藻．中国沿海赤潮 [M]. 北京：科学出版社，2003.
[159]綦世斌，覃超梅，黄少建，等．夜光藻斑块分布与水环境因子的相关关系 [J]. 热带生物学报，2018，9（1）：1-11.
[160]钱伟，冯建祥，宁存鑫，等．近海污染的生态修复技术研究进展 [J]. 中国环境科学，2018，38（5）：1855-1866.
[161]丘君，李明杰．我国海洋自然保护区面临的主要问题及对策 [J]. 海洋开发与管理，2005，4：30-35.
[162]邱广龙，范航清，周浩郎，等．广西潮间带海草的移植恢复 [J]. 海洋科学，2014，38（6）：24-30.
[163]曲维政，邓声贵．灾难性的海洋石油污染 [J]. 自然灾害学报，2001，10（1）：69-74.
[164]曲元凯．三种马尾藻的生长繁殖和人工藻场的构建 [D]. 湛江：广东海洋大学，2015.
[165]权伟，应苗苗，康华靖，等．中国近海海藻养殖及碳汇强度估算 [J]. 水产学报，2014，38（04）：509-514.

[166]汝少国，李雪富．金属吡啶硫酮在海洋环境中的污染现状和毒性研究进展 [J]. 中国海洋大学学报（自然科学版），2017，47（8）：65-73.
[167]尚龙生，孙茜，徐恒振，等．海洋石油污染与测定 [J]. 海洋环境科学，1997，16（1）：16-21.
[168]沈国英，黄凌风，郭丰，等．海洋生态学（第三版）[M]. 厦门：厦门大学出版社，2010.
[169]沈满洪，毛狄．海洋生态系统服务价值评估研究综述 [J]. 生态学报，2019，39（6）：2255-2265.
[170]盛静芬，朱大奎．海岸侵蚀和海岸线管理的初步研究 [J]. 海洋通报，2002，21（4）：50-57.
[171]盛连喜．环境生态学导论 [M]. 北京：高等教育出版社，2009.
[172]史如松．治理海洋石油污染的方法和材料 [J]. 上海环境科学，1987，6：44，37.
[173]斯丹．米氏凯伦藻生态适应性研究及入侵风险评估 [D]. 上海：上海海洋大学，2016.
[174]宋伦，毕相东．渤海海洋生态灾害及应急处置 [M]. 沈阳：辽宁科学技术出版社，2015.
[175]宋秀凯，袁廷柱，孙玉增，等．山东乳山近海海洋卡盾藻（Chattonella marina）赤潮发展过程及其成因研究 [J]. 海洋与湖沼，2011，42（3）：425-430.
[176]苏志维，易湘茜，邓家刚，等．两种柳珊瑚 Anthogorgia caerulea 和 Menella kanisa 的化学成分及其抗海洋污损生物附着活性研究 [J]. 天然产物研究与开发，2018，30：2138-2142，2192.
[177]孙宏超．枸杞岛海藻场生态系统初步研究 [D]. 上海海洋大学，2006.
[178]孙建璋，陈万东，庄定根，等．中国南麂列岛铜藻 Sargassum horneri 实地生态学的初步研究 [J]. 南方水产，2008，4（3）：58-63.
[179]孙建璋，庄定根，王铁杆，等．南麂列岛铜藻场建设设计与初步实施 [J]. 现代渔业信息，2009，24（7）：25-28.
[180]孙松．对黄、东海水母暴发机理的新认知 [J]. 海洋与湖沼，2012，43（3）：406-410.
[181]孙晓霞，于仁成，胡仔园．近海生态安全与未来海洋生态系统管理 [J]. 中国科学院院刊，2016，31（12）：1293-1301.
[182]汤坤贤，游秀萍，林亚森，等．龙须菜对富营养化海水的生物修复 [J]. 生态学报，2005，25（11）：3044-3051.
[183]唐启升，刘慧．海洋渔业碳汇及其扩增战略 [J]. 中国工程科学，2016，18（3）：68-73.
[184]陶峰，贾晓平，陈丕茂，等．人工鱼礁礁体设计的研究进展 [J]. 南方水产，2008，4（3）：64-69.
[185]田海兰，刘西汉，石雅君等．曹妃甸诸岛形态变化研究 [J]. 海洋通报，2015，34（6）：695-702.
[186]田涛，张秀梅，张沛东，等．防海胆食害藻礁的设计及实验研究 [J]. 中国海洋大学学报，2008，38（1）：68-72.
[187]田璐，张沛东，张凌宇，等．移植操作胁迫对天鹅湖大叶藻存活、生长及光合色素含量的影响 [J]. 中国海洋大学学报，2014，44（8）：25-31.
[188]万邦和．海洋石油污染及其危害 [J]. 海洋环境科学，1986，5（3）：52-63.
[189]王保栋．长江口及邻近海域富营养化状况及其生态效应 [D]. 青岛：中国海洋大学，2006.
[190]王传利．海海洋环境管理中经济方法的探讨讨 [J]. 海洋与海岸带开发，1990，7（3）：52-54.
[191]王贵．南戴河海域人工鱼礁区藻场建设 [J]. 河北渔业，2013，10：41，51.
[192]王宏，陈丕茂，李辉权，等．澄海莱芜人工鱼礁集鱼效果初步评价 [J]. 南方水产，2008，4（6）：63-69.
[193]王进，詹倩云，郑珊，等．浒苔生物肥的制备及其对青菜品质影响的研究 [J]. 中国海洋大

学学报，2014，44（1）：62-67.
[194]王海涛，张东兴，郑岩．防除海洋污损生物附着的技术研究进展 [J]. 水产学杂志，2018，31（6）：47-50.
[195]王军，史云娣，唐丽，等．钢渣－龙须菜系统处理富营养化海水的研究 [J]. 中国环境科学，2011，31（3）：390-395.
[196]王丽荣，于红兵，李翠田，等．海洋生态系统修复研究进展 [J]. 应用海洋学学报，2018，37（3）：435-446.
[197]王淼，章守宇，王伟定，等．人工鱼礁的矩形间隙对黑鲷幼鱼聚集效果的影响 [J]. 水产学报，2010，34（11）：1762-1768.
[198]王楠，李广雪，张斌，等．山东荣成靖海卫海滩侵蚀研究与防护建议 [J]. 中国海洋大学学报（自然科学版），2012，42（12）：83-90.
[199]王琪，闫玮玮．公众参与海洋环境管理的实现条件分析 [J]. 中国海洋大学学报（社会科学版），2010，5：16-21.
[200]王其翔，唐学玺．海洋生态系统服务的产生与实现 [J]. 生态学报，2009，29（5）：2400-2406.
[201]王清印．生态系统水平的海水养殖业 [M]. 北京：海洋出版社，2010.
[202]王守信．高起点建设海洋牧场“互联网＋海洋牧场”实现海洋牧场可视、可测、可控 [N]. 中国渔业报，2016-5-2，第 A01 版．
[203]王锁民，崔彦农，刘金祥，等．海草及海草场生态系统研究进展 [J]. 草业学报，2016，25（11）：149-159.
[204]王文卿，王瑁．中国红树林 [M]. 北京：科学出版社，2007.
[205]王西西，曲长凤，王文宇，等．中国海洋微塑料污染的研究现状与展望 [J]. 海洋科学，2018，42（3）：131-141.
[206]王宪．海水养殖水化学 [M]. 厦门：厦门大学出版社，2006.
[207]王亚民，郭冬青．我国海草场保护与恢复对策建议 [J]. 中国水产，2010，10：24-25.
[208]韦玮，方建光，董双林，等．贝藻混养互利机制的初步研究 [J]. 海洋水产研究，2002，23（3）：20-25.
[209]吴程宏，章守宇，周曦杰，等．岛礁海藻场沉积有机物来源辨析 [J]. 水产学报，2017，41（8）：1246-1255.
[210]吴玲娟，高松，白涛．大型水母迁移规律和灾害监测预警技术研究进展 [J]. 生态学报，2016，36（10）：3103-3107.
[211]吴梅桂，周鹏，赵峰，等．阳江核电站附近海域表层沉积物中 γ 放射性核素含量水平 [J]. 海洋环境科学，2018，37（1）：43-47.
[212]吴颖，李惠玉，李圣法，等．大型水母的研究现状及展望 [J]. 海洋渔业，2008，30（1）：80-87.
[213]吴钟解，王道儒，涂志刚．西沙群岛造礁石珊瑚退化原因分析 [J]. 海洋学报，2011，33（4）：140-146.
[214]吴子岳，孙满昌，汤威．十字型人工鱼礁礁体的水动力计算 [J]. 海洋水产研究，2003，24（4）：32-35.
[215]夏东兴．海岸带地貌环境及其演化 [M]. 北京：海洋出版社，2009.
[216]夏文香，郑西来，李金成，等．海滩石油污染的生物修复 [J]. 海洋环境科学，2003，22（3）：

74-79.

[217]夏章英．人工鱼礁工程学 [M]. 北京：海洋出版社，2011.

[218]肖荣，杨红．镂空型人工鱼礁流场效应的数值模拟研究 [J]. 上海海洋大学学报，2015，24（6）：934-942.

[219]谢庆宜．海洋静态防污材料的制备与性能研究 [D]. 广州：华南理工大学，2018.

[220]谢庆宜，马春风，张广照．海洋防污材料 [J]. 科学，2017，69（1）：27-31.

[221]谢贞优，骆其君，张美．我国海藻抗风浪养殖研究进展 [J]. 宁波大学学报（理工版），2013，26（4）：13-16.

[222]信敬福．山东省海洋渔业资源增殖概况 [J]. 现代渔业信息，2005，20（6）：13-14，16.

[223]徐姗楠，温珊珊，吴望星，等．真江蓠（Gracilaria verrucosa）对网箱养殖海区的生态修复及生态养殖匹配模式 [J]. 生态学报，2008，28（4）：1466-1475.

[224]许凤玲，刘升发，候保荣．海洋生物污损研究进展 [J]. 海洋湖沼通报，2008，1：146-125.

[225]许柳雄，刘健，张硕，等．回字型人工鱼礁礁体设计及其稳定性计算 [J]. 武汉理工大学学报，2010，32（12）：79-83，94.

[226]许自舟，马玉艳，闫启仑，等．海洋生态系统健康评价软件的研制与应用 [J]. 海洋环境科学，2012，31（2）：257-262.

[227]徐擎擎，张哿，邹亚丹，等．微塑料与有机污染物的相互作用研究进展 [J]. 生态毒理学报，2018，13（1）：40-49.

[228]颜天，于仁成，周名江，等．黄海海域大规模绿潮成因与应对策略——“鳌山计划”研究进展 [J]. 海洋与湖沼，2018，49（5）：950-958.

[229]杨宝瑞，陈勇．韩国海洋牧场建设与研究 [M]. 北京：海洋出版社，2014.

[230]杨帆，杨昌柱，周李鑫．撇油器的原理及性能 [J]. 工业安全与环保，2004，30（5）：27-30.

[231]杨红生．海洋牧场构建原理与实践 [M]. 北京：科学出版社，2017.

[232]杨建强，崔文林，张洪亮，等．莱州湾西部海域海洋生态系统健康评价的结构功能指标法 [J]. 海洋通报，2003，22（5）：58-63.

[233]杨吝，刘同渝．我国人工鱼礁种类的划分方法 [J]. 渔业现代化，2005，6：22-23，25.

[234]杨吝，刘同渝，黄汝堪．人工鱼礁的起源和历史 [J]. 现代渔业信息，2005，20（12）：5-8.

[235]杨盛昌，陆文勋，邹祯，等．中国红树林湿地：分布、种类组成及其保护 [J]. 亚热带植物科学，2017，46（4）：301-310.

[236]杨圣云，吴荔生，陈明茹，等．海洋动植物引种与海洋生态保护 [J]. 台湾海峡，2001，20（2）：259-265.

[237]杨一，李维尊，张景凯，等．渤海湾天津海域海洋环境污染防治策略探讨 [J]. 海洋环境科学，2016，35（1）：49-54.

[238]杨宇峰．近海环境生态修复与大型海藻资源利用 [M]. 北京：科学出版社，2016.

[239]叶乃好，庄志猛，王清印．水产健康养殖理念与发展对策 [J]. 中国工程科学，2016，18（3）：101-104.

[240]叶有华，彭少麟，侯玉平，等．我国海洋自然保护区的发展和分布特征分析 [J]. 热带海洋学报，2008，27（2）：70-75.

[241]尹翠玲，张秋丰，阚文静，等．天津近岸海域营养盐变化特征及富营养化概况分析．天津

科技大学学报，2015，30（1）：56-61.
[242]尤锋，王丽娟，刘梦侠 . 中国海洋生物增殖放流现状与建议 [J]. 中国海洋经济，2017，1：141-156.
[243]于波，汤国民，刘少青 . 浒苔绿潮的发生、危害及防治对策 [J]. 山东农业科学，2012，44（3）：102-104.
[244]于春艳，李冕，鲍晨光，等 . 渤海海域富营养化评价及风险预测 [J]. 海洋环境科学，2015，34（3）：373-376.
[245]于定勇，杨远航，李宇佳 . 不同开口比人工鱼礁体水动力特性及礁体稳定性研究 [J]. 中国海洋大学学报，2019，49（4）：128-136.
[246]于沛民 . 人工藻礁的选型与藻类附着效果的初步研究 [D]. 青岛：中国海洋大学，2007.
[247]于沛民，张秀梅，张沛东，等 . 人工藻礁设计与投放的研究进展 [J]. 海洋科学，2007，31（5）：80-84.
[248]于跃，蔡锋，张挺，等 . 人工砾石海滩变化及输移率研究 [J]. 海洋工程，2017，35（5）：79-87.
[249]虞依娜，彭少麟，侯玉平，等 . 我国海洋自然保护区面临的主要问题及管理策略 [J]. 生态环境，2008，17（5）：2112-2116.
[250]袁琳，张利权，翁骏超，等 . 基于生态系统的上海崇明东滩海岸带生态系统退化诊断 [J]. 海洋与湖沼，2015，46（1）：109-117.
[251]袁星，林彦彦，黄建荣，等 . 海马齿生态浮床对海水养殖池塘的修复效果 [J]. 安徽农业科学，2016，44（14）：69-75，96.
[252]曾呈奎，徐恭昭 . 海洋牧业的理论与实践 [J]. 海洋科学，1981，1：1-6.
[253]曾呈奎，邹景忠 . 海洋污染及其防治研究现状和展望 [J]. 环境科学，1979，3（5）：1-10.
[254]曾旭，章守宇，林军，等 . 岛礁海域保护型人工鱼礁选址适宜性评价 [J]. 水产学报，2018，42（5）：673-683.
[255]曾昭春 . 海洋科学概观 [M]. 北京：中国农业出版社，2013.
[256]章家恩，徐琪 . 恢复生态学研究的一些基本问题探讨 [J]. 应用生态学报，1999，10（1）：109-113.
[257]章家恩，徐琪 . 退化生态系统的诊断特征及其评价指标体系 [J]. 长江流域资源与环境，1999，8（2）：215-220.
[258]章守宇，孙宏超 . 海藻场生态系统及其工程学研究进展 [J]. 应用生态学报，2007，18（7）：1647-1653.
[259]章守宇，许敏，汪振华 . 我国人工鱼礁建设与资源增殖 [J]. 渔业现代化，2010，37（3）：55-58.
[260]章守宇，汪振华，林军，等 . 枸杞岛海藻场夏、秋季的渔业资源变化 [J]. 海洋水产研究，2007（1）：45-52.
[261]张彩明，陈应华 . 海水健康养殖研究进展 [J]. 中国渔业质量与标准，2012，2（3）：16-20.
[262]张帆，詹文欢，姚衍桃，等 . 漠阳江入海口东侧海岸侵蚀现状及成因分析 [J]. 热带海洋学报，2012，31（2）：41-46.
[263]张海松 . 南戴河海域人工鱼礁礁体结构选型及布局 [J]. 河北渔业，2015，3：60-61.
[264]张华，李艳芳，唐诚，等 . 渤海底层低氧区的空间特征与形成机制 [J]. 科学通报，2016，61（14）：1612-1620.

[265]张丽萍，王辉．不同海面状况海洋石油污染处理方法优化配置 [J]. 海洋技术，2005，25（3）：1-6.

[266]张丽婷，张莹，徐栋，等．空化水射流技术在海洋污损生物清除领域的应用研究 [J]. 海洋开发与管理，2016，8：70-72.

[267]张沛东，孙燕，牛淑娜，等．海草种子休眠、萌发、幼苗生长及其影响因素的研究进展 [J]. 应用生态学报，2011，22（11）：3060-3066.

[268]张沛东，曾星，孙燕，等．海草植株移植方法的研究进展 [J]. 海洋科学，2013，37（5）：100-107.

[269]张启东．黄骅沿海的赤潮发生机制 [J]. 河北渔业，1994，3：5-8.

[270]张起信．魁蚶的人工底播增殖 [J]. 海洋科学，1991，6：3-4

[271]张少云．神经酰胺类物质对海洋污损生物的防除性能及其作用机理研究 [D]. 青岛：中国海洋大学，2012.

[272]张小芳，杜还，张芝涛，等．中国港口入境船舶压舱水输入总量估算模型 [J]. 海洋环境科学，2016，35（1）：123-129.

[273]张璇，江毓武．珠江口夏季底层缺氧现象的数值模拟 [J]. 厦门大学学报（自然科学版），2011，50（6）：1042-1046.

[274]张亚锋，宋秀贤，Harrison P J，等．红色中缢虫赤潮衰亡过程中营养盐的循环和利用及对浮游植物种群组成的影响 [J]. 中国科学：地球科学，2018，48：1606-1619.

[275]张朝晖，叶属峰，朱明远．典型海洋生态系统服务及价值评估 [M]. 北京：海洋出版社，2007.

[276]张志锋，贺欣，张哲，等．渤海富营养化现状、机制及其与赤潮的时空耦合性 [J]. 海洋环境科学，2012，31（4）：465-468，483.

[277]张志卫，刘志军，刘建辉．我国海洋生态保护修复的关键问题和攻坚方向 [J]. 海洋开发与管理，2018，10：26-30.

[278]赵峰，吴梅桂，周鹏，等．黄茅海—广海湾及其邻近海域表层沉积物中 γ 放射性核素含量水平 [J]. 热带海洋学报，2015，34（4）：77-82.

[279]赵海涛，张亦飞，郝春玲，等．人工鱼礁的投放区选址和礁体设计 [J]. 海洋学研究，2006，24（4）：69-76.

[280]赵淑江．海洋藻类生态学 [M]. 北京：海洋出版社，2014.

[281]赵淑江，吕宝强，王萍，等．海洋环境学 [M]. 北京：海洋出版社，2011.

[282]赵素芬．海藻与海藻栽培学 [M]. 北京．国防工业出版社，2015.

[283]赵文．水生生物学（第二版）[M]. 北京：中国农业出版社，2016.

[284]郑凤英，邱广龙，范航清，等．中国海草的多样性、分布及保护．生物多样性 [J]2013，21（5）：517-526.

[285]郑静静，刘桂梅，高姗．海洋缺氧现象的研究进展 [J]. 海洋预报，2016，33（4）：88-97.

[286]郑珊，孙晓霞．沙海蜇（Nemopilema nomurai）代谢及分解过程对水环境理化因子及浮游植物影响的研究 [J]. 海洋科学集刊，2017，52：35-46.

[287]郑向荣，李燕，饶庆贺，等．秦皇岛近海大型水母暴发性增长原因探析 [J]. 河北渔业，2014，2：16-20.

[288]郑耀辉，王树功．陈桂珠．滨海红树林湿地生态系统健康的诊断方法和评价指标 [J]. 生态学杂志，2010，29（1）：111-116.

[289]郑重，李少菁，许振祖．海洋浮游生物学 [M]. 北京：海洋出版社，1984.
[290]中华人民共和国国家标准．海洋沉积物质量（GB 18668-2002）[S]，2002.
[291]中华人民共和国国家标准．海洋生物质量（GB 18421-2001）[S]，2002.
[292]中华人民共和国国家标准．海水水质标准（GB3097-1997）[S]，1998.
[293]中华人民共和国国家标准．海洋自然保护区类型与级别划分原则（GB/T 17504-1998）[S]，1998.
[294]中华人民共和国海洋行业标准．近岸海洋生态健康评价指南（HY/T 087-2005）[S]，2008.
[295]周军，庄振业，李建华，等．潮滩上的人造沙滩——潍坊滨海旅游区沙滩构建始末 [J]. 海洋地质前沿，2014，30（3）：64-70.
[296]周怀东，彭文启．水污染与水环境修复 [M]. 北京：化学工业出版社，2005.
[297]周启星，罗义．污染生态化学 [M]. 北京：科学出版社，2011.
[298]周启星，魏树和，张倩茹．生态修复 [M]. 北京：中国环境科学出版社，2006.
[299]周岩岩，李纯厚，陈丕茂，等．龙须菜海藻场构建及其对水环境因子的影响 [J]. 生态科学，2011，30（6）：590-595.
[300] 朱孔文，孙满昌，张硕．海州湾海洋牧场——人工鱼礁建设 [M]. 北京：中国农业出版社，2011.
[301]朱士文，潘秀莲．黄河三角洲海岸侵蚀现状及原因分析 [J]. 廊坊师范学院学报（自然科学版），2011，11（6）：64-66.
[302]朱旭宇，万晔，葛跃浩，等．南黄海绿潮发生时浮游植物群落现状 [J]. 海洋湖沼通报，2018，6：100-108.
[303]庄振业，曹立华，李兵，等．我国海滩养护现状 [J]. 海洋地质与第四纪地质，2011（3）：133-139.
[304]庄振业，杨燕雄，刘会欣．环渤海砂质岸侵蚀和海滩养护 [J]. 海洋地质前沿，2013，29（2）：1-9.
[305]邹景忠．海洋环境科学 [M]. 济南：山东教育出版社，2004.
[306]邹仁林．中国动物志：造礁石珊瑚 [M]. 北京：科学出版社，2001.
[307]Aksmann A，Tukaj Z.Intact anthracene inhibits photosynthesis in algal cells：a fluorescence induction study on Chlamydomonas reinhardtii cw92 strain[J].Chemosphere，2008，74：26-32.
[308]Angela Dikou，Robert van Woesik. Survival under chronic stress from sediment load：Spatial patterns of hard coral communities in the southern islands of Singapore[J].Marine Pollution Bulletin，2006，52：1340-1354.
[309]Al-Hasan R H，Sorkhoh N A，Al-Bader D，et al.Utilization of hydrocarbons by cyanobacteria from microbial mats on oily coasts of the Gulf[J]. Applied microbiology and biotechnology，1994，41：615-619.
[310]Arai1 M N. Pelagic coelenterates and eutrophication：A review[J].Hydrobiologia，2001，451：69-87.
[311]Balasubramanian V，Rajaram R，Palanichamy S，et al. Lanosterol expressed bio-fouling inhibition on Gulf of Mannar coast，India[J]. Progress in Organic Coatings，2018，115：100- 106.
[312]Basco D R，Shin C S. A one-dimensional numerical model for storm-breaching of barrier islands[J]. Journal of coastal research，1999，15（1）：241-260.

[313]Bax N，Carlton J T，Mathews-Amos A，et al. The control of biological invasions in the world's oceans[J].Conservation Biology，2002，15（5）：1234-1246.

[314]Beaugendre A，Degoutin S，Bellayer S，et al. Self-stratifying coatings：a review[J]. Progress in Organic Coatings，2017，110：210-241.

[315]Bell J D，Leber K M，Blankenship H L，et al. A new era for restocking，stock enhancement and sea ranching of coastal fisheries resources[J]. Reviews in Fisheries Science，2008，16（1）：1-9

[316]Bopp S K，Lettieri T. Gene regulation in the marine diatom Thalassiosira pseudonana upon exposure to polycyclic aromatic hydrocarbons（PAHs）[J].Gene，2007，396：293-302.

[317]Bullen C R，Carlson T J. Non-physical fish barrier systems：their development and potential applications to marine ranching[J]. Reviews in Fish Biology and Fisheries，2003，13（2）：201-212.

[318]Burke L，Reytar K，Spalding M，et al.Reefs at Risk Revisited Rep[J].，Washington，DC，2011.

[319]Burkholder J M，Noga E J，Hobbs C H，et al.New ‘phantom’ dinoflagellate is the causative agent of major estuarine fish kills.Nature，1992，358：407-410.

[320]Cammelli C，Jackson N L，Pranzini K F N. Assessment of a gravel nourishment project fronting a seawall at Marina di Pisa，Italy[J]. Journal of coastal research，2006：770-775.

[321]Clark，S. Handbook of Ecological restoration. Volume 2. Restoration in Practice[M]. Cambridge：Cambridge University Press，2002.

[322]Clive Wilkinson.Executive Summary.In：Clive Wilkinson ed. Status of coral reefs of the world：2004[M]. Townsville，Queensland；Australia Instituteof Marine Science Press，2004.7-50.

[323]Condon R，Graham W M，Duarte C M，et al.Questioning the rise of gelatinous zooplankton in the world’ s oceans[J].BioScience，2012，62（2）：160-169.

[324]Costanza，Robert，de Groot.Changes in the global value of ecosystem services[J]. Global environmental change. 2014，26（1）：152-158.

[325]Deny R，Steinerg P D，Willemsen P， et al. Broad spectrum effects of secondary metabolites from the red alga Delisea Pulchra in antifouling assays[J].Biofouling，1995，8（4）：259-271.

[326]Djomo J E，Dauta A，Ferrier V，et al.Toxic effects of some major polyaromatic hydrocarbons found in crude oil and aquatic sediments on Scenedesmus subspicatus[J].Water Research，2004，38：1817-1821.

[327]Dulvy N K，Zhang K S. The exploitation of coral reefs in Tanzania’ s Mafia Island：the administrative dilemma[J]. Ambio，1995，24（6）：358-365.

[328]Duin M J P V，Wiersma N R，Walstra D J R，et al. Nourishing the shoreface：observations and hindcasting of the Egmond case，The Netherlands[J]. Coastal Engineering，2004，51（8-9）：813-837.

[329]El-Dib M A，Abou-Waly H F，El-Naby A H. Fuel oil effect on the population growth，species diversity and chlorophyll（a）content of freshwater microalgae[J]. International journal of environmental health research，2001，11：189-197.

[330]Escalera L，Pazos Y，Moroño Á，et al.Noctiluca scintillans may act as a vector of toxigenic mi-

croalgae[J].Harmful algae，2007，6：317-320.

[331]Etienne S，Terry J P. Coral boulders，gravel tongues and sand sheets：features of coastal accretion and sediment nourishment by Cyclone Tomas（March 2010）on Taveuni Island，Fiji[J]. Geomorphology，2012，175：54-65.

[332]Etoh H，Kondoh T，Yoshioka N，et al.9-oxo-neoprocurcumenol from Curcuma aromatica（Zingiberaceae）as an attachment inhibitor against the blue mussel Mytilus edulis galloprovincialis [J]. Biosci Biotechnol Biochem，2003，67（4）：911-913.

[333]Etoh H，Kondoh T，Rikoh N，et al. Shogaols from Zingiber officinale as promising antifouling agents[J].Bioscience biotechnology and biochemistry，2002，66（8）：1748-1750.

[334]European Environment Agency.Eutrophication in Europe' s Coastal Waters[R].Copenhagen：European Environment Agency，2001.

[335]Feng J H，Yu H H，Li C P，et al. Isolation and characterization of lethal proteins in nematocyst venom of the jellyfish Cyanea nozakii Kishinouye[J].Toxicon，2010，55（1）：118-125.

[336]Feng J H，Yu H H，Xing R E，et al.Partial characterization of the hemolytic activity of the nematocyst venom from the jellyfish Cyanea nozakii Kishinouye[J].Toxicology in Vitro，2010，24（6）：1750-1756.

[337]Ferreira J G，Bricker S B，Simas T C.Application and sensitivity testing of a eutrophication assessment method on coastal systems in the United States and European Union[J]. Environmental Managemengt，2007，82（4）：433-445.

[338]Frihy O，Deabes E. Erosion chain reaction at El Alamein Resorts on the western Mediterranean coast of Egypt.[J]Coastal Engineering，2012，69（6）：12-18.

[339]Gates R D. Seawater temperature and sub-lethal bleaching in Jamaica.[J] Coral Reefs，1990，8：193 -197.

[340]Graham W M，Pagès F，Hamner W M. A physical context for gelatinous zooplankton aggregations：a review[J].Hydrobiologia，2001，451：199-212.

[341]Jadidi P，Zeinoddini M，Soltanpour M，et al. Towards an understanding of marine fouling effects on VIV of circular cylinders：aggregation effects[J].Ocean Engineering，2018，147：227-242.

[342]Jordan W R III，Gilpin M E，Aber J D.Restoration ecology：a synthetic approch to ecological restoration[M].Cambridge：Cambridge University Press.1987.

[343]Hamm L，Capobianco M，Dette H H，et al. A summary of European experience with shore nourishment[J]. Coastal Engineering，2002，47（2）：237-264.

[344]Han Gao，Mengmeng Tong，Xinlong An，et al. Prey Lysate Enhances Growth and Toxin Production in an Isolate of Dinophysis acuminata[J].Toxins，2019，11（1）：57.

[345]Han Gao，Xinlong An，Lei Liu，et al. Characterization of Dinophysis acuminata from the Yellow Sea，China，and its response to different temperatures and Mesodinium prey.2017[J]. Oceanological and Hydrobiological Studies，46（4）：439-450.

[346]Han M，Yang D Y ，Yu J，et al. Typhoon Impact on a Pure Gravel Beach as Assessed through Gravel Movement and Topographic Change at Yeocha Beach，South Coast of Korea[J]. Jour-

nal of Coastal Research，2017，33（4）：889-906.

[347]Hanson H，Brampton A，Capobianco M，et al.Beach nourishment projects，practices，and objectives—a European overview[J].Coastal Engineering，2002，47：81-111.

[348]Helen Scales. Andrew Balmford，Andrea Manica. Impacts of the live reef fish trade on populations of coral reef fish off northern Borneo[J].Proceeding of the Royal Society Biology，2007，274：989 -994.

[349]Hellio C. Marine antifoulants from Bifurcaria bifurcate（Phaeophyceae，cystoseiraceae ）and other brown macroalgae[J].Biofouling，2001，17（3）：189-201.

[350]Hjorth M.Plankton stress responses from PAH exposure and nutrient enrichment[J].Marine ecology progress series，2008，363：121-130.

[351]Hoegh-Guldberg O，Mumby P J，Hooten AJ，et al. Coral Reefs Under Rapid Climate Change and Ocean Acidification[J]. Science，2007，318：1737-1742.

[352]Hsu J R C，Evans C. Parabolic bay shapes and applications[J].Proceedings of the institution of civil engineers，1989，87（4）：557-570.

[353]Holdway D A.The acute and chronic effects of wastes associated with offshore oil and gas production on temperate and tropical marine ecological processes[J]. Marine pollution bulletin，2002，44：185-203.

[354]http：//cnews.chinadaily.com.cn/2015-06/17/content_21032175.htm

[355]http：//jiuban.moa.gov.cn/zwllm/tzgg/bl/200403/t20040312_178235.htm

[356]http：//news.iqilu.com/meitituijian/20171110/3741507.shtml

[357]http：//news.iqilu.com/shandong/shandonggedi/20100727/287581.shtml

[358]http：//www.chinaias.cn/wjPart/index.aspx

[359]http：//www.dzwww.com/sdqy/lqyw/201808/t20180816_17733550.htm

[360]http：//www.huace.cn/product/product_show/251

[361]http：//www.qdio.cas.cn/xwzx/kydt/201710/t20171023_4876933.html

[362]http：//www.sea-un.com/index.php？ r=default/column/content&col=companynews&id=27

[363]http：//www.sohu.com/a/295200700_100245003

[364]http：//www.xinhuanet.com/science/2017-11/14/c_136751263.htm

[365]http：//www.zju.edu.cn/2017/0720/c578a556164/page.htm

[366]https：//www.qichacha.com/postnews_aa7d3255410943caca1243758173b9b5.html

[367]Ilsa B，Kuffner. Effects of ultraviolet radiation and water motion on the reef coral，Porites compressa Dana：a transplantation experiment[J]. Journal of Experimental Marine Biology and Ecology，2002，270：147-169.

[368]Jackson J B C，Kirby M X，Berger W H，et al.Historical overfishing and the recent collapse of coastal ecosystems[J].Science，2001，293：629-637.

[369]Juhasz A L，Naidu R. Bioremediation of high molecular weight polycyclic aromatic hydrocarbons：a review of the microbial degradation of benzo[a]pyrene[J].International Biodeterioration & Biodegradation，2000，45：57-88.

[370]Kim JA，JM Lee，DB Shin，et al. The antioxidant activity and tyrosinase inhibitory activity of

phloro-tannins in Ecklonia cava[J]. Food science and biotechnology，2004，13（4）：476-480.

[371]Kirk R M. Artificial beach growth for breakwater protection at the Port of Timaru，east coast，South Island，New Zealand[J]. Coastal Engineering，1992，17（3-4）：227-251.

[372]Komar P D. The Australian coastline：coastal geomorphology in australia[J].Science，1985，230（4725）：535.

[373]Komar P D. Beach processes and sedimentation（2nd Edition）[M]. Englewood Cliffs：Prentice-Hail，1978.

[374]Koshikawa H，Xu K Q，Liu Z L，et al. Effects of the water-soluble fraction of diesel oil on bacterial and primary production and the trophic transfer to mesozooplankton through a microbial food web in Yangtze estuary，China[J]. Estuarine，coastal and shelf science，2007，71：68-80.

[375]Liu D Y，Keesing J K，He P M，et al.The world' s largest macroalgal bloom in the Yellow Sea，China：formation and implications[J].Estuarine，coastal and shelf science，2013，129：2-10.

[376]Liu D Y，Keesing J K，Xing Q G，et al.World' s largest macroalgal bloom caused by expansion of seaweed aquaculture in China[J].Marine pollution bulletin，2009，58（6）：888-895.

[377]Liu Feng，Liu Xingfeng，Wang Yu，et al.Insights on the Sargassum horneri golden tides in the Yellow Sea inferred from morphological and molecular data[J].Limnology and oceanography，2018，63：1762-1773.

[378]Liu X Q，Li Y，Wang Z L，et al.Cruise observation of Ulva prolifera bloom in the southern Yellow Sea，China[J]. Estuarine，coastal and shelf science，2015，163：17-22.

[379]Lynam C P，Heath M R，Hay S J，et al. Evidence for impacts by jellyfish on North Sea herring recruitment[J]. Marine Ecology Progress Series，2005，298：157-167.

[380]Majik MS，Tilvi S，Mascarenhas S，et al.Construction and screening of 2-aryl benzimidazole library identifies a new antifouling and antifungal agent[J]. R SC Adv，2014，4：28259-28264.

[381]Moubax I，Bontemps-Subielos N，Banaigs B，et al. Structure–activity relationship for bromoindole carbaldehydes：Effects on the sea urchin embryo cell cycle[J].Toxicology and chemistry，2001，3（20）：589-596.

[382]Mulhall M..Saving rainforests of the sea：An analysis of international efforts to conserve coral reefs[J]. Duke Environmental Law and Policy Forum 2009，19：321–351.

[383]Nayar S，Goh B P L，Chou L M. Environmetal impacts of diesel fuel on bacteria and phytoplankton in a tropical estuary assessed using in situ mesocosms[J].Ecotoxicology，2005，14：397–412.

[384]Norimichi N，Yuriko H，Makoto T，et al. Effect of bupivacaine enantiomers On Ca2+ release from sarcoplasmic reticulum in skeletal muscle[J].European Journal of Pharmacology，2005，512（2）：77-83.

[385]Ohwada K，Nishimura M，Wada M，et al. Study of the effect of water-soluble fractions of heavy-oil on coastal marine organisms using enclosed ecosystems，mesocosms[J].Marine pollution bulltin，2003，47：78-84.

[386]Olguin-uribe G，Abou-mansour E，Boulander A，et al. 6-Bromoindole-3-Carbaldehyde，from

an Acinetobacter sp. Bacterium Associated with the Ascidian Stomozoa murrayi[J].Journal of Chemical Ecology, 1997, 11(23): 2507-2521.

[387]Pappalardo M, Maggi E, Geppini C, et al. Bioerosive and bioprotective role of barnacles on rocky shores[J]. Science of the total environment, 2017, 619/620: 83- 92.

[388]Pauly D, Graham W M, Libralato S, et al.Jellyfish in ecosystems, online databases, and ecosystem models[J]. Hydrobiologia, 2009, 616(1): 67-85.

[389]Peter G. Assessing health of the Bay of Fundy-concepts and framework[J]. Marine pollution bulletin, 2003, 46: 1059-1077.

[390]Peterson C H, Rice S D, Short J W, et al. Long-term ecosystem response to the Exxon Valdez oil spill[J]. Science, 2003, 302: 2082–2086.

[391]Pratchett MS. Dynamics of an outbreak population of Acanthaster planci at Lizard Island, northern Great Barrier Reef(1995 -1999)[J]. Coral Reefs, 2005, 24: 453 -462.

[392]Precht, W.F. Coral Reef Restoration Handbook[M].Boca Raton: CRC Press, 2006.

[393]Purcell J E, Uye S, Lo W T.Anthropogenic causes of jellyfish blooms and their direct consequences for humans: a review. Marine Ecology Progress Series, 2007, 350: 153-174.

[394]Qian PY, Xu Y, Fusetani N.Natural products as antifouling compounds: recent progress and future perspectives.Biofouling, 2010, 26: 223-234.

[395]Raabe A L A, Klein A H F , González M, et al. MEPBAY and SMC: Software tools to support different operational levels of headland-bay beach in coastal engineering projects. Coastal Engineering, 2010, 57(2): 213-226.

[396]Ramasubburayan R, Titus S, Kumar P, et al. Antifouling activity of marine epibiotic bacterium Bacillus flexus APGI isolated from Kanyakumari Coast, Tamilnadu, India. Indian Journal of Geo-Marine Sciences, 2017, 46(7): 1396-1400.

[397]Richardson A J, Bakun A, Hays G C, et al.The jellyfish joyride: Causes, consequences and management responses to a more gelatinous future.Trends in Ecology and Evolution, 2009, 24: 312-322.

[398]Ruppert, Edward E., Fox, Invertebrate Zoology(7th edition)[M].Cengage Learning, 2004.

[399]Schiel D R, Foster M S.The biology and ecology of giant kelp forests[M].Univ of California Press, 2015.

[400]Schrope M. Marine ecology: Attack of the blobs.Jellyfish will bloom as ocean health declines, warn biologists.Are they already taking over? [J] Nature, 2012, 482: 20-21.

[401]Sera Y, Adachi K, Shizuri Y, et al.A new epidioxy sterol as an antifouling substance from a palauan marine sponge, Lendenfeldia chondrodes[J].Journal of natural products, 1999, 62(1): 152-154.

[402]Shi X Y, Wang X L, Han X R, et al.Relastionship between petroleum hydrocarbon and plankton in a mesocosm experiment[J].Acta Oceanologica Sinica, 2001, 20: 231-240.

[403]Shingo I, Shin-ya S, Kon-ya K, et al. Novel marine-derived halogen-containing gramine analogues induce vasorelaxation in isolated rat aorta[J]. Journal pharmacologym, 2001, 432(1): 63-70.

[404]Sibley P K，Harris M L，Bestari K T，et al. Response of phytoplankton communities to liquid creosote in fresh-water microcosms[J]. Environmental toxicology and chemistry，2001，20：2785-2793.

[405]Sibley P K，Harris M L，Bestari K T，et al.Response of zooplankton and phytoplankton communities to creosote-impregnated Douglas fir pilings in freshwater microcosms[J].Archives of environmental contamination and toxicology，2004，47：56–66.

[406]Sikkema J，Bont J A M，Poolman B.Mechanisms of membrane toxicity of hydrocarbons[J]. FEMS Microbiology Reviews，1995，59：201-222.

[407]Siron R，Pelletier E，Roy S.Effects of dispersed and adsorbed crude oil on microalgal and bacterial communities of cold seawater[J]. Ecotoxicology，1996，5：229-251.

[408]Squires DF.Deep sea corals collected by the Lamont Geological Observatory.I.Atlantic corals[J]. American Museum Novitates 1959，1965：1-42.

[409]Sun X X，Wang S W，Sun S. Introduction to the China jellyfish project[J]. Chinese Journal of Oceanology and Limnology，2011，29（2）：491-492.

[410]Thompson R C.Plastic debris in the marine environment：consequences and solutions[J]. Marine nature conservation in europe，2007，193：107-115.

[411]Uye S. Blooms of the giant jellyfish Nemopilema nomurai：a threat to the fisheries sustainability of the East Asian Marginal Seas[J]. Plankton and Benthos Research，2008，3（S1）：125-131.

[412]Uye S，Ueta U.Recent increase of jellyfish populations and their nuisance to fisheries in the Inland Sea of Japan[J].bulletin of Japanese society of fisheries oceanography，2004，68 9-19.

[413]Wang C，Yu R C，Zhou M J.Effects of the decomposing green macroalga Ulva（Enteromorpha）prolifera on the growth of four red-tide species[J].Harmful Algae，2012，16：12-19.

[414]Wang L，Zheng B.Toxic effects of fluoranthene and copper on marine diatom Phaeodactylum tricornutum[J].Journal of environmental sciences，2008，20：1363-1372.

[415]Whitmarsh D. Economic Analysis of Marine Ranching[M].Portsmouth：CEMARE Research Paper，2001，No.152.

[416]Yan Liu，Jun Qiu，Miaozhuang Zheng.China's marine conservation and development[M]. China Intercontinental Press.2014.

[417]Yebra D M，Kim SK，Johansen D.Antifouling technology-past，present and future steps towards efficient and environmentally friendly antifoulingcoatings[J].Progress in organic coatings，2004，50：75-104.

[418]Zeinoddini M，Bakhtiari A，Ehteshami M，et al. Towards an understanding of the marine fouling effects on VIV of circular cylinders：response of cylinders with regular pyramidal roughness[J]. Applied Ocean Research，2016，59：378- 394.

[419]Zhai W D，Zhao H D，Zheng N，et al. Coastal acidification in summer bottom oxygen-depleted waters in northwestern-northern Bohai Sea from June to August in 2011[J].Chinese Science Bulletin，2012，57：1062-1068.

[420]Zhang F，Sun S，Jin X，et al.Associations of large jellyfish distributions with temperature and salinity in the Yellow Sea and East China Sea[J].Hydrobiologia，2012，690（1）：81-96.